Kees Moeliker

Der Entenmann

Kees Moeliker

Der Entenmann

*Von Spatzenklöten, aussterbenden
Filzläusen und nekrophilen Enten*

Übersetzung aus dem Niederländischen:
Gerrit ten Bloemendal

Zum Gedenken an eine Stockente († 5. Juni 1995),
heute mit der Katalognummer NMR 9989-000232

Impressum

© Kees Moeliker, 2018

Die deutschsprachige Ausgabe von „De eendenman" (Nieuw Amsterdam, 2009) wurde überarbeitet, aktualisiert und um entsprechende Passagen aus „De bilnaad van de teek" (2012) und „De kloten van de mus" (2016) ergänzt.

Die Übersetzung dieses Buches wurde von der niederländischen Stiftung für Literatur gefördert.

Copyright © 2018 Edel Germany GmbH, Neumühlen 17, 22763 Hamburg
www.edelbooks.com

Übersetzung: Gerrit J. ten Bloemendal (für bookwerk GbR)
Projektkoordination: Dr. Marten Brandt mit Lisa Ebelt
Lektorat: Caroline Kazianka
Umschlagfoto: Julius Schrank
Umschlagillustration: Lena Schaffer
Layout: schaefermueller publishing GmbH | Nina Maria Küchler
Satz: Datagrafix GSP GmbH
Umschlaggestaltung: Groothuis. Gesellschaft der Ideen und Passionen mbH | www.groothuis.de
Druck und Bindung: optimal media GmbH, Glienholzweg 7, 17207 Röbel / Müritz

Printed in Germany
ISBN 978-3-8419-0610-6

Kees Moeliker, geboren 1960, ist Biologe, Direktor des Naturhistorischen Museums von Rotterdam und European Bureau Chief von Improbable Research. Sein TED-Talk „How a dead duck changed my life" wurde bereits 1,5-millionenfach angesehen und seine Suche nach den letzten Filzläusen brachte ihm neben einer wachsenden Sammlung dieses seltenen parasitären Insekts einen Auftritt in *The Daily Show* von Jon Stewart ein. Kees Moeliker verfasst regelmäßig Beiträge für die Tageszeitung *NRC Handelsblad* und das Magazin *National Geographic* und hat mehrere Bücher veröffentlicht. Er sammelt hochwertige deutsche Ferngläser.

www.moeliker.com

"

*Aber wie es bei diesen
Tieren immer ist, es geht
stets anders, als es in der
Schulnaturgeschichte steht.*

Oskar Heinroth
*Beiträge zur Biologie, namentlich Ethologie
und Psychologie der Anatiden* (1910)

"

*Über das Bizarre an Tieren
lacht der Verständige im
allgemeinen nicht.*

Konrad Lorenz
*Er redete mit dem Vieh, den Vögeln
und den Fischen* (1949)

Inhalt

Wie alles anfing

Kleine Ursache, große Wirkung: So verhielt es sich mit dem Lärm, den eine Stockente am 5. Juni 1995 verursachte, als sie die gläserne Fassade des Naturhistorischen Museums von Rotterdam unsanft berührte, tot zu Boden stürzte und anschließend längere Zeit von einem Art- und Geschlechtsgenossen „vergewaltigt" wurde. Zum Glück war ich zur richtigen Zeit am richtigen Ort und wurde so Augenzeuge des – wie sich später herausstellen sollte – ersten Falls von homosexueller Nekrophilie bei Stockenten. Der wissenschaftliche Artikel, den ich dazu verfasste und für den ich mit dem Ig®-Nobelpreis ausgezeichnet wurde, brachte mir nicht nur den Spitznamen „Duck Guy" (Entenmann) ein, sondern auch internationale Bekanntheit als Beobachter außergewöhnlicher Verhaltensweisen bei Tieren. Es fasziniert mich in der Tat, zu sehen, wie und auf welche Weise Tiere uns und unser vermeintliches Wissen über ihre Verhaltensweisen immer wieder widerlegen. Dafür sind meine Augen und Ohren stets offen!

Seit jenem Tag im Juni erhalte ich aus dem In- und Ausland immer wieder Meldungen über Tiere, die sich eigenartig verhalten (haben), über Menschen, die sich damit beschäftigen, oder Hinweise auf (oftmals skurrile) Publikationen über solche Dinge. Mittlerweile wage ich zu behaupten, dass sich kein Tier auf diesem Planeten danebenbenehmen kann, ohne dass ich informiert werde. Ich reise dann dorthin,

2017 wurde beim 22. Dead Duck Day endlich wieder ein neues
Nekrophilie-Opfer präsentiert. (Maarten Laupman)

studiere den Fall und versuche, mehr darüber herauszufinden. So habe ich in den letzten 20 Jahren zahlreiche Entdeckungen gemacht, deren interessanteste in diesem Buch zusammengefasst sind. Zum Beispiel habe ich herausgefunden, dass Nekrophilie (bei Tieren) viel häufiger ist, als gemeinhin angenommen wird, und Stockenten in dieser Sparte unangefochtene Rekordhalter sind. Andere erstaunliche Verhaltensweisen, die der Öffentlichkeit viel zu lange verborgen geblieben sind (und deshalb in diesem Buch zu Recht thematisiert werden), sind Pädophilie unter Strandläufern, die Paarung von Käfern mit leeren Bierflaschen und der Oralverkehr, zu dem ein Schimpanse eine Riesenkröte zwang. Auch der abgewiesene Kiebitz, der seinen Samen frustriert auf einen Grasbüschel ergoss, erhielt einen Platz in diesem Buch.

Doch auch auf die Gefahr hin, dass zahlreiche Leser jetzt enttäuscht sein werden, sei an dieser Stelle erwähnt, dass dieses Buch nicht nur von Sex handelt: Von den insgesamt 15 Kapiteln spielen sich lediglich fünf teils oder ganz unter der Gürtellinie ab, die anderen sieben deutlich darüber. Das sollte aber niemanden davon abhalten, weiterzulesen.

Die Beobachtungen und Erkenntnisse, die ich in diesem Buch beschreibe, stehen oft in direktem Zusammenhang mit meiner Arbeit für das Naturhistorische Museum von Rotterdam – erst als Konservator, später als Direktor. Ob missbrauchte Stockente, seniler Fasan, geköpfte Taube, verirrte Wasserralle, berühmter Sperling oder letzte Filzlaus – dabei geht es um tote Tiere mit einer erstaunlichen Geschichte, denen, mit einer Nummer versehen, ein Platz in der Sammlung des Museums sicher ist.

Doch nicht alle Tiere, über die ich hier schreibe, sind leblos und konserviert worden. Verrückte Amseln, die sich Scheingefechte mit Fensterscheiben liefern, wird es immer geben. Und auch die Nachtreiher von Rotterdam und die Mäusebussarde von Manhattan sind am Leben. Gleiches gilt zum Glück auch für jene aufmerksamen Menschen, die eine ebenso wichtige Rolle in diesem Buch spielen.

Die Verkündung des Entenmenüs am Dead Duck Day 2017.
(Maarten Laupman)

—

DEAD DUCK DAY

Mit einem Scherz fing alles an: Am 5. Juni 1996 stellte ich mich um 17.55 Uhr mit einem Kollegen, einer ausgestopften Stockente und einer Flasche Bier vor die gläserne Fassade des Naturhistorischen Museums von Rotterdam. Dorthin, wo genau ein Jahr zuvor das Leben der besagten Ente unsanft ein Ende gefunden hatte. Das wirklich Besondere an dem durchaus tragischen Todesfall aber folgte erst danach. Denn unmittelbar nach dem fatalen Aufprall wurde der tote Erpel von einem Art- und sogar Geschlechtsgenossen längere Zeit missbraucht. Ein Vorfall, den ich rein zufällig beobachtete. Meine Notizen darüber landeten in der Schublade, die Ente in der Museumssammlung. Seitdem trage ich den Vogel mit Eingeweihten jedes Jahr am 5. Juni um genau 17.55 an den Ort, an dem er so abrupt zu Tode kam. Den Tag, an dem die kurze Gedenkveranstaltung stattfindet, nannten wir „Dead Duck Day"[1].

Als die Stockente – nach Veröffentlichung des Artikels mit dem Titel „The first case of homosexual necrophilia in the mallard" und der anschließenden Auszeichnung mit dem Ig°-Nobelpreis – eine gewisse Bekanntheit erlangt hatte, wurde die Welt auch auf den Dead Duck Day aufmerksam. Dadurch geriet der Tag zu einer öffentlichen Gedenkveranstaltung. Immer mehr Menschen versammeln sich von Jahr zu Jahr unter der Gedenktafel an der Fassade des Museums. Heute ist die Veranstaltung weit mehr als nur eine Gedenkfeier. Denn an diesem Tag trägt eine bekannte Persönlichkeit die „Special Dead Duck Day Message" vor, es wird die „Dead Duck Day Modelinie" präsentiert, ich verkünde die letzten Nekrophilie-News

---

[1] In seinem 1998 erschienenen Roman *About a boy* missbraucht der britische Autor Nick Hornby den Begriff „Dead Duck Day".

und – das Wichtigste überhaupt – es werden Ideen darüber ausgetauscht, wie sich verhindern lässt, dass Vögel sich an Glasfenstern und -fassaden zu Tode fliegen. So lenkt der Dead Duck Day die Aufmerksamkeit auf die Milliarden von Vögeln, die alljährlich an gläsernen Gebäuden zerschellen. Am Ende der Veranstaltung setzt sich der Trauerzug samt Stockente in Bewegung, um den Tag im Restaurant Tai Wu mit einem Sechs-Gänge-Entenmenü ausklingen zu lassen. Dazu ist jeder eingeladen. Der Eintritt ist frei, die Rechnung für das Essen trägt jeder selbst.

—

Nekrophilie
im Tierreich

E s war der 5. Juni 1995, 17.55 Uhr, als ein lauter, dumpfer Schlag gegen die Fensterscheibe mich aufschrecken und Glasschäden befürchten ließ. Eine Taube schloss ich aus, denn die flattern eher gegen Fensterscheiben, als dass sie dagegenstoßen. Eine Amsel war ebenso unwahrscheinlich, denn die scheidet gemeinhin mit einem kurzen, hellen „tock" aus dem Leben. Nein, diesmal hatte es anders als sonst geklungen, heftiger, dramatischer. Mittlerweile hatte ich mich ja schon an das Geräusch gewöhnt, das normalerweise mit dem Aufprall eines Vogels an der gläsernen Fassade des neuen Naturhistorischen Museums von Rotterdam einhergeht. Immer wieder erweist sich das architektonische Meisterwerk im Museumpark als tödliche Falle für Vögel. Nicht einmal die Silhouetten von Greifvögeln, mit denen die Glasscheiben ausgestattet wurden, vermochten die Todesrate zu senken. Deshalb war ich dazu übergegangen, den Opfern nicht länger nachzutrauern, sondern den regelmäßigen Nachschub als Geschenk des Himmels zu betrachten. Als Konservator des Museums gehört es schließlich zu meinen Aufgaben, die Sammlung stetig zu erweitern.

Neugierig stieg ich eine Minute später die Treppe zum Erdgeschoss hinab, um von dort aus noch hinter einer Fensterscheibe die Identität des Opfers festzustellen. Es handelte sich um eine Stockente (*Anas platyrhynchos*), einen mausernden Erpel. Er lag bäuchlings in einem Beet, zwei Meter von der Fassade entfernt – mausetot. Neben ihm war eine springlebendige Ente

Der gläserne Neubau des Naturhistorischen Museums von Rotterdam mit dem Büro des Autors (a), der Stelle, an der die Ente in etwa gegen die Fassade stieß (b), und dem Ort, von wo aus der Autor das Verhalten der Ente beobachtete (c). (Christian Richters)

gelandet – ebenfalls ein Männchen, allerdings im Prachtkleid. Zwei Minuten lang hackte es mit seinem Schnabel auf den toten Artgenossen ein – erst auf den Rücken, dann am Schnabelansatz und an der Rückseite des Kopfes –, bevor es den warmen Leichnam bestieg und anfing, mit ihm zu kopulieren. Da der Erpel mich nicht bemerkt hatte, konnte ich das Schauspiel ganz aus der Nähe beobachten. Während der Paarungsbewegungen, die übrigens sehr gleichmäßig waren, pickte der Täter immer wieder mit seinem Schnabel in den Kopf des toten Artgenossen.

Eine Paarung zwischen einem lebendigen und einem toten Erpel – mir wurde bewusst, dass ich gerade Zeuge eines Falls von homosexueller Nekrophilie wurde. Dass es so etwas bei Enten gibt, hatte ich bis dato nicht gewusst. Schnell holte ich meine Fotokamera, einen Bleistift und einen Notizblock und fing an, die Pick- und Kopulationsbewegungen und deren Dauer festzuhalten. Nach 35 Minuten schien die brutale „Vergewaltigung" vorbei zu sein – dachte ich. Doch mitnichten! Denn der Täter legte lediglich eine dreiminütige Pause ein, in der er um sein Opfer herumwatschelte, den Schwanz schüttelte (als Zeichen eines Samenergusses), erneut mit seinem Schnabel den Kopf seines Opfers bearbeitete und Letzteren schließlich aufs Neue bestieg. Eine Viertelstunde später – als ich mich fassungslos auf den Stuhl eines Museumswärters gesetzt hatte – folgte eine weitere kurze Pause. Nach 75 Minuten hatte ich genug gesehen. Zum einen hatte ich Hunger bekommen, außerdem musste das Alarmsystem des Museums noch vor 19.30 Uhr aktiviert werden. Also lief ich hinaus, um das neue Exponat für die Museumssammlung zu holen. Etwas widerwillig stieg der immer noch sehr wollüstige Erpel von seinem Opfer hinunter und schleuderte mir vorwurfsvoll ein „rääb-rääb, rääb-rääb"[1] entgegen. Später, als sein Opfer bereits längst in der Tiefkühltruhe des Museums weilte, trieb sich der sichtlich frustrierte Täter immer noch in der Nähe des Tatortes herum.

Zur Geschlechtsbestimmung obduzierten wir die tote Ente am nächsten Tag – die einzige Methode, die absolute Gewissheit bringt. Eine Beurteilung

---

[1]   Konrad Lorenz beschrieb dies als „räb räb, räb räb".

Die Protagonisten des ersten Falles von homosexueller Nekrophilie bei
Stockenten kurz nach dem Zusammenstoß mit der Glasfassade (a) und
während der langen Kopulation (b); Rotterdam, 5. Juni 1995. (KM)

anhand des Gefieders allein reicht dafür nicht aus und ist selten zuverlässig, da auch ältere, senile Weibchen aufgrund einer Hormonstörung ein männliches Aussehen bekommen. Es war ein Männchen, so viel stand fest: Die Testikel waren gelb, normal entwickelt und 28 x 15 Millimeter groß. Der Zusammenstoß mit der Museumsfassade hatte zu fatalen inneren Verletzungen geführt: Neben schweren Gehirnblutungen waren der rechte Lungenflügel, die Luftröhre und die Leber gerissen. Des Weiteren waren beide Schulterblätter sowie die meisten Rippen gebrochen, wobei nicht ausgeschlossen ist, dass Letzteres durch die lange, heftige Besteigung durch den Artgenossen herbeigeführt worden war. Ansonsten schien der tote Erpel kerngesund gewesen zu sein. Nachdem er präpariert worden war (die Haut wird dabei mit Watte gefüllt), wurde er in die Sammlung des Naturhistorischen Museums von Rotterdam überführt und trägt heute die Katalognummer NMR 9989-00232. Seit 2013 hat er sogar einen Ehrenplatz in der Dauerausstellung „Dode dieren met een verhaal" (Tote Tiere mit einer Geschichte), die aufzeigt, wie und wo Tier und Mensch sich unsanft begegnen und wozu solche Begegnungen führen können.

An die Öffentlichkeit brachte ich meine Beobachtungen von damals erst sechs Jahre später: In der niederländischen Abendzeitung *NRC Handelsblad* erschien am 6. November 2001 ein Artikel mit der Überschrift „Een leerzame verkrachting" (Eine lehrreiche Vergewaltigung). Drei Tage später folgte in *Deinsea*, dem Jahresbericht des Naturhistorischen Museums von Rotterdam, die wissenschaftliche Fassung: „The first case of homoseksual necrophilia in the mallard *Anas platyrhynchos*" – heute ein Klassiker auf diesem Gebiet, für den ich 2003 den Ig-Nobelpreis für Biologie erhielt, die heiß begehrte Auszeichnung für Forschungsarbeiten, die „Menschen erst zum Lachen, dann zum Nachdenken bringen".

FAMILIENBANDE?

Da Genanalysen bei Vögeln zu jener Zeit noch selten waren, wurde der Kloake der toten Ente kein Sperma des Vergewaltigers entnommen. Heute wäre nur etwas Blut des Fensteropfers vonnöten gewesen, um mühelos etwaige Familienbande nachzuweisen. War es der Vater, der über seinen

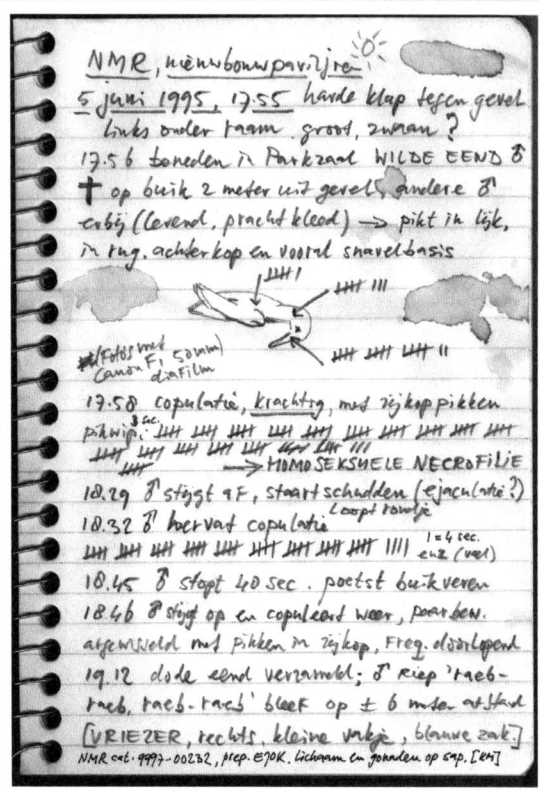

Eine Seite aus dem Notizbuch des Autors mit
Anmerkungen zu den Ereignissen vom 5. Juni 1995. (KM)

Sohn hergefallen ist, oder vielleicht genau umgekehrt? Oder war der Groß-
vater im Spiel? Inzestuöse, homosexuelle Nekrophilie, man stelle sich das
mal vor! Wir werden es leider nie erfahren.

DER FATALE FLUG

Die Rekonstruktion der Umstände, die zu diesem kuriosen Drama führten, war dagegen einfach. Trotz meiner Unkenntnis der Geschehnisse, die
dem Zusammenstoß von NMR 9989-00232 mit dem Museumsbau voraus-
gegangen sind, lässt die Vehemenz des Aufpralls den Schluss zu, dass das
Fensteropfer von seinem Vergewaltiger verfolgt wurde. Das würde auch
erklären, warum Letzterer eine unsanfte Begegnung mit der Fassade vermeiden konnte und so schnell zur Stelle war. Denn rein zufällig war sein
Erscheinen keineswegs. Er flog nicht einfach vorbei, sah den toten Artgenossen liegen und dachte sich: „Hey, den werde ich mal vernaschen." Nein,
der Vergewaltiger brachte ein Vorhaben zum Abschluss, das in einem vor
dem Museumsgebäude gelegenen Wassergraben, der als Einflugschneise
diente, seinen Anfang genommen hatte.

In diesem Zusammenhang ist es wichtig zu wissen, dass Vergewaltigungen bei Stockenten ein normaler Bestandteil ihrer Fortpflanzungsstrategie
sind – zumindest bei heterosexuellen Enten (wenngleich dies, wie wir jetzt
wissen, bei homosexuellen Vertretern kaum anders ist). Ab Mitte März,
wenn ihre festen Partnerinnen gerade ihr Gelege ausbrüten, seilen sich
die Männchen ab, um gemeinsam anderen Weibchen aufzulauern. In den
meisten Fällen fängt der Vergewaltigungsversuch bereits auf dem Wasser
an. Um den Angreifern zu entkommen, taucht oder hebt das Weibchen
ab und löst damit eine Verfolgungsjagd aus, an der sich nicht selten eine
wachsende Anzahl liebestoller Erpel beteiligt – ein Phänomen, das in der
einschlägigen Entenliteratur „reihen" genannt wird. Meistens kommt das
fliehende Weibchen mit dem Schrecken davon, aber manchmal wird es zur
Landung gezwungen und anschließend am Boden das Opfer einer veritablen (Gruppen)Vergewaltigung – ein völlig normales Verhalten, auch unter
den im Museumpark von Rotterdam lebenden Stockenten.

NMR 9989-00232 starb also auf der Flucht vor seinem Angreifer, den – testosterongesteuert, wie er war – der plötzliche Tod des anvisierten Opfers keineswegs davon abhielt, seine eingeleitete Verhaltensweise fortzuführen und zu Ende zu bringen – ein klarer Fall von Nekrophilie. Von Vergewaltigung (erzwungenem Sex) konnte eigentlich keine Rede sein, denn die tote Ente wehrte sich nicht. Deshalb konnte der Täter sich über eine Stunde[2] lang an dem Opfer vergehen, bis ich schließlich dem Treiben ein Ende bereitete.

Als die Veröffentlichung meiner Beobachtungen einem breiteren Publikum bekannt wurde, gab es zweierlei Arten von Kritik. Einerseits gab es Menschen, die meinten: „Wie konntest du dem Treiben so emotionslos zusehen und nebenbei noch Notizen machen, statt einzugreifen", während andere mir vorhielten, dass ich dem Treiben aus trivialen Gründen (Hunger, Alarmsystem) ein Ende bereitet hatte: „Du hättest deine Beobachtungen fortsetzen sollen, bis die Ente von sich aus aufgehört hätte (oder auch nicht)." Im Nachhinein muss ich zugeben, dass ich das Treiben nicht hätte beenden und meine Ausdauer mit der des Erpels hätte messen sollen.

HOMOSEXUELLE ENTEN

Lange Zeit habe ich der Tatsache, dass es sich bei diesem Fall um zwei Erpel handelte, wenig Beachtung geschenkt, doch genau der Aspekt der Homosexualität ist es, der dem Drama eine besondere Note verleiht. Bis zu dem Moment, als ich den Erpel dabei beobachtete, wie er einen Geschlechtsgenossen schändete, und mir durch den Kopf schoss, dass es sich dabei um homosexuelle Nekrophilie handelte, hatte ich mir keine Gedanken darüber gemacht, ob Homosexualität (geschweige denn Nekrophilie) bei Tieren existieren konnte. Heute weiß ich, dass es so ist – oder besser gesagt, seitdem ich das 1999 erschienene Buch *Biological Exuberance – Animal Homosexuality and Natural Diversity* von Bruce Bagemihl gelesen habe. Dieses 750 Seiten dicke, auf wissenschaftlichen Studien basierende

---

[2] Normalerweise dauert die Paarung bei Stockenten höchstens eine Minute.

Werk zeigt anhand von Beispielen aus über 470 Tierarten (überwiegend Säugetiere und Vögel, aber auch Fische, Reptilien und Insekten), dass homosexuelle Verhaltensweisen in unterschiedlichen Ausprägungen keine Seltenheit sind: sich gegenseitig leckende Igelweibchen, Analsex bei männlichen Walrossen bis hin zu gemeinsam masturbierenden Männchen der Vampir-Fledermaus. Auch für mich eine echte Offenbarung. Menschen, die Homosexuelle hassen und behaupten, so etwas gäbe es in der Natur nicht, sei diese Lektüre wärmstens empfohlen.

In der Entenliteratur früherer Tage finden sich zwar Abhandlungen über Paarbildung bei Stockenten und deren Sexualverhalten, aber in diesen wird um den heißen Brei herumgeschrieben. So konstatierte der renommierte niederländische Wasservogelkenner Tom Lebret 1961 etwa: „Enge Freundschaften zwischen Männchen gibt es bei Stockenten durchaus." Während der österreichische Ethologe und Nobelpreisträger Konrad Lorenz in seinem umfangreichen Werk zu Enten mit keinem Wort über homosexuelles Verhalten spricht. Womöglich rührt dies von Prüderie her, da Lorenz in seinen sehr detaillierten *Vergleichenden Bewegungsstudien an Anatinen* zwar die „Paarungseinleitung" und das „Paarungsnachspiel" beschreibt, der Kopulation jedoch keine einzige Silbe widmet. In seinem Kapitel über Enten und Gänse erwähnt Bruce Bagemihl homosexuelles Verhalten bei Stockenten dagegen in unmissverständlicher Klarheit: „In Populationen, wo auch immer, variiert der Anteil gleichgeschlechtlicher männlicher Paare zwischen zwei und 19 Prozent." Auffällig ist, dass schwule Entenpärchen selten bei einem Paarungsversuch erwischt wurden, homosexuelle Männchen sich jedoch regelmäßig, wie ihre heterosexuellen Artgenossen, der außerehelichen Vergewaltigung schuldig machen. Der Vergewaltiger von NMR 9989-00232 ging also womöglich fremd.

NEKROPHILIE

Nekrophilie, also Sex mit Leichen, ist aber etwas anderes. Eingeführt hat Richard von Krafft-Ebing den Begriff 1886 in seinem Klassiker *Psychopathia Sexualis. Eine klinisch-forensische Studie.* Bei Menschen wird dieses

Sexualverhalten, das übrigens in den meisten Ländern strafbar ist, als Perversion angesehen. Einer Studie von John Troyer vom Centre for Death and Society der Universität von Bath in England zufolge ist Nekrophilie dennoch in nicht weniger als zehn (von 50) US-Bundesstaaten nicht verboten. Im Vereinigten Königreich dagegen schon, wobei für die Strafbarkeit eine erfolgte „Penetration" (wie und womit ist nicht klar) vorausgesetzt wird. In den Niederlanden ist Nekrophilie nicht als strafbarer Tatbestand im Strafgesetzbuch enthalten und kann bestenfalls aufgrund von § 150 verfolgt werden: „Wer vorsätzlich und widerrechtlich einen Leichnam exhumiert oder entwendet oder einen exhumierten oder entwendeten Leichnam verlegt oder transportiert, wird mit Gefängnisstrafe von höchstens einem Jahr oder einem Bußgeld der dritten Kategorie (*2018 bis maximal 8200 Euro, Anmerkung des Übersetzers*) bestraft." Die deutsche Gesetzgebung ist in diesem Punkt erheblich klarer: In §168 des Strafgesetzbuchs zur Störung der Totenruhe heißt es: „Wer unbefugt aus dem Gewahrsam des Berechtigten den Körper oder Teile des Körpers eines verstorbenen Menschen, eine tote Leibesfrucht, Teile einer solchen oder die Asche eines verstorbenen Menschen wegnimmt oder wer daran beschimpfenden Unfug verübt, wird mit Freiheitsstrafe bis zu drei Jahren oder mit Geldstrafe bestraft." Somit fällt Nekrophilie offenbar unter „beschimpfenden Unfug".

Ob strafbar oder nicht, Nekrophilie gilt als seltenes, abnormes Sexualverhalten, das gegen die Moral- und Wertevorstellungen unserer Gesellschaft verstößt: Leichen sind tabu! Notorische Nekrophile sind oft Serienmörder und eher selten nur notgeile Typen, die nachts mit einem Spaten in der Hand auf Friedhöfen ihr Unwesen treiben oder Leichen aus Leichenhallen entwenden. Unter Psychiatern besteht große Einigkeit darüber, dass der Nekrophilie bei Menschen nicht so sehr das Verlangen nach (Sex mit) Leichen zugrundeliegt als vielmehr das Bedürfnis nach einem Sexualpartner, der weder zurückweist noch abwehrt.

Bei Tieren, die in keinster Weise durch moralische oder ethische Vorstellungen beschränkt werden und einfach impulsiv handeln, ist nekrophiles Verhalten vermutlich weiter verbreitet, als gemeinhin angenommen wird, wenngleich solches Verhalten selten beobachtet wird. Denn dafür muss man nicht nur genau im richtigen Moment am richtigen Ort sein, sondern auch wissen, was man gerade sieht. Außerdem ist es wichtig, die Beobachtung in irgendeiner Art und Weise schriftlich und/oder bildlich festzuhalten, sonst ist sie so gut wie wertlos. Allerdings kann genau dies das Hauptproblem sein: Denn es ist leichter, solche Erlebnisse bei einer Tasse Kaffee zu erzählen, als darüber eine fundierte Abhandlung zu schreiben. Auch ich ging sechs Jahre lang mit der Geschichte der nekrophilen Ente schwanger, bis ich sie – auf Drängen eines guten Freundes hin – veröffentlichte.

NEKROPHILIESTATISTIK

In etwas mehr als zwei Jahrzehnten habe ich 69 zuverlässig dokumentierte Fälle von Nekrophilie bei Wirbeltieren zusammengetragen (Tabelle 1) – alles Fälle, die zwischen 1911 und 2018 entdeckt wurden und 48 verschiedene Tierarten betreffen. In beinahe der Hälfte aller Fälle sind Vögel involviert, genau ein Viertel betrifft Frösche und Kröten. Bei Säugetieren ist Nekrophilie ein seltenes Phänomen und so sind mir lediglich sechs Fälle (12,5 %) bekannt. Echsen, Schlangen und Schildkröten machen zusammen sieben

Tabelle 1

Dokumentierte Fälle von Nekrophilie im Tierreich nach Klasse und sexueller Orientierung (heterosexuell, homosexuell oder unbekannt), Stand: Ende 2017

Klasse	Zahl der Arten	Zahl der Fälle	heterosex.	homosex.	unbekannt
Vögel	23	38	11	7	20
Frösche und Kröten	12	15	14	-	1
Säugetiere	6	7	4	2	1
Echsen	3	5	5	-	-
Schlangen	3	3	3	-	-
Schildkröten	1	1	-	1	-
	48	69	37	10	22

Fälle aus. Unter den Vögeln steht die Stockente mit neun Fällen an erster Stelle, direkt dahinter folgen die Schwalben mit acht Fällen bei fünf(!) unterschiedlichen Arten. In 22 Fällen ist die sexuelle Orientierung des Täters nicht bekannt und in 37 Fällen (54 %) heterosexueller Natur. Rein gleichgeschlechtliche Nekrophilie wurde in lediglich zehn Fällen (14 %) festgestellt, zu 70 Prozent bei Vögeln. Interspezifische Nekrophilie (Paarung mit einem Mitglied einer anderen Art) wurde zehnmal beobachtet: viermal bei Fröschen, dreimal bei Vögeln, zweimal bei einem Säugetier und einmal bei einer Schlange. Immerhin blieben diese erstaunlichen Eskapaden innerhalb der eigenen Tiergruppe.

Hier folgt eine repräsentative Übersicht über Nekrophilie im Tierreich.

PINGUINE: DIE VORREITER

Der erste Fall von Nekrophilie im Tierreich wurde 1911 auf Kap Adare, Antarktika, beobachtet und dokumentiert. Dort lebte der britische Chirurg und Entdeckungsreisende George Murray Levick zwölf Wochen lang zwischen Adeliepinguinen (*Pygoscelis adeliae*). Was er dort beobachtete (gleichgeschlechtliches Sexualverhalten, Selbstbefriedigung, Vergewaltigung, Pädophilie, Nekrophilie) bezeichnete er damals als „verblüffende Verkommenheit". Seine Beobachtungen waren für die damalige Zeit so schockierend, dass er sie auf Griechisch niederschrieb, sie sonst aber mit keinem Wort erwähnte – weder im Endbericht der britischen „Terra Nova"-Expedition noch in seinem Buch *Antarctic penguins – a study of their social habits*. Stattdessen druckte das britische naturhistorische Museum 100 Exemplare eines von Levick verfassten Textes mit dem Titel *The Sexual Habits of the Adélie Penguin*, allerdings nicht ohne den warnenden Hinweis „Not for Publication" (Nicht zur Veröffentlichung geeignet) auf dem Titel. So landete das Flugblatt lediglich bei Levicks Fachkollegen, die es mit dem Mantel der Verschwiegenheit bedeckten – wie es sich im viktorianischen England von damals gebührte. Bis 2012, als Levicks Publikation in der Bibliothek der Vogelabteilung eines naturhistorischen Museums unweit von London wiederentdeckt wurde, fand sich in der einschlägigen Literatur über Pinguine kein einziger Hinweis auf seine Veröffentlichung. Die Entdecker brachten Levicks bemerkenswerte Beobachtungen in vollem Umfang in der Fachzeitschrift *Polar Record* heraus, damit jedermann sich daran erfreuen konnte. In diesem Buch beschränke ich mich lediglich auf die Textpassagen über Selbstbefriedigung und Nekrophilie:

"

Als die Brutsaison angebrochen war und die Männchen sich im Zustand höchster Erregung befanden, stellten wir fest, dass sie sich regelmäßig unkontrolliert und von Leidenschaft getrieben verhielten. Ihre vergebliche Suche nach Weibchen in der Kolonie mündete manchmal in eine steife Körperhaltung, die langsam in paarende Bewegungen überging, an deren Ende sogar Sperma über den Boden ejakuliert wurde. Von dem, was wir erlebten, war dieses Verhalten noch am wenigsten verkommen. Die Kolonie war nämlich mit den Leichen Hunderter toter Pinguine übersät – von erwachsenen Vögeln bis hin zu frisch geschlüpften Küken, die in den letzten Jahren aus verschiedenen Gründen ihr Leben gelassen hatten. Dank der niedrigen Temperaturen befinden sich die Kadaver auch nach vielen Jahren noch in gutem Zustand. Am 10. November, als bereits ein Monat der Brutsaison verstrichen war, beobachtete ich, wie ein Männchen den Geschlechtsakt mit einem Leichnam eines bereits im letzten Jahr verstorbenen, weißkehligen Adeliepinguin vollzog. Der Akt, der übrigens vollständig ausgeführt wurde, also bis zum Hinunterdrücken der Kloake und Samenerguss, dauerte etwas weniger als eine Minute, wobei die Körperhaltung des Pinguins mit der bei einer normalen Kopulation identisch war. Als ich zu unserer Hütte zurückkehrte und einem meiner Reisegefährten von dem Erlebnis erzählte, sagte er zu meiner großen Verwunderung, dass er solches auch schon ein paar Mal nahe dem Gletscher beobachtet hatte."

Den zweiten Fall von Nekrophilie bei Pinguinen entdeckte ich in einem unterhaltsamen Reisebericht von Thomas Bagshawe mit dem Titel *Notes on the Habits of the Gentoo and Ringed or Antarctic Penguins*. 1921 verbrachte der britische Geologiestudent zusammen mit Maxime Lester das ganze Jahr auf der Insel Danco Island (Grahamland, Antarktika), um auf dem Gebiet der Meteorologie, der Gezeiten und der Zoologie zu forschen. Die beiden lebten inmitten einer großen Pinguinkolonie und hielten ihre Beobachtungen bezüglich der unterschiedlichen Verhaltensweisen der Pinguine schriftlich fest. Der Bericht über den Eselspinguin (*Pygoscelis papua*) lässt an Klarheit nichts zu wünschen übrig: „Haltung dem Tod gegenüber – Erwachsene wie Jungvögel stehen ihrem eigenen Ableben gleichgültig gegenüber, wie aus dem folgenden Ausschnitt aus dem Tagebuch hervorgeht: 11.3.21. Junge Pinguine haben keine Probleme mit Leichnamen und Blut von Mitgliedern ihrer eigenen Art. Neben unserer Hütte stapeln sich die Leichname, auf die sich heute ein Jungvogel gelegt hat, der manchmal sogar in den Flügel eines der toten Tiere pickte.

– 29.10.21. Einen der Vögel, die ich getötet habe, hatte ich eine Weile liegen gelassen. Als ich zurückkehrte, sah ich, wie ein Männchen versuchte, mit dem toten Vogel zu kopulieren. Auch sah ich, wie ein anderes Männchen ein schwerverletztes Weibchen bestieg."

Genau wie andere Pinguinforscher kannte auch Bagshawe den 1915 erschienenen Text von Levick nicht. Aber beide beobachteten das gleiche Verhalten bei unterschiedlichen Pinguinarten. Zehn Jahre nach Levick wagte es Bagshawe, seine Beobachtungen zu veröffentlichen. In völliger Unkenntnis der Entdeckungen von Levick und Bagshawe war auch dem US-amerikanischen Biologen David Ainley in einer großen Pinguinkolonie auf der antarktischen Insel Ross Island aufgefallen, mit welcher Unbekümmertheit und Gier Adeliepinguine Paarungsversuche mit toten (tiefgefrorenen) Artgenossen unternahmen. Dieses Erlebnis inspirierte ihn so sehr, dass er von 1969 bis 1976 die ersten Nekrophilie-Feldexperimente durchführte: Dabei bot er ledigen Männchen tote, in Paarungshaltung eingefrorene Weibchen an und wartete mit der Stoppuhr in der Hand auf das, was passieren würde. Die Ergebnisse, die er unter dem etwas irreführenden Titel *Activity Patterns and Social Behavior of Non-Breeding Adélie Penguins* veröffentlichte, sind verblüffend. Innerhalb nur einer Minute reagierten die Männchen positiv auf das Angebot, und zwar entweder

1. mit einer erfolgreichen Kopulation inklusive erfolgter Ejakulation,
2. mit einer unvollständigen Kopulation ohne Samenerguss oder
3. mit Werben – bei dem das Männchen mit seinem zitternden Schnabel Kopf und Schnabel des Weibchens berührte.

Bei nicht weniger als 90 Prozent aller Versuche kam es zu einer erfolgreichen Kopulation. Allerdings gab es Unterschiede zwischen den Altersklassen: Jungvögel reagierten deutlich weniger begeistert auf das Angebot als ältere Artgenossen. Viel später, als Levicks Werk 2012 endlich die Aufmerksamkeit erhielt, die es verdiente, ergänzte David Ainley dieses mit eigenen Beobachtungen. Er hatte nämlich festgestellt, dass sogar tiefgefrorene Pinguine, die bereits nicht mehr wirklich intakt waren, unvermindert heftige Reaktionen auslösten: „... auch ein gefrorener, mit weißen O-Ringen als Augen beklebter Kopf eines Pinguins, der mithilfe von Eisendraht in aufrechter Position auf einem Stein (als ‚Körper') angebracht worden war, erwies sich für die Männchen noch als derart aufreizend, dass sie mit ihm kopulierten und auf den Stein ejakulierten."

STRANDLÄUFER: NICHT WÄHLERISCH!

In den späten 1970er-Jahren hielten sich Pete Myers und Kollegen sechs Jahre lang während der Brutsaison in der Tundra Nordalaskas auf, um das Fortpflanzungsverhalten arktischer Stelzenläufer zu studieren. Ohne es zu wissen, waren sie die Ersten, die einen Vogel bei homosexueller Nekrophilie ertappten. Myers beschrieb seine Erlebnisse in einigen wenigen Sätzen in seiner interessanten Publikation über das promiskuitive Leben des Graubruststrandläufers (*Calidris melanotos*): „[...] Männchen paaren sich mit nahezu jedem Weibchen, das in ihrem Territorium landet. Sie geraten schon in Wallung, wenn eines vorbeifliegt. Wählerisch sind sie dabei nicht: Wir beobachteten, dass ein Männchen sich mit einem toten Männchen des

Thorshühnchens paarte und ein anderes sogar einen Paarungsversuch bei einem frisch geschlüpften Jungvogel des Alpenstrandläufers unternahm." Dabei sollte man wissen, dass weder das Thorshühnchen (*Phalaropus fulicaria*) noch der Alpenstrandläufer (*Calidris alpina*) ein Artgenosse des Graubruststrandläufers sind. Mehr oder weniger beiläufig erwähnte Myers also die Beobachtung zweier außergewöhnlicher Fälle von interspezifischer homosexueller Nekrophilie und Pädophilie. Das war bisher allerdings auch das letzte Mal, dass von Nekrophilie bei Strandläufern berichtet wurde.

STADTTAUBE: PUBLIKUMSMAGNET

Wenngleich es an vagen YouTube-Videos nicht gerade mangelt, wurden bei der Stadttaube bislang nur vier dokumentierte Fälle von Nekrophilie bekannt. Der erste, 1987 in der renommierten Vogelzeitschrift *British Birds* veröffentlichte Fall geht zurück auf Beobachtungen von Evelyn Slavid und Julie Taylor vom 27. Juni 1983 im Zentrum von Settle in der englischen Grafschaft North Yorkshire. Dort wurde auf einer verkehrsreichen Kreuzung eine völlig entkräftete Stadttaube (*Columba livia*) überfahren, allerdings nicht gänzlich, sondern nur der Kopf. Der Rest des leblosen Körpers war intakt geblieben und lag auf dem Brustbein ruhend und etwas nach vorne gekippt auf der Straße, die Flügel leicht ausgebreitet. Erstaunt beobachteten Slavid und Taylor, wie sofort eine zweite Taube neben dem Verkehrsopfer landete und mit aufgeplusterten Brustfedern um den toten Artgenossen herumstolzierte – das typische Balzverhalten eines liebestollen Tauberichs. Trotz ausbleibender Einladung bestieg der Tauberich dann den leblosen Körper des Artgenossen und verlor sich selbst gänzlich „in heftigen Kopulationsbewegungen". Er war sogar derart erregt, dass er vom Verkehr um sich herum keinerlei Notiz nahm und so in der ansonsten so beschaulichen Ortschaft einen Stau auslöste. Schließlich (über die Dauer der Paarung schweigt sich der Bericht leider aus) flog die Taube wieder auf. Die beiden Damen stellten bei ihrer anschließenden Untersuchung der toten Taube fest, dass diese beringt war. Leider versäumten sie es, das Geschlecht der Taube zu bestimmen (eine Kleinigkeit, wenn man weiß, wo man im

Körperinneren nachsehen soll) und so blieb offen, ob es sich bei diesem Fall um homo- oder heterosexuelle Nekrophilie handelte. Nichtsdestotrotz wurde er vier Jahre später gut dokumentiert an die Öffentlichkeit gebracht. Ein Fall von Nekrophilie bei Tauben, an dem gleich mehrere Partner beteiligt waren, wurde fein säuberlich in einem Film festgehalten, der seit dem 4. Juli 2007 auf der Internetplattform YouTube zu sehen ist. Das Drama spielte sich vor den Augen von Touristen auf der Piazza di Santa Croce in Florenz ab, also ganz in der Nähe des Ortes, an dem Machiavelli, Michelangelo und Galilei ihre letzte Ruhestätte haben. Der Film startet mit Bildern von einer toten Stadttaube (*Columba livia domestica*), die bäuchlings auf dem Pflaster liegt, während eine andere Taube (nennen wir sie Nummer 1) diese in den Nacken pickt und besteigt. Aus der seitwärts gedrehten Lage des Schwanzes lässt sich schließen, dass sich aller Wahrscheinlichkeit nach die Kloaken beider Vögel berührt haben. Kurze Zeit später erscheinen zwei weitere Tauben am Ort des Geschehens: Nummer 2, ein normal gefärbtes, graues Exemplar, und Nummer 3 mit hellbraunem Gefieder. Erst jagt Nummer 2 Nummer 1 von der leblosen Taube herunter, wonach Nummer 3 nach kurzem Herumstolzieren die Gelegenheit wahrnimmt, sich mit der toten Taube zu paaren. Als Nummer 2 ihren Anspruch andeutet, wird sie von Nummer 3 weggejagt. Schließlich kehrt Nummer 2 aber zurück und kann ebenfalls ihren Geschlechtstrieb ausleben. Somit haben sich drei Tauben an der toten Taube vergangen. Bis ein Passant der Veranstaltung ein Ende bereitete und damit auch der Film endet, sind 64 Sekunden verstrichen. Den übertriebenen, belustigten und obszönen Kommentaren ist zu entnehmen, dass es sich bei den Touristen um amerikanische Jugendliche handelte. Und wie bei dem Fall in England wurde auch diesmal versäumt, das Geschlecht der toten Taube festzustellen. Dennoch veröffentlichen sie die ersten bewegten Bilder eines Falles von Nekrophilie bei Tauben mit dem Titel „Pigeons humping dead pigeon".

Im April 2013 war Rotterdam Schauplatz eines Falles von Nekrophilie bei Tauben. Auslöser war eine allzu eilige beringte Brieftaube, die gegen ein Dachfenster flog und tot auf einer Dachterrasse landete. Nahezu unmittelbar nach dem Absturz erschien eine zweite Taube neben dem

Nekrophile Paarung bei Stadttauben: (a) Vorspiel mit Picken auf den Kopf;
(b) Besteigung; (c–e) Kopulation mit Seitwärtsbewegungen des Schwanzes;
(f) Nachspiel mit Picken auf den Kopf. (Ignacio Fernandez)

leblosen Artgenossen und fing sofort an, mit Letzterem den Geschlechtsakt zu vollziehen – alles vor den Augen des chilenischen Ökologen Ignacio Fernandez. Auf den Fotos, die dieser während des Geschehens schoss, ist deutlich zu erkennen, dass sich weder das „Vorspiel" noch die Kopulation selbst von einem ganz normalen Paarungsakt bei zwei lebendigen Tauben unterscheiden.

HAUSSPERLING: PLUMPER SEX

Ein Fall von Fast-Nekrophilie mit einem Verkehrsopfer ereignete sich in der englischen Stadt Leicester. Dort beobachtete der britische Ornithologe Ken Simmons am 9. Mai 1984, wie vier Haussperlinge (*Passer domesticus*) während einer Verfolgungsjagd eine stark frequentierte Straße überquerten und der letzte der vier, ein Weibchen, von einem Auto erfasst wurde und auf die Straße fiel. Für einen kurzen Moment bewegte es die Flügel zwar noch etwas, blieb dann aber reglos liegen. Zwei bis drei Minuten danach erlangte es sein Bewusstsein wieder und fing an, sich aufzurappeln, dabei vermutlich vom Fahrtwind der vorbeifahrenden Autos unterstützt. Mehr tot als lebendig verharrte das Weibchen in sitzender Position, das Köpfchen etwas schief aufgerichtet, den Hinterkopf zwischen die Schultern eingezogen. Kurze Zeit später landete ein männlicher Artgenosse neben ihm auf dem Asphalt, der sich anschließend – bis das nächste Auto ihn zum Wegfliegen zwang – dreimal mit dem benommenen Weibchen paarte, wobei das Männchen das Weibchen, wie es bei Spatzen so üblich ist, an den Kopffedern festhielt. Beim nächsten Anlauf wechselte das liebestolle Männchen Besteigungen mit Liebestänzen um das Weibchen herum ab, bis beide gnadenlos von einem Auto überfahren wurden. Simmons, eine Koryphäe auf dem Gebiet des Vogelverhaltens, hielt es für unwahrscheinlich, dass die beiden Spatzen ein Pärchen waren, und begründete das bizarre Verhalten des Männchens damit, dass „die regungslose, passive Haltung des Weibchens" den Spatz offenbar unwiderstehlich angezogen hatte. Wie sich später herausstellen sollte, lag er mit seiner Schlussfolgerung genau richtig.

In einem sehr dramatischen Fall von Nekrophilie spielte eine Stockente die Hauptrolle, während bedeutende Nebenrollen von zwei Schwanengänsen und einer Ringschnabelmöwe übernommen wurden. Ereignet hat sich der Fall am 9. April 1987 in den Vereinigten Staaten, auf dem Lake Sheldon in Fort Collins, Colorado. Und er wurde von Philip N. Lehner von der Biologie-Abteilung der Colorado State University beobachtet, der die Ergebnisse 1988 in der Publikation *The Wilson Bulletin* veröffentlichte. Lehner sah, wie diverse Erpel einem Entenweibchen nachstellten und Letzteres nach einer Verfolgungsjagd, die einige Minuten andauerte, ans Ufer schwimmen musste. Erschöpft und wohl nicht mehr imstande, die Flucht fortzusetzen, ging es an Land und wurde sofort von zwei Schwanengänsen (*Anser cygnoides*) empfangen. Während eine die Erpel auf Distanz hielt, bog sich die andere in Paarungshaltung über die erschöpfte Ente und pickte lang und heftig in ihren Nacken und Hinterkopf. Nach etwa fünf Minuten lag die Ente regungslos in Paarungshaltung. Als Philip Lehner bemerkte, dass sich die Ente nun nicht mehr rührte, erklärte er sie für tot. Die Gans hakte noch weitere zwei Minuten auf die Ente ein, erst dann zogen beide Gänse ab. Die fünf Erpel, die sich inzwischen gegenseitig bekriegt hatten, nutzten die Gelegenheit, die sich ihnen plötzlich darbot, schwammen direkt auf die tote Ente zu und fingen an, sich mit ihr zu paaren. Etwa sieben Minuten dauerte die Gruppenvergewaltigung, an der sich auf jeden Fall drei Erpel beteiligten. Als die fünf Erpel eine Pause auf dem Wasser einlegten, landete eine Ringschnabelmöwe (*Larus delawarensis*) neben der toten Ente, und fing an, mit ihrem Schnabel den Kopf der Ente zu bearbeiten. Als die Erpel zwei Minuten später zurückkehrten, folgte eine weitere, etwas kürzere Gruppenvergewaltigung, an der diesmal zwei Erpel aktiv beteiligt waren. Schließlich überließen sie die Ente der Möwe, die ihre Mahlzeit fortsetzte und weitere Fleischstücke aus Nacken und Rücken pickte.

Mit insgesamt acht Fällen stehen die Schwalben an zweiter Stelle der Nekrophilierangliste. Dabei fällt nicht nur die weltweite geografische Verteilung auf – vier Fälle in Europa, zwei in Asien und zwei in Nordamerika –, sondern auch die vergleichsweise hohe Anzahl der involvierten Arten: fünf an der Zahl. Am 22. Juni 1982 war Roland M. Libois der Erste, der einen Fall von Nekrophilie bei Rauchschwalben (*Hirundo rustica*) präzise beobachtete. Seine Ergebnisse erschienen in der belgischen Vogelzeitschrift *Aves*. Stattgefunden hat das Ganze im französischen Dorf Irleau, wo Libois mit seinem Auto unterwegs war und dabei am Straßenrand ein frisches Verkehrsopfer liegen sah. Im Vorbeifahren erkannte er, dass es sich um eine tote Schwalbe handelte, auf der eine lebendige saß: „Liegt da etwa der Partner/die Partnerin oder versucht ein lediges Männchen, seine Frühlingsgefühle an dem Häufchen toter Federn auszuleben?" Libois vermutete, dass „seine interne Motivation so groß war, dass der Reiz, den ein regungsloser Partner (männlich wie weiblich) verursachte, ausreichte, um das Paarungsverhalten auszulösen." Roland Libois bewies ein großes Wissen hinsichtlich von Nekrophilie im Tierreich, als er seine Beobachtungen verglich mit einem männlichen Sperling, der Paarungsversuche mit einem leblosen Objekt – in diesem Fall einem „balle pelote", einem harten Ball, der bei einem traditionellen Spiel in Belgien verwendet wird – unternahm und für den Paarungsakt offenbar noch weniger Reize benötigte.

Im namhaften, meistens jedoch staubtrockenen *Ardea*, dem Sprachrohr der niederländischen ornithologischen Union, veröffentlichte der norwegische Biologe Svein Dale 2001 einen besonderen Fall von nekrophilem Verhalten bei Uferschwalben (*Riparia riparia*). Während er verfolgte, wie über einem See in Nordgriechenland eine Gruppe von 2000 Schwalben Jagd auf riesige Mückenschwärme machte, ruhten sich auf einer nahegelegenen Landstraße etwa 200 Uferschwalben aus. Trotz des geringen Verkehrsaufkommens mussten sieben Schwalben den Aufenthalt auf der Straße mit dem Leben bezahlen, wonach sich die restlichen Schwalben gezielt in der Nähe

Nekrophilie bei Rauchschwalben; Taiwan, 2004.
(Wilson Hsu)

der leblosen Artgenossen positionierten, wie es Dale erschien. Um diese Vermutung zu überprüfen, siedelte er die sieben toten Schwalben auf einen nahegelegenen Parkplatz um. Wie von unsichtbarer Hand gelenkt landete eine erste Schwalbe weniger als einen halben Meter von den toten Schwalben entfernt und in weniger als zwei Minuten hatten sich einige Hundert Schwalben wieder um die toten Artgenossen versammelt. Sechsmal bettete Dale die toten Schwalben um, und jedes Mal folgten die lebenden Schwalben und ließen sich weniger als einen halben Meter von den Kadavern entfernt nieder. Mit scharfem Blick registrierte Dale außerdem, dass nach jeden Umzug eine bis fünf (im Durchschnitt 2,7) Uferschwalben mit den Verkehrsopfern kopulierten. Offenbar war die Anziehungskraft der toten Artgenossen so groß, dass diese – neben ihrer Funktion als Mittelpunkt für die Neuformierung der Gruppe –das Paarungsverhalten der lebenden Schwalben anregten.

Nach dieser Veröffentlichung wurden noch drei weitere Fälle von Nekrophilie bei Schwalben bekannt. Im März 2004 fotografierte Wilson Hsu irgendwo in Taiwan eine, wie er es nannte, „trauernde Rauchschwalbe, die einen überfahrenen Artgenossen wieder zum Leben erwecken wollte". Die Bilder, die Hsu ins Internet stellte (und die später zu einem ergreifenden Video zusammengesetzt wurden), sind womöglich die schönsten, die jemals von nekrophilem Verhalten gemacht worden sind: Eine tote Rauchschwalbe (*Hirundo rustica*) liegt bäuchlings auf dem Asphalt und neben ihr sitzt ein lebendiger, rufender Artgenosse. Anschließend folgt eine Serie unverkennbare Paarungen, in deren Verlauf auch eine weitere Schwalbe Interesse zeigt. Dass der talentierte Fotograf keineswegs von Wissen über das Verhalten von Schwalben belastet war, zeigt sich an seinem Kommentar zu diesem Bild: „Neben der toten Schwalbe rief die [lebende]: ,Steh doch auf, steh auf!' Plötzlich näherte sie sich dem toten Artgenossen, packte ihn fest und versuchte, ihm aufzuhelfen. Der tote Verwandte war zu schwer, aber sie schlug immer wieder mit seinen Flügeln. Schließlich versuchte sie es noch einmal mit aller Kraft, aber auch darauf folgte keine Reaktion." Hsu konnte das Geschehen nicht länger ertragen und legte den kleinen Leichnam unter einen Busch. Da LKWs vorbeirasten, wollte Hsu vermeiden, dass

Nekrophilie bei Uferschwalben; Japan, 2014.
(Naoki Tomita & Yasuko Iwami)

es noch mehr Verkehrsopfer zu beklagen gab. Bei all den haarsträubenden Kommentaren beschrieb der Fotograf doch eine wichtige Beobachtung: „Wieder fuhr ein LKW vorbei. Durch den starken Wind wurde der Leichnam der Schwalbe umgedreht. Diese Haltungsveränderung schien die zweite Schwalbe dazu aufzufordern, sich zu dem toten Artgenossen zu gesellen." Später sollte tatsächlich erwiesen werden, dass die Körperhaltung eines toten Vogels mitunter entscheidend dafür ist, ob Nekrophilie stattfindet oder nicht.

Einen nahezu identischen Fall beobachtete Myrna Pearman im Sommer 2005 in der kanadischen Provinz Alberta, als sie auf einer Straße durch ein Sumpfgebiet fuhr, in dem Hunderte Uferschwalben (*Riparia riparia*) auf Insektenjagd umherflogen. Auf der Straße lag ein totes Exemplar, das offenbar von einem vorbeifahrenden Auto erwischt worden war. Als sie den toten Vogel passierte, erkannte sie, dass bis zu sieben Schwalben auf einmal versuchten, sich mit dem Verkehrsopfer zu paaren: „Der Anblick des Artgenossen, der die ‚Vergewaltigung' verübte, schien andere derart anzuregen, dass diese anschließend den Vergewaltiger vergewaltigten", so Pearman auf der Website *birdwatchersdigest.com*, auf der sie ihre Beobachtung auch mit Bildmaterial belegte.

2014 waren es wieder Uferschwalben, diesmal in Japan. Am 20. Juni filmten Naoki Tomita und Yasuko Iwami im Osten der Insel Hokkaido aus dem Fenster ihres Wagens drei Schwalben bei ihrem Versuch, mit einem auf der Straße liegenden Verkehrsopfer Nachkommen zu zeugen. Das Besondere an diesem Fall: Die Filmer nahmen das Opfer mit und übergaben es dem ornithologischen Institut von Yamashina für seine Sammlung. Hier wurde bei der Präparierung das männliche Geschlecht anhand von zwei vorhandenen Testikeln zweifelsfrei erwiesen. Tomita und Iwami gebührt Lob dafür, dass sie den Vogel sicherstellten und somit den ersten dokumentierten Fall von homosexueller Nekrophilie bei Uferschwalben bekannt gemacht haben – unter dem unmissverständlichen Titel *What Raises the Male Sex Drive? Homosexual Necrophilia in the Sand Martin*. Ich schlug vor, das Exponat (YIO-72028) zusammen mit einer Darlegung der Geschichte und den Videobildern auszustellen, denn aus eigener Erfahrung wusste ich, dass sich dafür ein breites Publikum interessiert. Da das Institut in Yamashina zwar eine Forschungseinrichtung mit eigener Vogelsammlung ist, jedoch keine Ausstellungen macht, konnte mein Vorschlag leider nicht realisiert und die Uferschwalbe nicht ausgestellt werden.

RABENGEIER: EIN FEUCHTES AMOURÖSES ABENTEUER

Am 6. Februar 2006 blickte Bill Hilton Jr., Direktor des Hilton Pond Center for Piedmont Natural History in York im US-Bundesstaat South Carolina, aus dem Fenster des Besucherzentrums, das unmittelbar an einen großen Teich grenzt. Allerdings keineswegs grundlos, sondern weil irgendetwas im Wasser seine Aufmerksamkeit erregte – etwas Großes und Dunkles, das sich im Wasser auf und ab bewegte. Erst dachte er, es könnte sich womöglich um sich paarende Kanadagänse (*Branta canadensis*) handeln, doch als er durch sein 400-mm-Teleobjektiv blickte, erkannte er, dass es ein Rabengeier (*Coragyps atratus*) war. Der erfahrene Ornithologe war erstaunt, einen Rabengeier mit ausgebreiteten Flügeln im Wasser „planschen" zu sehen. Schnell wurde aber klar, dass der Vogel sich dort keineswegs allein aufhielt, sondern auf einem Kadaver herumbalancierte. Hilton Jr. ging davon aus, dass der Geier eine Bisamratte oder einen großen Graskarpfen zerlegte. Aber als der Kopf des Kadavers plötzlich kurz aus dem Wasser herausragte, erkannte Hilton klar, dass ein zweiter Rabengeier involviert war. Der obere Geier hielt den Kopf des unteren Geiers gut mit seinem Schnabel fest und breitete weiterhin angestrengt seine Schwingen aus. Nach etwa zwei weiteren Minuten, in denen Hilton wunderschöne Bilder schoss, merkte der Geier wohl, dass er beobachtet wurde, und flog auf und davon. Dem völlig verblüfften Beobachter schossen allerlei Szenarien durch den Kopf:

1. Der Kadaver war ein Ertrinkungsopfer und der Geier ein Kannibale.
2. Zwei Männchen hatten sich einen (Revier)Kampf geliefert.
3. Der Geier war liebestoll und seine Partnerin war (während der Balz) ins Wasser gefallen.

4. Der Geier hatte versucht, einen Artgenossen vor dem Ertrinken zu retten.

Erklärungsmöglichkeiten noch und nöcher, nicht zuletzt deshalb, weil nicht bekannt ist, wie das Wasserballett anfing. Für mich ein klarer Fall von Nekrophilie, zumindest gegen Ende zu.

Irgendwann wurde der tote Geier ans Ufer gespült, sodass Mitarbeiter des Besucherzentrums ihn genauestens untersuchen konnten. Der Vogel war noch nicht lange tot (kein trübes Auge) und hatte ein gut entwickeltes Ovarium: also ein Weibchen und somit ein „ganz normaler" Fall von heterosexueller Nekrophilie.

TRUTHUHN: ZWEI TAGE LANG SPASS

Bei den Truthühnern (*Meleagris gallopavo*) ist lediglich ein einziger dokumentierter Fall von Nekrophilie bekannt. Ereignet hat er sich im April 2008 auf der schattenreichen Außenanlage des Ethan-Allen-Jugendgefängnisses unweit von Delafield im US-Bundesstaat Wisconsin. Das Weibchen eines dort lebenden Pärchens war mit dem Stromzaun des Gefängnisses in Berührung gekommen und anschließend dem Stromschlag erlegen. Augenzeugen berichteten, dass sich das Männchen in den beiden Tagen nach dem Vorfall, als das Weibchen bäuchlings auf dem Boden lag, mehrmals länger mit ihm paarte. Schon nach der ersten Paarung, die einige Stunden (!) andauerte, war das tote Weibchen von den scharfen Krallen des Männchens ganz schön in Mitleidenschaft gezogen worden. Als man schließlich beschloss, den Kadaver zu entfernen, suchte das Männchen noch einen ganzen Tag lang verzweifelt nach dem Weibchen, verschwand schließlich aber.

Heterosexuelle Nekrophilie bei Truthühnern. Das bestiegene Weibchen verlor sein Leben beim Zusammenstoß mit einem Elektrozaun; Wisconsin, 2008. (Scott Paschal)

Aggressives und sexuelles Verhalten eines Rackelhahns: (a) Rackelhahn nähert sich zwei Birkhühnern an deren Balzplatz; (b) Rackelhahn steuert mit aggressiver Körperhaltung auf das männliche Birkhuhn zu; (c) wie bei b, jetzt mit aufgestellten Nackenfedern; (d) Rackelhahn tritt, stampft und schlägt Birkhuhn tot; (e) Rackelhahn enthauptet das Birkhuhn; (f– h) Rackelhahn besteigt das tote Birkhuhn; (i) Rackelhahn paart sich mit dem toten Birkhuhn; (j) Rackelhahn pickt in die Überreste des Birkhuhns; Schweden, 2004. (Herbert Rödder)

In den Tiefen des Internets entdeckte ich ein Video aus dem Jahr 2004, das seinesgleichen sucht. Es trägt den Titel „Der Rackelhahn – ein unfruchtbarer Bastard" und handelt von einem Rackelhahn – einer Kreuzung aus Birkhuhn (*Tetrao tetrix*) und Auerhahn (*Tetrao urogallus*) –, der eines Tages frühmorgens am Balzplatz der Birkhühner an einem zugefrorenen See im schwedischen Hamsa-Nationalpark auftauchte. Der Bastard hatte nichts Besseres im Sinn, als einen der dort verweilenden Vögel mit Tritten und Schlägen zu traktieren, was für ihn mit seinen kräftigen Flügeln und Pfoten ein Leichtes war. In nicht einmal einer Minute hatte er ein männliches Birkhuhn in ein armseliges Häufchen Gefieder verwandelt und köpfte schließlich kurzerhand den mit dem Tode ringenden Körper. Der Sprecher im Video kommentiert den Vorfall trefflich – und mit Grabesstimme: „Seine Kampfeswut steigert sich so weit, dass er den Kopf des Birkhahnes abreißt und wegschleudert. Es ist kaum zu glauben, dass ein Vogel zu solch einer grausamen Tat fähig ist. Was vorne und hinten ist an dem zerfetzten Birkhahn, ist kaum noch erkennbar. Trotzdem kopuliert der Rackelhahn mehrere Male auf dem leblosen Körper. […] Die Natur kann schön sein, aber auch grausam."

Im Film kopuliert der Rackelhahn über 20 Sekunden lang mit dem toten Birkhahn. Die gekrümmte Körperhaltung und der vibrierende Körper deuten darauf hin, dass der Rackelhahn tatsächlich ejakuliert. Es ist unverkennbar, dass es sich hier um homosexuelle Nekrophilie handelt, den dramatischsten Fall, der mir bekannt ist. Fast beiläufig erwähnt der Sprecher zum Schluss noch, dass Rackelhähne manchmal auch Menschen attackieren …

Herbert Rödder, der Tierfilmer, der das Geschehen aus einem Tarnzelt heraus filmte, gab auf Anfrage noch ein paar wichtige Details preis. So erfuhr ich, dass die Schlachtpartie etwa ein Viertelstunde andauerte, die Kopulation ein bis zwei Minuten. Laut Augenzeugen endete der Vorfall für alle Beteiligten böse: „Durch das Schlagen der wuchtigen Schwingen und das Herumfliegen der Federn sind nach und nach alle

Nekrophilie beim Goldhähnchen: (a) Fensteropfer und lebendes Männchen, (b) Männchen besteigt den toten Artgenossen, (c) Paarung mit Seitwärtsbewegungen des Schwanzes; Belgien, 2016. (Frank De Cap)

20 bis 30 Birkhähne weggeflogen, sodass der Rackelhahn allein auf dem Eis zurückblieb. Der tote Birkhahn wurde wahrscheinlich von einem Fuchs oder Luchs gefressen. Am nächsten Morgen ist der Rackelhahn erschossen worden." Was mit den Überresten des gewalttätigen Vogels geschah, ist nicht bekannt. Vielleicht steht er irgendwo ausgestopft auf einem Kaminsims …

Abgesehen von der Einmaligkeit des Vorfalls ist durchaus bemerkenswert, dass ein kopfloser Vogelkörper noch so einen großen Paarungsreiz auszulösen vermag. Wie wir später sehen werden, paaren sich Truthähne (die schließlich auch zu den Hühnervögeln gehören) lieber mit einem körperlosen Kopf als mit einem kopflosen (weiblichen) Körper.

GOLDHÄHNCHEN: SECHS GRAMM LEICHT, ABER OHO …

„Ich gebe Ihnen mal meinen Mann, der hat das Ganze gefilmt." Frank De Cap erzählt ganz ruhig: „Wir saßen gerade am Küchentisch, als wir einen leichten, hellen Schlag am Fenster hörten. Aus Neugierde ging ich raus, um nachzusehen. Da ich dachte, dass ein Vogel versuchte, seinen Bruder oder seine Schwester aufzuwecken, mir das Ganze aber schon etwas eigenartig vorkam, holte ich schnell meine Fotokamera." Es war der 30. März 2016 irgendwo in Belgien. Auf dem 50 Sekunden langen Film von Frank De Cap ist zu sehen, wie ein Goldhähnchen-Männchen mit zuckenden Flügeln um das Opfer, auch ein Goldhähnchen (*Regulus regulus*), herumhüpft. Immer wieder pickt er in das leblose Häufchen Gefieder und besteigt es dreimal. Die kräftigen Seitwärtsbewegungen des Schwanzes deuten daraufhin, dass die Kloaken beider Vögel sich berührt haben und es zu einer erfolgreichen Paarung gekommen ist. Leider wurde auch bei diesem toten Vogel (der nicht aufbewahrt wurde) das Geschlecht nicht mit Sicherheit bestimmt. Dennoch belegt der Kurzfilm den ersten Fall von Nekrophilie bei Goldhähnchen, mit neun Zentimetern Länge und einem Gewicht von nur sechs Gramm Europas kleinster Vogel.

Der erste dokumentierte Fall von Nekrophilie bei Rabenkrähen;
Deutschland, 2013. (Matthias Feuersenger)

Matthias Feuersenger ist es zu verdanken, dass Deutschland einen Platz auf der Rangliste im Bereich Nekrophilie bei Tieren ergattert hat. Als erster Deutscher war er am 7. April 2013 Zeuge eines Falles von Nekrophilie bei Rabenkrähen (*Corvus corone*), und dies war auch das erste Mal, dass ein solches Verhalten bei diesen Vögeln beobachtet wurde.[3] Ereignet hat sich der Fall auf einem Grünstreifen in Mannheim mitten in einem Gewerbegebiet, unweit einer Mülldeponie. Im Juni 2017 ließ der pfiffige Vogelbeobachter mir die Beweisfotos und die dazugehörige Geschichte zukommen, nachdem er aus einem Interview[4]) von meinem Interesse für außergewöhnliches Verhalten bei Tieren erfahren hatte. Bis dahin hatte er mit niemandem über den Fall gesprochen:

Auf meiner üblichen Vogelbeobachtungs- und -zähltour sah ich eine tote Krähe auf einer kleinen Insel im Altrhein nah am Ufer liegen. Kaum dass ich das Tier entdeckt hatte, sah ich eine andere Krähe sich nähern und dann mit dem toten Artgenossen kopulieren. Meinen Augen kaum trauend wühlte ich rasch meine kleine Digitalkamera hervor und war noch überraschter, als ich kurz später eine weitere Kopulation mit der toten Krähe beobachten und diesmal auch dokumentieren konnte. Die beiden Kopulationen fanden innerhalb von etwa 20 Minuten statt. Jede Kopulation dauerte etwa 5–10 Sekunden."

---

[3] Kurz vor Drucklegung dieses Buches veröffentlichten Kaeli Swift und John M. Marzluff die Ergebnisse ihrer Studie zu „taktilen Interaktionen" von Amerikanerkrähen *(Corvus brachyrhynchos)* mit toten Artgenossen. Somit ist die deutsche nekrophile Rabenkrähe nicht länger allein.

[4] Frank Thadeusz: „Tod in der Pfütze", *Der Spiegel*, Nr. 18 vom 29. April 2017, S. 105–106.

Heterosexuelle Nekrophilie bei Stockenten: (a) erwachsener Erpel
mit weiblichem Verkehrsopfer, (b) Vorspiel mit Picken auf Kopf und Hals,
(c) Erpel besteigt das Weibchen und paart sich mit ihm; Belgien,
2009. (Jan Rodts)

In dem Moment befanden sich vor Ort etwa 40 Krähen, und wegen der unübersichtlichen Situation konnte Feuersenger nicht mit hundertprozentiger Sicherheit sagen, ob dieselbe Krähe sich zweimal paarte oder vielleicht doch ein weiterer Liebhaber involviert war. Bemerkenswert war die Feststellung, dass die tote Krähe nicht frischtot war, denn in der Regel findet Nekrophilie mit frischtoten Tieren statt:

"

Die tote Krähe war definitiv bereits in Totenstarre, was sichtbar wurde, als sie während der Paarung durch die andere Krähe etwas herumgeschoben wurde und dabei steif wie ein Brett wirkte. "

Leider lag das erste deutsche Nekrophilieopfer außer Reichweite und konnte Feuersenger, selbst Tierpräparator, den Kadaver nicht einsammeln. Nur allzu gerne hätte er den Vogel für die Nachwelt erhalten.

STOCKENTE: VON TRAUERBEWÄLTIGUNG BIS KANNIBALISMUS

Bei Stockenten (*Anas platyrhynchos*) ist der Zähler bei neun dokumentierten Nekrophiliefällen stehen geblieben. Dabei springt der Anteil, den die Niederlande daran haben, ins Auge: Sechs der neun Fälle ereigneten sich dort, die restlichen drei in Belgien, dem Vereinigten Königreich und den USA. Für den belgischen Vertreter bildete das historische Stadtzentrum von Sint-Niklaas die Kulisse. Dort fand am 20. April 2009 ein besonderer und gut dokumentierter Fall von Nekrophilie statt, der lange Zeit für Verwirrung sorgte. Protagonisten dieses Dramas waren ein überfahrenes Entenweibchen und der dazugehörige Erpel, der nicht vom Kadaver weichen wollte, obwohl die Eingeweide des Weibchens auf dem Asphalt verteilt lagen. Unter dem vielsagenden Titel „Ententrauer" wurde der Vorfall von einem Augenzeugen in der Mitgliederzeitung *Mens en Vogel* des flämischen Vogelschutzbundes Vogelbescherming Vlaanderen beschrieben. Die wichtigste Passage: „Mit leichten Schnabelstößen versuchte ihr

Es dauerte 22 Jahre, bis ein zweiter Fall von homosexueller Nekrophilie einer Stockente beobachtet und – mithilfe des präparierten Opfers – dokumentiert werden konnte; Sammlung Naturhistorisches Museum von Rotterdam, Katalognummer NMR 9989-005185. (Bram Langeveld)

Partner – der das Ganze unbeschadet überstanden hatte – seine Lebensgefährtin wieder aufzurichten. Jedem Auto, das seiner Partnerin gefährlich nahekam, stellte er sich in den Weg, als wollte er den leblosen Körper vor weiterem Unheil schützen." Die Aufnahmen zu dem Bericht zählen zu den besten, die im Zusammenhang mit Nekrophilie bei Enten jemals gemacht wurden, wenngleich der Fotograf sie aus einer völlig anderen Überzeugung heraus schoss: „Wie immer hatte ich meine Fotokamera dabei und so lag es nahe, das ergreifende Geschehen erst fotografisch festzuhalten. Für einen Moment fühlte ich mich wie ein Katastrophentourist, obwohl ich mit den Fotos ein klares Ziel verfolgte: Ich wollte zeigen, dass auch Vögel beim Verlust eines Angehörigen Trauer empfinden können."

Es hat dann – nach 1995 – 22 Jahre gedauert, bis die Welt vom zweiten Fall von homosexueller Nekrophilie bei Stockenten erfuhr. Ereignet hat sich dieser am 28. März 2017 um etwa 18.20 Uhr in Capelle aan den IJssel, einem Vorort von Rotterdam. An dem Abend twitterten Sandra Wolvenkamp und Jasper Koenders bewegte Bilder inklusive der Mitteilung „#Kannibalismus" in die Welt hinaus. Das mit dem Smartphone gedrehte Video erreichte mich binnen weniger Minuten und ließ nur wenig Raum für Zweifel darüber, was sich hier zugetragen hatte: Ein Erpel zeigte gegenüber einem toten männlichen Artgenossen genau das gleiche Verhalten wie der Erpel, mit dem dieses Buch am 5. Juni 1995 – etwa zehn Kilometer Luftlinie weiter westlich – begann. Dass die Augenzeugen den Vorfall mit Kannibalismus in Verbindung brachten, ist gar nicht so abwegig. Denn abgesehen von einigen eindeutigen Paarungsbewegungen zeigen die Bilder auch anderes, typisches Verhalten wie das Picken in den Kopf und in den Schnabelansatz.

Erst am nächsten Tag gelang es Bram Langeveld, meinem Nachfolger als Konservator des Naturhistorischen Museums von Rotterdam, die tote Ente frühmorgens für die Museumssammlung sicherzustellen. Es muss eine wilde Nacht gewesen sein, denn der Kopf des plattgefahrenen Kadavers hing über der Uferbefestigung eines Grabens. Im Museum wurde bei dem Neuzugang erst etwas Kloakeninhalt entnommen, um festzustellen, ob der Vogel das Vogelgrippenvirus in sich trug. Da das Ergebnis negativ ausfiel, blieb die genaue Todesursache des Vogels zunächst ungeklärt. Mal abgesehen von den Spuren, die der liebestolle Artgenosse hinterlassen hatte, deutete ansonsten rein äußerlich nichts auf einen gewaltsamen Tod hin. Später, während der Präparierung, wurde jedoch schnell klar, dass die Ente von einem Hund totgebissen worden war: In der Haut waren winzige Punktionen erkennbar und der linke Brustmuskel wies Einrisse auf. Das Innere der Ente war eine blutige Angelegenheit: Die Leber war gerissen, das Becken gebrochen und auch das Herz hatte Schaden genommen. Der erwachsene Erpel muss gesund gewesen sein, wog 1100 Gramm, seine Testikel (links 16, rechts zwölf Gramm schwer) und der Penis (zwölf Zentimeter lang) befanden sich in Frühlingsausprägung. Dieses zweite Opfer von homosexueller Nekrophilie bei Stockenten wurde in jener Haltung präpariert, in der es aufgefunden worden war, und trägt heute Katalognummer NMR 9989-005185. Im Museum hat er seine wohlverdiente Ruhestätte erhalten: in der Ausstellung „Tote Tiere mit einer Geschichte" neben seinem berühmten Schicksalsgenossen von 1995.

SÄUGETIERE

Nekrophilie bei Säugetieren ist in nur sieben Fällen belegt, aber immerhin mit sechs involvierten Tierarten. Der erste Fall bei einem (nicht menschlichen) Säugetier, der im Rahmen einer wissenschaftlichen Arbeit mehr oder weniger Aufmerksamkeit erregte, ereignete sich 1959 und wurde vom US-amerikanischen Biologen Robert W. Dickerman im *Journal of Mammalogy* beschrieben. Er hatte beobachtet, wie ein Dreizehnstreifen-Hörnchen (*Spermophilus tridecemlineatus*) sich an einem frischtoten Artgenossen verging. Wegen des historischen Charakters dieser Beobachtung folgt hier die Übersetzung der wichtigsten Passage:

"

Am 26. April 1959 fuhr ich auf einer unbefestigten Straße in Dakota County, Minnesota, als ich vor mir zwei Dreizehnstrei-

fen-Hörnchen der Art Citellus[5] *tridecemlineatus erblickte. Das eine floh auf den begrünten Seitenstreifen, während das andere tot auf der Straße lag – erschossen, wie sich später herausstellen sollte. Als ich das Auto abstellte, rannte das geflüchtete Hörnchen wieder auf die Straße, schmiegte sich an das tote Hörnchen und begab sich in Paarungsposition. Als es erneut verschwand, schnappte ich mir das tote Hörnchen: ein Männchen, das sich noch warm anfühlte. Es lag in Seitenlage in der Kopulationshaltung, die wir von Weibchen der Art* Citellus tridecemlineatus *und* C. richardsoni *kennen. Genau diese gekrümmte, ‚weibliche Pose' des toten Hörnchens wird wohl den Geschlechtstrieb des zweiten Hörnchens, das in dieser Jahreszeit eine sehr niedrige Hemmschwelle für seine Tat gehabt haben muss, angeregt haben."*

Sie haben richtig gelesen: Nur beiläufig und emotionslos stellte Dickerman fest, dass es sich bei dem toten Hörnchen um ein Männchen gehandelt hatte. Somit war er nicht nur Zeuge eines Falles von Nekrophilie geworden, sondern gar von der homosexuellen Variante – ohne es mit vielen Worten zu erwähnen. In seiner Veröffentlichung bezeichnete der aufmerksame Biologe das Verhalten des zweiten Erdhörnchens als *davian* (davidianisch) und machte sich somit unsterblich. Erst Philip Lehner versuchte 1988 (in seiner Publikation „Die Ente, die Gans und die Möwe") mit einem kryptischen Hinweis zu erklären, weshalb Dickerman diesen Begriff verwendet hatte. Es war eine „witzige Anspielung auf einen schlüpfrigen Limerick über Nekrophilie". Da ich davon ausging, dass nur Eingeweihte in den USA wissen konnten, was er damit meinte, habe ich mich 2009 direkt mit Robert Dickerman in Verbindung gesetzt. Binnen einer Stunde erhielt ich seine Antwort inklusive zweier Versionen des Limericks über eine Person namens „Dave", die die Leiche einer Prostituierten ausgegraben hatte, in einer Höhle aufbewahrte und dort missbrauchte:

5   Zu dieser Zeit wurden die Erdhörnchen noch der Gattung *Citellus* zugeordnet. Heute wissen
    wir es besser und nennen sie *Spermophilus.*

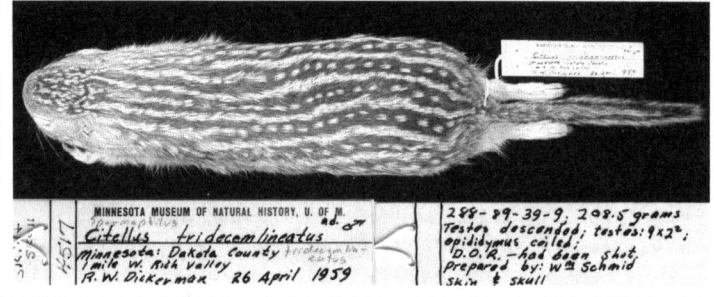

Der erste Fall von Nekrophilie bei einem kleinen Säugetier wurde 1959 bei einem Dreizehnstreifen-Hörnchen beobachtet, das ausgestopft und mit abgetrenntem Schädel unter der Katalognummer MMNH 4517 im Bell Museum of Natural History, Minnesota, aufbewahrt wird. (Sharon Jansa)

"

There was on old miser named Dave
who kept a dead whore in a cave.
He said "I'll admit, I'm a bit of a shit
but look at the money I save."

There once was a miner called Dave,
who dug up a whore from a grave.
He said with a grin, "I know it's a sin,
but think of the money I save!"

Dickerman hatte offenbar Humor. Vielleicht war das aber auch der Grund, weshalb sich der Begriff „Davian Behavior" (davidianisches Verhalten) als Kurzbeschreibung für sexuelle Interaktion zwischen einem lebendigen und einem toten Tier nicht wirklich hat durchsetzen können. Dafür „überlebte" etwas anderes: das erste dem „davidianischen Verhalten" zum Opfer gefallene Erdhörnchen. Dickerman hat den warmen Leichnam für die Sammlung des Museums mitgenommen, für das er damals arbeitete: Heute noch ist das präparierte männliche Tier mit losem Schädel und Katalognummer MMNH 4517 Teil der Sammlung des Bell Museum of Natural History der University of Minnesota. Allerdings kannte keiner von der heutigen Museumsleitung mehr die dramatische Geschichte des Erdhörnchens, bis ich sie darüber in Kenntnis setzte. Das Tier fristete sein Todsein anonym in einer Schublade zwischen exakt 199 Artgenossen. Auf dem Informationsschildchen stand lediglich der Zusatz „Testikel (9 x 2 x 2 mm) im Bauchraum, Nebenhoden spiralförmig" und das faszinierende Kürzel „D. O. R.", das, wie sich auf meine Nachfrage hin herausstellte, *Dead On Road* bedeutet.

1960 ging es rund im Meeressäugerpark Marineland of the Pacific in der Nähe von Los Angeles. Denn dort erstickte am 8. März ein Kurzflossen-Grindwal (*Globicephala macrorhynchus*) an einem Stein. Ein im gleichen Becken lebendes Männchen reagierte so heftig auf den Tod des Weibchens, dass es Letzteres an einer Brustflosse packte und fünf Stunden lang durch das Becken – vom Boden zur Wasseroberfläche und zurück – schleppte. Nach drei Stunden bekam das Männchen eine Erektion. David H. Brown, Tierpfleger im Park, beobachtete das Unausweichliche: „Es gelang ihm [dem Männchen], das tote Weibchen wiederholt zu penetrieren." Der Versuch eines Tauchers, ein Seil am Schwanz des toten Tiers zu befestigen, um es zu bergen, misslang, da das erzürnte Männchen den Taucher angriff. Nicht mal mit seiner Lieblingsmahlzeit – frischem Tintenfisch – ließ sich das Männchen ablenken. Es schwamm schnell umher, gab blökende Geräusche von sich und paarte sich immer wieder mit dem leblosen Weibchen.

In den Jahren danach waren immer wieder nur Meeressäuger betroffen. So berichtete Graham Wilson ausführlich von einem Neuseeländischen Seelöwen (*Phocarctos hookeri*), der am 24. Januar 1973 auf der Insel Stewart Island heftige Paarungsversuche mit einem toten Australischen Seebären (*Arctocephalus forsteri*) unternahm. Auch wenn es sich dabei lediglich um „gewöhnliche" heterosexuelle Nekrophilie handelte, zählt dieser Fall zu den zehn dokumentierten Fällen von interspezifischer Nekrophilie. Die Eskapaden eines Seeotters (*Enhydra lutris nereis*) mit toten Weibchen der eigenen Art und mit toten Seehundwelpen (*Phoca vitulina richardsi*) in Monterey Bay (Kalifornien) sind nur ein Klacks im Vergleich zu dem krassen Fall von homosexueller Nekrophilie, mit dem ein Buckelwal (*Megaptera novaeangliae*) am 9. Februar 1996 vor der Küste von Maui, Hawaii, auf sich aufmerksam machte. Ihrer Publikation im Fachblatt *Marine Mammal Science* Adam gaben A. Pack und seine Kollegen den zurückhaltenden Titel „Male Humpback Whale Dies in Competitive Group". Dabei ging es um einen 13 Meter langen männlichen Wal, der durch die Attacken von drei Artgenossen ums Leben gekommen war und knapp unterhalb des Meeresspiegels im Wasser trieb. Einer der drei Angreifer, ein erwachsenes Männchen, verweilte vier Stunden lang in unmittelbarer Nähe des toten Wals. Sein Verhalten wurde sowohl unter Wasser von Tauchern als auch von oben vom Forschungsschiff aus genauestens beobachtet und gefilmt. Als das Taucherteam bemerkte, dass das (lebendige) Männchen seinen toten Artgenossen immer wieder mit seinen Brustflossen packte und auch seine Geschlechtsöffnung pulsierte – als Vorbote einer bevorstehenden

Erektion –, ahnte man Schlimmeres. Kurze Zeit später konnten die aufmerksamen Zoologen an Bord des Schiffes tatsächlich einen 30 Zentimeter langen Walpenis aus dem Wasser ragen sehen. Ob es zu einer Penetration kam, ist nicht bekannt, aber die Forscher stellten fest, dass diese Interaktion zwischen einem lebenden und einem toten Buckelwal auf jeden Fall „eine sexuelle Komponente" hatte. Die Formulierung zeugt von wissenschaftlicher Akkuratesse, aber dennoch sei festgehalten, dass Adam Pack und seine Kollegen die ersten und bislang einzigen Zeugen eines Falles von nekrophilem Verhalten bei einem großen Säugetier waren.

Der jüngste Fall von Nekrophilie bei Landsäugetieren ereignete sich 2016 in der niederländischen Provinz Gelderland. Dort sah Robert Croll am 5. Februar im Licht seiner Autoscheinwerfer etwas, das seine Aufmerksamkeit erregte: Es war ein überfahrenes Wildkaninchen (*Oryctolagus cuniculus*) inmitten von drei oder vier Artgenossen. Zunächst dachte er, dass es sich um eine Art „Trauerakt" handelte, und fuhr langsam an den Tieren vorbei. Als er auf dem Rückweg, eine halbe Stunde später, die gleiche Szenerie wieder antraf, witterte der immer aufmerksame Gerichtspräsident a. D. eine Sensation und fing an, das Verhalten der Kaninchen zu filmen. Das Beweismaterial, das er mir freundlicherweise überließ, zeigt eine Paarung zwischen mindestens einem der Wildkaninchen mit dem Verkehrsopfer: ein klarer Fall von Nekrophilie bei Wildkaninchen – der erste dokumentierte Fall bei dieser Tierart. Auf meine Bitte hin, das tote Wildkaninchen als weiteres Beweismaterial sicherzustellen, nahm Croll seine Ermittlungsarbeit auf, musste aber rasch feststellen, dass Anwohner das tote Tier – ein ihnen bekanntes verwildertes Hauskaninchen – bereits bestattet hatten. Croll exhumierte den Leichnam und schenkte ihn dem Naturhistorischen Museum von Rotterdam. Katalognummer NMR 9990-003385 war ein erwachsenes Weibchen gewesen, das noch die Reste einer Plazenta in sich trug. Es hatte also kurz vor dem Unfall geworfen und den Mutterkuchen aufgegessen. Auch die Größe der Gebärmutter deutete auf eine kürzlich stattgefundene Geburt hin. Niemand weiß, wie es ihren Jungen ergangen ist, aber das Weibchen selbst „lebt" jetzt in der Museumsausstellung „Tote Tiere mit einer Geschichte" fort.

Der vorläufig letzte Fall von Nekrophilie bei einem Säugetier wurde 2016 in den Niederlanden beobachtet. Das tote weibliche Wildkaninchen befindet sich heute konserviert in der Sammlung des Naturhistorischen Museums von Rotterdam und trägt die Katalognummer NMR 9990-003385. (KM)

Frösche und Kröten sind ein Sonderfall, da ihre Fortpflanzungsweise sehr explosiv ist: Sex muss in einer kurzen Fruchtbarkeitsperiode stattfinden. Dabei kriechen die Männchen auf den Rücken der viel größeren Weibchen und umklammern dieses tagelang, ein Vorgang, der *Amplexus* genannt wird. Das dauert so lange, bis das Weibchen Eier ablegt („laicht"), die vom Männchen mit Sperma befruchtet werden. Von Penetration kann da also keine Rede sein. Der Geschlechtstrieb in Kombination mit der Umklammerung (im Amplexus scheinen die Männchen in eine Art Trance zu verfallen) führt nicht selten zu Missverständnissen: Neben Orgien, an denen sich zehn oder mehr Kröten beteiligen, kommen auch Paarungen zwischen Gleichgeschlechtlichen und zwischen unterschiedlichen Amphibienarten vor, und ab und an vergreift sich ein Frosch oder eine Kröte auch mal an einem Fisch, einem herumtreibenden Badeentchen oder einem (umgestürzten) Gartenzwerg. Aus dem Grund ist Nekrophilie bei Fröschen und Kröten keineswegs ein seltenes Phänomen. In meinem Archiv finden sich zwölf wissenschaftlich dokumentierte Fälle auf vier Kontinenten.

Der erste Wissenschaftler, der dem Phänomen Nekrophilie bei Kröten auf den Grund gegangen ist, war der namhafte österreichische Zoologe und Verhaltensforscher Irenäus Eibl-Eibesfeldt (1928–2018). In seiner 1950 verfassten Dissertation *Ein Beitrag zur Paarungsbiologie der Erdkröte* schrieb er über Paarungsexperimente mit Krötenattrappen: „Immerhin müssen an der Umklammerung auch noch andere auslösende Merkmale des normalen Objektes beteiligt sein, da ich wiederholt beobachtete, dass ein totes Weibchen mehrere Tage umklammert wurde." Auch an den Laichplätzen, an denen Krötenweibchen oft unter dem Gewicht mehrerer Männchen ertrinken, lauert die Nekrophiliegefahr: „Ich fand Klumpen, bei denen sich bis zu zwölf Männchen um ein totes Weibchen balgten." Den Begriff „Nekrophilie" benutz Eibl-Eibesfeldt dabei nicht. Gleiches gilt übrigens auch für Daniel Wilthoft in seinem Klassiker *An unusual act of amplexus in Bufo marinus*, in dem er von seinem Erlebnis im Norden der australischen Provinz Queensland berichtete, als er dort 1959 eine Riesenkröte (*Rhinella*

Nekrophilie bei einer Riesenkröte; Australien, 2008: „Das Foto ist einmalig,
da die Missionarsstellung im Tierreich sehr selten ist." (Bas Bruning)

marinus) dabei beobachtete, wie diese sich acht Stunden lang mit einer angefahrenen und bereits halb verwesten Artgenossin paarte. Von diesem Bericht im *North Queensland Naturalist* nahm die Öffentlichkeit keinerlei Notiz, bis 1988 der Dokumentarfilm *Cane Toads: An Unnatural History* ausgestrahlt wurde. In diesem Film wird der Kampf der australischen Bevölkerung mit der schädlichen, invasiven Aga-Kröte stimmungsvoll dargelegt – inklusive einer detailgetreuen Rekonstruktion des Nekrophiliefalles aus dem Jahr 1959. Dies ist das erste und meines Wissens einzige Mal, dass Nekrophilie bei Tieren verfilmt wurde. Nicht zuletzt dank der nekrophilen Kröte erreichte der Dokumentarfilm Kultstatus.

Obwohl Riesenkröten in Australien weit verbreitet sind, dauerte es bis zum 16. November 2008, bis die Welt von einem zweiten Nekrophiliefall hörte. Für seine Forschungsarbeit darüber, wie stark die Umklammerung von Männchen der Riesenkröte in Nord-Queensland ist, benötigte der niederländische Biologe Bas Bruning immer wieder tote Weibchen. Auf einer seiner nächtlichen Sammeltouren entdeckte er eines Tages auf einer Schnellstraße ein Männchen, das ein totes Weibchen umklammerte. So weit nichts Neues, aber Bruning berichtete von einer Besonderheit: „Die Riesenkröten befanden sich nicht in der für sie gewöhnlichen Paarungsposition, sondern das Weibchen, das zweifellos von einem Auto erfasst worden war, lag tot auf dem Rücken und das Männchen hielt sie an ihrem Bauch fest, wie du auf dem Bild erkennen kannst." Das Foto ist einmalig, da die Missionarsstellung im Tierreich sehr selten ist.

Eine weitere gut beschriebene Beobachtung stammt vom US-Amerikaner Walter Meshaka, der am Abend des 21. Mai 1991 im Everglades-Nationalpark in Florida unterwegs war. Da gerade der erste schwere Regenschauer der warm-feuchten Sommersaison niedergegangen war, waren Tausende Frösche und Kröten in Fortpflanzungslaune geraten und überquerten die Straße in Scharen. Entsprechend hoch war an dem Abend die Zahl der Verkehrsopfer, zu denen auch ein Weibchen der Südlichen Kröte/Floridakröte (*Bufo terrestris*) zählte, deren Hinterleib überfahren worden war. Dies hat ein Männchen einer anderen Art – des Kuba-Laubfrosches (*Osteopilus septentrionalis*) – nicht daran gehindert, die tote, verstümmelte

Kröte fest zu umklammern. Sogar so fest, dass es Meshaka Jr. nicht gelang, diesen mit ein paar Stößen auf den Hinterleib auf andere Gedanken zu bringen. Ganz im Gegenteil: Der liebestolle Frosch trat wütend mit seinen Hinterbeinen aus und verfestigte dabei sogar seine Umklammerung. Etwas weiter entfernt auf der gleichen Straße ereignete sich noch ein Fall von nekrophiler Paarung, diesmal zwischen zwei Südlichen Kröten/Floridakröten. Ein Weibchen war in der Längsrichtung zur Hälfte plattgefahren worden und trug ein Männchen im Amplexus auf dem Rücken. Auch dieses Männchen war keineswegs dazu zu bewegen, von seiner toten Gefährtin abzulassen, akzeptierte aber nach ein wenig Kitzeln den Zeige- und Mittelfinger des Forschers als adäquaten Ersatz. Wie die meisten Augenzeugen von Nekrophilie ging auch Walter Meshaka lange schwanger mit seinen Beobachtungen. Erst fünf Jahre später vertraute er sie dem Fachblatt *Florida Scientist* an.

INTERMEZZO: SEX MIT ARTFREMDEN TIEREN

Die Beobachtung Meshakas beschreibt neben Nekrophilie noch eine weitere bemerkenswerte Variante von Sex im Tierreich: die Paarung mit einem artfremden Tier. Meshaka präsentierte den Fall eines Frosches, der sich mit einer Kröte paarte. Derartige „Irrtümer" kommen öfter vor, vor allem bei Tierarten, die – gezielt oder aus Versehen – von Menschenhand in Gebiete eingeschleppt wurden, in denen sie ursprünglich gar nicht existierten. Plötzlich sind sie umgeben von Tierarten, die ihnen „zu Hause" nie begegnet wären, und das mit allen Konsequenzen, die solchen Begegnungen anhaften. Dies trifft beispielsweise auf den Kuba-Laubfrosch zu, der von den Westindischen Inseln stammt, auf denen er der einzige Laubfrosch ist, und nach Florida kam, wo er mehr oder weniger als Neuling gilt. Umgeben von zahlreichen anderen unbekannten Frosch- und Krötenarten wundert es nicht, dass der Neuling in Florida regelmäßig „fremdgeht".

Was aber nicht heißt, dass Paarungen zwischen artfremden Tieren, die von Natur aus den gleichen Lebensraum teilen, nicht existieren würden. Solange die Arten eine gewisse biologische Verwandtschaft aufweisen –

zum Beispiel Feldsperling und Haussperling oder Blässgans und Saat- bzw. Rietgans –, kann es dabei sogar zu Nachwuchs kommen (sogenannten Hybriden). In seinem *Handbook of Avian Hybrids of the World* benötigt Eugene M. McCarthy über 300 Seiten und eine winzige Schrift, um alle existierenden Kreuzungen aufzuzählen. Auch weniger naheliegende Fälle von Sex mit artfremden Tieren wurden schon beobachtet, sogar zwischen Männchen.

Eine interessante Beobachtung gelang Daude Griffin am 26. Oktober 1958 auf dem Campus der Oklahoma State University. Als er einen großen gemischten Schwarm aus Braunkopf-Kuhstärlingen (*Molothrus ater*, ein Verwandter unseres Stars) und Haussperlingen (*Passer domesticus*) betrachtete, fiel sein Auge nach einiger Zeit auf einen Kuhstärling, der neben einem Haussperling auf einem Zaun saß. Beide Vögel waren Vertreter des männlichen Geschlechts, so viel stand fest. Der Kuhstärling hatte seinen Kopf nach vorne geneigt, drückte den Schnabel gegen die Brustfedern und zog die Flügel in Schulterhöhe ein wenig nach oben. Diese Haltung schien den Haussperling zu erregen, denn er packte den Kuhstärling kurzerhand an seinen Kopffedern und bestieg ihn dreimal hintereinander. Anschließend flog der Haussperling davon, um ein Stück weiter wieder auf demselben Zaun zu landen. Der Kuhstärling folgte dem Haussperling, setzte sich neben diesen und nahm wieder die leicht geneigte Pose an. Erneut folgte eine Paarung. Als der Sperling sein Interesse zu verlieren schien, forderte der Kuhstärling den Sperling durch Picken auf, seine Paarungsversuche doch bitte fortzusetzen, was prompt geschah. So verfolgte der Kuhstärling den Sperling etwa acht Minuten lang, immer in der gleichen Pose. In einem redaktionellen Kommentar merkte das wissenschaftliche Vogelfachblatt *The Auk*, in dem Griffin seine bemerkenswerte Beobachtung veröffentlichte, an, dass der Kuhstärling vermutlich ein unerfahrener, männlicher Jungvogel war, der womöglich von einem Haussperlingspärchen aufgezogen worden war (wie der Kuckuck ist der Kuhstärling nämlich ein Brutparasit), sodass die Hemmschwelle, um „Kontakt zu einer anderen Art aufzunehmen", nicht besonders hoch gewesen sei. Meines Erachtens eine etwas weit hergeholte Erklärung.

Der Frosch und die Kröte von Meshaka und auch der Kuhstärling und der Haussperling von Griffin blieben allesamt innerhalb ihrer eigenen Ordnung – und zwar der der Froschlurche bzw. Singvögel. Bekannt sind jedoch auch Fälle, bei denen die „Irrtümer" etwas extremer sind, vor allem auf Bauernhöfen. Dort passiert es schon mal, dass der Wachhund sich an einer gemästeten Gans vergreift. In der freien Natur sind solche extremen Irrtümer jedoch selten oder bleiben dem forschenden Menschen verborgen. Nicht so Nico de Bruyn, einem Zoologen aus dem südafrikanischen Pretoria, dem eine einmalige Beobachtung gelang. Am 21. Dezember 2006 sah er auf der antarktischen Marion-Insel, wie ein 120 Kilogramm schwerer männlicher Vertreter des Antarktischen Seebärs (*Arctocephalus gazella*) leidenschaftliche Paarungsversuche mit einem Königspinguin (*Aptenodytes patagonicus*) unternahm. Welchem Geschlecht der höchstens 20 Kilogramm schwere Pinguin angehörte, ist unbekannt, was aber für die Paarung auch nicht wirklich relevant ist, denn unter dem Schwanz besitzen die meisten Vögel nur einen einzigen multifunktionellen Ein- und Ausgang, die Kloake. Eine geschlagene Dreiviertelstunde dauerte der Versuch, wobei der Seebär mit seinem massigen Leib auf dem Pinguin lag und dort auch blieb, als er zweimal (drei bzw. acht Minuten lang) seine mit dem Becken verübten Stoßbewegungen einstellte. Eine erfolgreiche Penetration gelang ihm schließlich nicht – der Seebär tauchte ab, der Pinguin blieb wohlbehalten, aber etwas benommen zurück. In jenem Bericht über diesen Fall von klassenübergreifendem Sex bezichtigte Nico de Bruyn den Seebären mit feinem Gefühl für Understatement der „sexuellen Tortur". Dabei sollte es aber nicht bleiben. In der Novemberausgabe von *Polar Biology* im Jahr 2014 berichteten De Bruyn und seine Studenten von drei weiteren Fällen, in denen Pinguine Opfer von brutalen Vergewaltigungen durch Seebären wurden. In dem Bericht sprechen sie die Vermutung aus, es handele sich dabei um eine häufiger auftretende, vermutlich anerzogene Verhaltensweise bei jungen, erwachsenen Männchen, die so ihre Paarungstechniken ausprobierten.

Die schockierenden Aufnahmen, mit denen die Wissenschaftler ihre Aussagen untermauerten, zeigen sogar eine veritable Penetration. Für einen derartigen Gewaltakt ist der Vogel rein anatomisch nicht ausgestattet, denn Pinguine besitzen keinen Penis. Dagegen weist das äußere Geschlechtsorgan des Seebären einen 14 Zentimeter langen Penisknochen auf.

Außergewöhnlich an diesen sonderbaren Interaktionen ist der klassenübergreifende Aspekt der Vergewaltigung. Der Seebär ist ein Säugetier, der Pinguin ein Vogel. Somit gehören sie zwei verschiedenen Klassen innerhalb des Unterstamms Wirbeltiere an. Sex mit Tieren einer anderen Klasse ist eigentlich verpönt und im Falle von Seebären davor auch noch nie beobachtet worden. Anders bei dem Säugetier namens Mensch mit seiner unbändigen Wollust und dem großen Einfallsreichtum, wie man an Bezeichnungen wie „Ziegenficker" oder „Hühnerficker" erkennen kann. Sexueller Kontakt zwischen Mensch und Huhn ist wahrscheinlich so normal, dass dieses Phänomen selten beschrieben wurde. Dabei ist nicht bekannt, in welchem Zustand sich das Huhn dabei befand – leblos oder lebendig oder ob es der unfreiwilligen Penetration einfach erlag. Auch wenn ich jetzt etwas zu grausamen Kuriositäten[6] abschweife, möchte ich doch einen Fall, bei dem der Tod im Spiel war, nicht unerwähnt lassen. Dabei handelte es sich um einen 39-jährigen Mann, der im Dezember 1990 am Ufer des nordspanischen Flusses Miño bei Ourense tot aufgefunden wurde. Wie sich herausstellte, war er von einem großen Felsbrocken erschlagen worden, und als man ihn fand, hielt er ein totes Huhn in der Hand – vor seinem geöffneten Reißverschluss am Hosenschlitz. Wenn wir der Bildunterschrift in der Lokalzeitung *Faro de Vigo* glauben wollen, hatte sich der Felsbrocken wegen der heftigen Bewegungen des Mannes während der Vergewaltigung gelöst ...

Ein Fall für Fortgeschrittene in Sachen klassenübergreifendem Sex ist der männliche Schimpanse (*Pan troglodytes*) im Zoo der hawaiianischen Hauptstadt Honolulu, der eine Riesenkröte (*Rhinella marina*) zum Oralsex zwang. Im Internet kursieren diverse eindeutige Videos

---

[6] Mehr dazu in Midas Dekkers' Meisterwerk: *Geliebtes Tier. Die Geschichte einer innigen Beziehung.* Hanser, München 1994

von diesem Liebhaber in Aktion. Viele von Ihnen kennen den Affen vielleicht, denn einige Videos wurden schon ein halbe Million Mal angeklickt. Dabei sehen wir, wie der Schimpanse mit einer (für einen Primaten) bemerkenswerten Erektion ein wenig mit der Kröte jongliert und sich anschließend mit gespreizten Beinen rücklings an eine Wand lehnt. Dann fummelt er mit seinen langen Affenfingern das Maul der Kröte auf und spießt das arme Tier einfach auf seinen Penis. Im Hintergrund sind – sehr passend, aber auch störend – das Gebrüll eines Kleinkindes und die aufgeregte Stimme einer Frau zu hören, die sagt: „Sollten wir nicht jemanden rufen?" Die Kröte überlebte die brutale Vergewaltigung und mehr noch: Wie es scheint, wurden die beiden sogar richtig gute Freunde. Denn es kursieren auch Aufnahmen im Netz, auf denen zu sehen ist, wie der Schimpanse seinen Kumpel auf seinem Rücken spazieren trägt.

ECHSEN: EINE STARKE PAARBINDUNG?

Zurück zur Nekrophilie. Bei Echsen wurde ein solches Verhalten erstmals in Brasilien festgestellt, und zwar von Laurie Vitt, als er 1987 am Rio Xingu auf der Suche war nach Reptilien für die Sammlung des zoologischen Museum von São Paulo. Dabei schoss er ein Ameive-Weibchen (*Ameiva ameiva*) ab, das in ein Paarungsspiel mit einem Männchen verwickelt war. Nach dem Todesschuss floh das Männchen, um kurze Zeit später züngelnd Ausschau nach dem toten Weibchen zu halten. Erneut folgte eine Paarung (und ein Schuss, der diesmal das Männchen traf). Erst 2002 vertraute der Forscher diesen Fall dem Papier an und schlussfolgerte, dass „chemische Signale, die nach dem Tod des Weibchens hängen geblieben waren, zur Fortführung des Verhaltens geführt hatten." 2009 wurde ein ähnlicher Fall bei der gleichen Art im Südosten Brasiliens registriert, diesmal bei einem Verkehrsopfer. Henrique Caldea Costa, der Augenzeuge, nahm das überfahrene Weibchen fünfmal von der Straße auf, um dem Männchen ein gleiches Schicksal zu ersparen. Jedes Mal wenn Caldera Costa das Weibchen wieder auf die Straße legte, kehrte das

Männchen zu ihm zurück und setzte seine Paarungsversuche unbeirrt fort, als wäre nichts gewesen. Erst als das Weibchen nach einigen Stunden anfing, auszutrocknen, verlor das Männchen das Interesse. Im September 2013 erregte ein toter, vor sich hin faulender Schwarzweißer Teju (*Salvator merianae*) in einem Stadtpark in São Paulo an zwei aufeinanderfolgenden Tagen die Aufmerksamkeit zweier Männchen, die mit dem toten Tier heftige Paarungsversuche unternahmen. Ivan Sazima, Zeuge des Geschehens, hatte zum Glück Sinn für Details und erwähnte in seinem Bericht in *Herpetology Notes*, dass Gänse die Versuche des ersten Männchens (an Tag 1) abrupt beendeten.

Weitere dokumentierte Fälle von Nekrophilie bei Echsen ereigneten sich in Australien. 1994 sah Robert Sharrad, wie die 40 Zentimeter lange Tannenzapfenechse (*Tiliqua rugosa*) versuchte, sich mit einem überfahrenen Artgenossen zu paaren. Drei Jahre später wurde bei der gleichen Art der zweite Fall von Nekrophilie beobachtet. Schon seit Jahren folgten Travis How und Michael Bull, zwei bekannte australische Herpetologen, das Leben einer Gruppe von Tannenzapfenechsen, deren Mitglieder sie mit Peilsendern ausgestattet hatten. Am 28. Oktober 1997 fanden sie ein totes, mit einem Sender ausgerüstetes Weibchen, das sich in Stacheldraht verfangen hatte und in der sengenden Hitze der Sonne vermutlich einem Hitzschlag erlegen war. Ihr fester Partner seit 1995 (was die Sender verrieten) verweilte in unmittelbarer Umgebung. How und Bull befreiten die Echse aus dem Stacheldraht, stellten fest, dass sie bereits seit zwei Tagen tot war, und legten den Leichnam in der Nähe des Männchens ab. Dieses näherte sich seiner Partnerin sofort und fing an, den leblosen Körper vorsichtig, aber ausdauernd mit züngelnder Zunge zu berühren – wobei seine Aufmerksamkeit vor allem den Hinterbeinen und Flanken galt. Sogar sechs Tage später, als der Verwesungsgrad des Weibchens bereits im fortgeschrittenen Stadium war, wurde das Verhalten des Männchens noch einmal beobachtet. How und Bull betrachteten dieses Verhalten einerseits als Zeichen einer sehr starken Paarbindung und anderseits als eine Art Vorspiel vor der Paarung. Eine echte nekrophile Paarung konnte jedoch nicht festgestellt werden.

Beobachtungen von nekrophilem Verhalten bei Schlangen sind sehr selten. Das erste Mal, dass Vertreter dieser Tierart dabei ertappt wurden, war allerdings gleich ein Volltreffer. So beobachtete Oliver Medsger, Naturforscher in der amerikanischen Stadt New Jersey, am 11. April 1927 drei Östliche Hakennasennattern (*Heterodon platirhinos*). Eine, ein Weibchen, war am Vortag von Steinen getötet und teils zerfetzt worden, die beiden anderen – gesunde Männchen – paarten sich gleichzeitig mit der toten Artgenossin: „Sie hatten sich beide derart am Hinterteil festgeschlängelt, dass sie, als ich die tote Schlange mit einem Stock anhob und hin und her schüttelte, nicht losließen." Offenbar hatten die beiden Männchen ihren Hemipenis in die Kloake des toten Weibchens eingeführt. Medsger war sich der Besonderheit seiner Beobachtung durchaus bewusst: „Es ist schon eigenartig, dass sich ein Männchen mit einem toten Weibchen paaren will, aber noch sonderbarer ist es, wenn gleich zwei Männchen so etwas gleichzeitig tun." In seinem Handbuch *Rattlesnakes: Their Habits, Life Histories, and Influence on Mankind* meldet Laurence Klauber, ohne Details zu nennen, einen ähnlichen Fall, bei dem eine Prärieklapperschlange (*Crotalus viridis*) sich mit einem enthaupteten Weibchen zu paaren versuchte. 1932 berichtete der namhafte brasilianische Herpetologe Afrânio do Amaral von einer Jararaca-Lanzenotter (*Bothrops jararaca*), die mit einer toten weiblichen Schauer-Klapperschlange (*Crotalus durissus terrificus*) – also einer anderen Art! – kopulierte.

Angesichts der sehr geringen Zahl von Publikationen über Nekrophilie bei Schlangen in älterer Literatur ist es zumindest bemerkenswert, dass aus einer jüngeren Studie zum Fortpflanzungsverhalten bei der Gewöhnlichen Strumpfbandnatter (*Thamnopsis sirtalis*) in Kanada hervorgeht, dass nekrophiles Verhalten bei dieser Art weit verbreitet ist. Männchen paaren sich nach dem gemeinsamen Winterschlaf zu mehreren mit den zahlenmäßig deutlich unterlegenen Weibchen. Und genau in diesem „Paarungsknäuel" passiert es dann, so der Leiter der Studie, Richard Shine: „Männchen paaren sich regelmäßig mit toten, sterbenden oder verletzten

Weibchen. Gleich Hunderte solcher Kopulationen haben wir beobachtet." Mit ein wenig mehr Aufmerksamkeit lässt sich in Sachen Schlangennekrophilie also sicher noch einiges entdecken.

EVOLUTIONSFALLE

Stellt sich die Frage, was Tiere dazu bringt, nekrophiles Verhalten an den Tag zu legen. Dazu sollte man wissen, dass sich Tiere im Allgemeinen mit allem paaren, was ihnen über den Weg läuft – wenn sie denn in der richtigen Stimmung sind. Die Fortpflanzungssaison muss angebrochen sein, das Blut sollte die richtige Menge an Sexualhormon enthalten und die Geschlechtsorgane sollten reif dafür sein. Das Einzige, was ein Tier jetzt noch benötigt, um sich zu paaren, ist ein visueller Reiz, vorzugsweise eine Artgenossin. In der Hitze des Gefechts verschwimmt dabei der Unterschied zwischen Tod und Leben, zwischen echt und unecht manchmal.

Ein in diesem Zusammenhang legendärer Fall betraf einen Elch (*Alces alces*), der im Oktober des Jahres 2007 in Big Sky, Montana, einen acht Stunden (!) langen Paarungsversuch mit der bronzenen Statue eines Bisons unternahm. Der Vorfall entwickelte sich zu einer Sehenswürdigkeit und verursachte ein Verkehrschaos vor dem Garten des Hauses, in dem die Figur aufgestellt war. Weder Bison noch Elch überstanden den Versuch unbeschadet.

Auch Truthähne brauchen keinen besonders großen Anreiz, um in Wallung zu geraten und aktiv zu werden. Bereits 1957 lieferten Martin Schein und Edgar Hale von der University of Pennsylvania den Beweis, dass schon der Anblick des Kopfes eines Weibchens dafür ausreicht. In einer Reihe von klassischen Experimenten führten sie acht sexuell erfahrene Männchen an ein ausgestopftes Weibchen heran, das sich Stück für Stück zerlegen ließ. Die acht liebestollen Truthähne bestiegen das ausgestopfte Weibchen, ohne zu zögern, und paarten sich mit gleicher Inbrunst mit ihm, als wäre es ein echtes, lebendes Truthuhn. Danach zerlegten die Wissenschaftler den Dummy: Erst entfernte man den Schwanz, dann die Beine und schließlich die Flügel, aber die Truthähne zeigten unvermindert

Elch unternimmt Paarungsversuch mit der Bronzeskulptur eines Bisons;
Montana, 2007. (KM)

Balzverhalten und Geschlechtstrieb. Als schließlich nur noch der Kopf auf einer Holzstange übrig geblieben war, schienen die Paarungsbewegungen sogar noch intensiver zu werden. Auf jeden Fall waren sie stärker als bei dem vollständigen Körper ohne Kopf. Wenngleich die Truthähne den losen Kopf rein physikalisch nicht befruchten konnten, zeigten sie dennoch ihre Bestleistung: Lediglich eine leichte Berührung der Penispapillen durch Menschenhand war laut Schein und Hale ausreichend, um die Ejakulation auszulösen. In späteren Experimenten verwendeten die neugierigen Wissenschaftler frisch abgehackte Putenköpfe und aus Balsaholz gefertigte Köpfe, und wieder waren die Ergebnisse regelrecht verblüffend. Denn: Die Position der Köpfe war entscheidend. Zu hoch angebrachte Dummys führten eher zu Aggressionen als zur Paarung und zu niedrig positionierte ebenfalls. Bei ähnlichen Paarungsexperimenten mit Purpurstärlingen (*Euphagus cyanocephalus*) zeigte sich, dass die Männchen mit großer Begeisterung Paarungsversuche mit ausgestopften Weibchen ohne Kopf unternahmen. Für das Auslösen des Paarungsreizes war bei diesem amerikanischen Singvogel ein etwas aufgerichteter Schwanz von ausschlaggebender Bedeutung.

Paarungen mit leblosen Gegenständen wurden auch schon außerhalb von Laboren beobachtet. Gaute Bø Gronstøl, Ingvar Byrkjedal, Jo Esten Hafsmo und Terje Lislevand, alle Zoologen an der Universität der norwegischen Stadt Bergen, sahen am 26. März 1999, wie ein Kiebitz (*Vanellus vanellus*) im Südwesten Norwegens versuchte, sich mit einem Grasbüschel zu paaren. Der Vogel, dessen Partnerin gerade ihr Gelege ausbrütete, war nach einem akrobatischen Balzflug gelandet und hatte sich liebestoll und in aufgerichteter Paarungshaltung einem anderen Weibchen genähert. Dieses ließ ihn jedoch abblitzen (indem sie ihm ihre Flanke zeigte), woraufhin das Männchen seine Aufmerksamkeit sofort auf den Grasbüschel richtete und diesen umgehend bestieg: „Er tat dies so, als handelte es sich um eine ganz normale Paarung – er schlug mit den Flügeln, während er mit seinem Hinterleib stoßende Bewegungen machte, sodass seine Kloake das Gras berührte." Am 5. April war es der gleiche Kiebitz, der bei einem erneuten Versuch, einem anderen Weibchen den Hof zu machen, wiederum abgewiesen wurde, und daraufhin ein weiteres Mal mit einem Grasbüschel kopulierte.

Außergewöhnlich sind auch William Posts Beobachtungen von einem Bootschwanzgrackel (*Quiscalus major*), einem lauten, starähnlichen Singvogel, in den Jahren 1988 bis 1993 in South Dakota. In 600 Beobachtungsstunden hielt Post fest, wie viele Männchen sich mit irgendetwas anderem als einem Weibchen paarten: vier, um genau zu sein. Einer paarte sich mit einem Stück Schlamm (Durchmesser 8 Zentimeter), zwei Grackel kopulierten heftig mit einer Magnolienblüte (*Magnolia grandiflora*), während der vierte sich an einem verblichenen grünen Tennisball verging (Durchmesser 6,4 Zentimeter). Post beobachtete alles äußerst präzise und machte zum „Tennisballgrackel" folgende Zusatzbemerkung: „Obwohl zwar eine Berührung des Unterleibs mit dem Ball [bei Vogelpaarungen essenziell (KM)] zustande kam, war der Vogel nicht in der Lage, die Paarungsposition länger als eine Sekunde aufrechtzuerhalten, da der Ball immer wieder wegrollte, sobald er ihn besprang."

Grasbüschel und eine Magnolienblüte sind nun wahrlich nicht leblos, Bierflaschen dagegen schon. Dessen waren sich Prachtkäfer der mehr als vier Zentimeter langen Art *Julodimorpha bakewelli* offenbar nicht bewusst, als sie am 13. September 1981 unweit der westaustralischen Stadt Dongara wiederholt Sex mit eben diesen gläsernen Gegenständen hatten. Die Augenzeugen Darryl Gwynne und David Rentz berichteten: „Die Käfer flogen in Scharen in einer Höhe von einem bis zwei Metern oberhalb des Grünstreifens entlang einer unbefestigten Straße, die mit leeren Steinie-Bierflaschen (370 ml, in Australien ‚stubbies' genannt) übersät war. Es waren Männchen auf Paarungssuche nach flugunfähigen Weibchen. In zwei Fällen beobachten wir, wie ein Käfer auf einer Bierflasche landete und sofort Kopulationsversuche unternahm. Als wir bei den anderen Bierflaschen nachsahen, stellten wir fest, dass auch sie, mit einer einzigen Ausnahme, von männlichen Prachtkäfern besetzt waren oder gerade von ihnen bestiegen wurden. Bei allen Männchen war das Geschlechtsorgan aktiviert." Anschließend führten die neugierigen Entomologen ein kurzes Experiment durch, bei dem sie vier ähnliche leere Bierflaschen irgendwo auf ein Feld legten und abwarteten: Nach einer halben Stunde bekamen zwei der vier Flaschen bereits Besuch von einem liebestollen Käfer. Ihre Ausdauer dabei war bemerkenswert groß. An ein Ablassen war nicht zu denken, nicht mal, als Ameisen anfingen, an den Weichteilen ihrer Geschlechtsorgane zu nagen. Gwynne und Rentz, die für ihre Käfer-Publikation 2011 den Biologie-Ig-Nobelpreis erhielten, hatten eine plausible Erklärung für dieses außergewöhnliche Paarungsverhalten: Angezogen wurden die Käfer nämlich nicht von den etwaigen Bierresten in den Flaschen (Australier trinken ihre Bierflaschen nie ganz leer), sondern von deren Form. Denn die Form der „stubbies" ähnelt jener der großen Prachtkäferweibchen dieser Art. Auch die glänzende braune Farbe der Flaschen hat eine gewisse Ähnlichkeit mit den braungelben Flügeldecken der Weibchen, während die „Noppen" auf den Flaschen (die das Festhalten der Flaschen erleichtern sollen) das Licht genauso reflektieren, wie es die Dellen in den Flügeldecken (Narben) der Käfer tun. Für liebestolle Prachtkäfer reicht die ansatzweise Ähnlichkeit offenbar aus, um sich der Paarung mit den Flaschen hinzugeben. Gwynne und Rentz betonten, dass die achtlos weggeworfenen Bierflaschen nicht nur der Umwelt schaden, sondern auch das Paarungsverhalten der Käfer beeinflussen. Bierflaschen, Dummys und frische Leichen: alles Fallen der Evolution, in die erregte Männchen sehenden Auges, hörenden Ohres und erhobenen Geschlechtsorgans tappen.

Auffällig ist, dass auf der Liste aller dokumentierten Nekrophiliefälle Affen fehlen. Sicher ist auf jeden Fall, dass homosexuelles Verhalten bei diesen Tieren durchaus weit verbreitet ist. Und es wurde auch schon ein inniger (aber einseitiger) sexueller Kontakt zwischen Japanmakaken (*Macaca fuscata*) und Sikahirschen (*Cervus nippon*) beobachtet. Was die Bandbreite ihrer sexuellen Verhaltensweisen angeht, stehen Affen den Menschen in Nichts nach. Deshalb verwundert es schon, dass sie Sex mit toten Artgenossen offenbar scheuen. Vielleicht hängt es damit zusammen, dass bei Primaten allgemein, und auch bei jenen Affenarten, die dem Menschen weniger nahestehen, empathisches, fürsorgliches Verhalten gegenüber sterbenden und toten Gruppenmitgliedern existiert. Genau diese Eigenschaft kann, wie bei Menschen, eine erhebliche Hemmschwelle für nekrophiles Verhalten sein.

Die Kopulation mit einem leblosen Partner mit dem Ziel, sich fortzupflanzen, ist ein Irrweg – pure Verschwendung von Energie und Samen. Wussten die Tiere in den oben angeführten Beispielen nicht, dass der Tod mit im (Paarungs)Spiel war? Wahrscheinlich nicht. Was sämtliche Fälle verbindet, ist der plötzliche, unnatürliche Tod des „Opfers" von nekrophilem Verhalten. Das Leben „meiner" Ente endete an der Fassade eines Gebäudes, Ente Nummer zwei wurde von einem Hund totgebissen, Dickermans Erdhörnchen wurde erschossen, die Taube, der Sperling, das Wildkaninchen, die Schwalben und die Kröten fielen allesamt dem Verkehr zum Opfer. Außerdem starben die meisten Opfer in einer charakteristischen, „empfängnisbereiten" Paarungshaltung: das Erdhörnchen in Seitenlage, die Vögel und die Kröten bäuchlings. Offenbar ist es die Kombination aus plötzlichem, unnatürlichem Tod und Paarungshaltung, welche den Geschlechtstrieb auslöst und so zu nekrophilem Verhalten führt. Dabei ist die Haltung, die Pose, der ausschlaggebende Reiz. Auch die völlige Unterwerfung kann, wie bei Menschen, ein Stimulus sein: Das „Opfer" leistet keinen Widerstand und das nekrophile Wesen erlebt ausnahmsweise keine Zurückweisung. Ein Tier, das eines natürlichen (langsamen und weniger dramatischen)

Nützliche Nekrophilie bei der Krötenart *Rhinella proboscidea*; Brasilien, 2012. (Domingos Rodrigues)

Todes stirbt oder einfach daran, dass es in das Beuteschema eines Prädators passt, wird vermutlich nie nekrophilem Verhalten ausgesetzt sein. Gläserne Fassaden, Fensterglas, motorisierter Verkehr, Jagdgewehre – alles ziemlich moderne Todesursachen, auf welche fortpflanzungswillige Tiere, die mit derart frischtoten Artgenossen konfrontiert werden, im Zeitraum von Millionen Jahren Evolution noch keine Antwort gefunden haben. Deshalb wird Nekrophilie bei Tieren weiter zunehmen. Allerdings gibt es zumindest einen Lichtblick: Ende 2012 zeigten Beobachtungen im Rahmen einer Studie zum Fortpflanzungsverhalten der im brasilianischen Urwald beheimateten Krötenart *Rhinella proboscidea*, dass Nekrophilie auch nützlich sein kann. Der beteiligte Forscher Domingos Rodrigues fand einen Tümpel voller sich paarender Kröten, von denen sich einige an toten Weibchen vergingen. Rodrigues kniete sich hin und erkannte, dass ein Männchen ein totes Weibchen in der üblichen Umklammerung festhielt, dabei die Eier aus seinem Körper presste und anschließend befruchtete. Mit Erfolg, denn im Feldlaboratorium schlüpften daraus tatsächlich Kaulquappen!

Nützlich oder nicht – die Frage ist eher, ob Nekrophilie für dieses Tierverhalten der richtige Begriff ist. Auch deshalb, weil er in der menschlichen Gesellschaft eine psychische Störung impliziert und aus dem Grund einen unangenehmen Beigeschmack hat. Als Erster und bislang Einziger hat der US-amerikanische Biologe Robert W. Dickerman (1926–2015) 1960 einen anderen Begriff verwendet: In seinem Klassiker *Davian Behavior Complex in Ground Squirrels* koppelte er das nekrophile Verhalten bei Tieren los vom abweichenden, abnormalen Verhalten bei Menschen, indem er die Körperhaltung des betreffenden Tieres beim Eintreten des Todes in den Vordergrund stellte. In der Fachsprache hat sich der Begriff „Davian Behavior" (davidianisches Verhalten) jedoch nicht durchgesetzt, womöglich auch wegen der Schlüpfrigkeit des Limmericks mit dem Titel „There was on old miser named Dave", der Dickerman zu dem Begriff inspiriert hat. Deshalb möchte ich als Hommage an Robert Dickerman und seinen frühen Einblick in die wahre Art von Nekrophilie im Tierreich den Begriff „Dickerman-Verhal-

Robert W. Dickerman (1926–2015) bei der Feldforschung; Tabasco, Mexico, 1955. (Archiv Dickerman)

ten" (im Englischen „Dickerman Display") als neuen Begriff für sexuelle Interaktion zwischen lebenden und toten Tieren einführen.

—

TIERVERHALTEN

Eines Tages war ich zu Gast beim Max-Planck-Institut für Ornithologie in den dunklen Wäldern des oberbayerischen Fünfseenlandes, wo herausragende Forschungsarbeit auf dem Gebiet von Vogelverhalten geleistet wird. Es war wie eine Pilgerfahrt, da einer der Begründer der Verhaltensbiologie, Konrad Lorenz, dort gearbeitet hatte. Er war es, der entdeckte, dass Gänseküken seine Gummistiefel als ihre Mutter betrachteten und ihm auf Schritt und Tritt folgten, wenn er dieses Schuhwerk trug. Er fand heraus, dass junge Wasservögel sich im Zeitraum von 13 bis 16 Stunden nach dem Schlüpfen auf alles fixieren, was sich bewegt. Dieses instinktive Bindungsverhalten wird „Prägung" genannt. Es gibt weltberühmte Fotos von Lorenz, wie er umgeben von einer Gänsekükenschar im Wasser schwimmt.

Der kleine See, in dem Lorenz regelmäßig mit seinen Graugänsen badete, wurde nach ihm benannt und heißt seitdem Konrad-Lorenz-See. Sein einstiges Wohnhaus am Ufer trägt gegenwärtig den Namen „Gänsehaus" und beherbergt die Rabenforscher. Anderswo auf dem Institutsgelände sind in einem renovierten Gebäude etliche Wandgemälde von gastierenden Wissenschaftlern erhalten geblieben. Darunter auch eine gut gelungene Skizze eines bal-

Das ausgestopfte Haussperlingsweibchen von Antje Girndt, mit Pseudokloake. (KM)

zenden Lachmöwenpärchens, 1958 angefertigt vom niederländischen Biologen Niko Tinbergen, der Lorenz damals in Seewiesen besuchte. 1973 wurden beide Freunde zusammen mit Karl von Frisch für ihre Studien zum Verhalten von Tieren mit dem Nobelpreis ausgezeichnet.

Doktorandin Antje Girndt führte mich zu den Volieren, die der Verhaltensforschung bei Haussperlingen dienen. Fester Bestandteil des Forschungsprogramms ist die Entnahme von Sperma für genetische Typisierungen. Da das gängige (allerdings behutsame) „Auspressen" für die Vögel und auch für Antje unangenehm war, hat sie das Hinterteil eines ausgestopften Weibchens mit einem Ventil ausgestattet, das als Ersatzkloake – Pseudogeschlechtsorgan – dient. Der etwas aufgerichtete Schwanz soll das liebestolle Männchen zur Kopulation und Ejakulation anregen. Anschließend lässt sich das Sperlingssperma leicht aus dem Gummischlauch sammeln. Als sonderlich beliebt erwies sich das ausgestopfte Exemplar jedoch nicht bei den Männchen: 2014 paarten sich nur zwei der 64 Sperlinge mit dem Dummy, ein Jahr später nur drei von 92. Seitdem steht der Lockspatz arbeitslos auf dem Bildschirmrand der Forscherin.

—

HOMOSEXUELLE PAPAGEIEN

Homosexuelles Verhalten bei Tieren war lange Zeit ein ungeklärtes Mysterium. Noch vor einigen Jahrzehnten wurde behauptet, es käme nur bei Tieren in Gefangenschaft vor. Auf Papageien träfe dies ebenfalls zu. Dass es homosexuelle Papageien gibt, haben Halter von Käfigvögeln schon länger vermutet, aber Beweise gab es dafür keine. Was nicht wirklich verwunderlich ist, da Männchen und Weibchen der meisten Krummschnäbel sich rein äußerlich nicht voneinander unterscheiden. So ist es nahezu unmöglich, festzustellen, ob die wechselseitige Zuneigung zweier Vögel gleichgeschlechtlicher Art ist oder nicht.

Der erste deutliche Beweis, dass homosexuelles Verhalten bei Wildpapageien tatsächlich existiert, wurde am 31. Dezember 1961 unweit der nicaraguanischen Hauptstadt Managua erbracht. Dort beobachtete Marcus Buchanan von den UCLA-Dickey Collections in Los Angeles zwei Vertreter einer Gruppe von Elfenbeinsittichen (*Aratinga canicularis*), die sich etwas von der Gruppe abgesetzt hatten. Sie saßen nebeneinander, putzten sich gegenseitig das Gefieder und hatten dabei die Augen geschlossen. Als der eine Sittich den anderen bestieg, um sich mit ihm zu paaren, schoss Buchanan beide Vögel ab, da – laut seinem Bericht im ornithologischen Fachblatt *The Condor* – „dieses Verhalten außergewöhnlich früh in der Saison stattfand". Heute würde man aus Dokumentationsgründen höchstens Fotos schießen, doch einen Vorteil hatte Buchanans Vorgehen durchaus: So kam etwas Besonderes ans Licht. Denn bei der Präparierung der toten Papageien stellte sich heraus, dass es sich um zwei Männchen handelte.

Als Erster (und vorläufig Letzter) veröffentlichte Buchanan einen Fall von homosexuellem Verhalten bei Elfenbeinsittichen. Die beiden Vögel sind nach wie vor Bestandteil der UCLA-Sammlung, wenngleich die Informationsschildchen keine Auskunft über ihre sexuelle Orientierung geben.

Die ersten Elfenbeinsittiche, bei denen homosexuelles Verhalten beobachtet wurde, überlebten dies nicht; Sammlung UCLA-Dickey 40032/33. (Kathy Molina)

UMKLAMMERUNG

Wenn Frösche und Kröten im Frühling sehr paarungsfreudig sind, deutet dies auf ein gutes Amphibienjahr hin. Für den, der eine solche Paarung noch nie aus nächster Nähe sehen durfte, verrate ich hier das Grundprinzip: Das Männchen klettert auf den Rücken des Weibchens und umklammert es fest, und zwar tagelang. Dieses Umklammerung, „Amplexus" genannt, endet erst, wenn das Weibchen seine Eier ablegt („laicht"), die anschließend vom Männchen befruchtet werden. Dabei sind äußere Geschlechtsorgane Fehlanzeige – Eiablage und Samenerguss finden beide über die jeweilige Kloake statt. Manchmal führen Geschlechtstrieb und Umklammerung allerdings zu erstaunlichen Szenen.

So gab es kürzlich Fälle, bei denen mehrere Kröten wahre Paarungsknäuel – drei, vier Männchen auf einem Weibchen – bildeten und sich paarende Frösche zu einem ganzen „Zug" aufreihten. Derartige Orgien haben durchaus Sinn, da sie zu stärkeren Nachkommen führen, zumindest beim afrikanischen Schaumnestlaubfrosch (*Chiromantis xerampelina*), bei dem das Weibchen sich in Schaumnestern aus aufge-

schäumtem Sperma gleichzeitig mit bis zu zwölf Männchen paart. So wild geht es in unseren Breiten nicht zu, wenngleich der bizarre Frosch-Sex, der am 29. März 2011 in einem Teich irgendwo im Süden der Niederlande stattfand, auch nicht ganz ohne war. Während drei sich paarende Froschpärchen im Wasser herumtrieben, hat-

Ein Fall von klasseübergreifendem Sex: Frosch hält Goldfisch im Paarungsgriff; Niederlande, 2011. (Cor Oppers)

te ein weiterer Frosch einen Goldfisch fest umklammert. Der Teichbesitzer bangte um das Leben des Fisches und trennte die beiden: „Ich hatte Angst, dass der Frosch mit seinen Armen und Beinen die Kiemen des Fisches abklemmen würde, weil das Ganze so lange dauerte." Nach dem Vorfall schwammen beide in entgegengesetzte Richtungen davon.

—

FROSCHSTELLUNG NR. 8

Die 6650 Frosch- und Krötenarten, die unseren Planeten bevölkern, probieren insgesamt lediglich sechs Paarungsstellungen aus. Die jeweiligen Bezeichnungen verweisen in der Regel auf die Stelle, an der das Männchen das Weibchen mit seinen Vorderbeinen festhält. Zum Beispiel „Amplexus inguinalis" (bei den Lenden) oder „Amplexus axillaris" (unter den Achseln) oder ohne Umklammerung (Hinterteil an Hinterteil).

Bei den Bombay-Nachtfröschen (*Nyctibatrachus humayuni*) wurde eine neue, siebte, Paarungsstellung entdeckt, die Wissenschaftler als „dorsale Grätsche" bezeichnen. Hierbei stellt sich das Männchen aufrecht mit gespreizten Beinen hinter das Weibchen, sodass es bei der Ei-Ablage keinen physischen Kontakt gibt. Das Männchen ejakuliert auf den Rücken des Weibchens, verschwindet wieder, während das Weichen seine Eier ablegt, die kurz danach vom zwischen seinen Hinterbeinen herabtropfenden Sperma befruchtet werden.

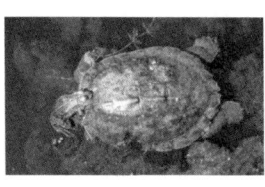

Seefrosch in Umklammerung (Amplexus) auf dem Kopf einer toten Gelbwangen-Schmuckschildkröte; Niederlande, 2014. (Bertil Lenderink)

In meinem Archiv mit nekrophilen Paarungen bei Frö-schen entdeckte ich noch eine achte Stellung: Am 6. Juni 2014 wurde wiederum im Süden der Niederlande ein Seefrosch (*Pelophylax ridibundus*) dabei fotografiert, wie er in einem Teich frontal den Kopf einer toten Gelbwangen-Schmuckschildkröte (*Trachemys scripta troosti*) umklammerte und so stundenlang verharrte. Den passenden Begriff für diese Art von Frosch-Sex gibt es noch nicht.

—

OSTEOPHILIE

Einen besonderen Bericht erhielt ich vom Friedenscorps-Frei-willigen Stephen Butler aus Aserbaidschan: „Das kleine Feld hinter meinem Haus ist Lebensraum einiger wilder Land-schildkröten, die sich hier in den wärmeren Monaten zum Paaren versammeln. Bevor das Männchen das Weibchen be-steigt, rammt es erst mit seinem Panzer gegen das Hinterteil des Weibchens. Das Geräusch erleichtert das Auffinden die-ses Teils." Und so kam es, dass Butler, alarmiert von einem lau-ten Krachen, am 5. September 2014 in seinem Garten nach-sah, woher das Geräusch kam. Dort fand er eine stöhnende Schildkröte, die gerade den lee-ren Panzer eines Artgenossen bestieg: „Ich beobachtete die Kopulation etwa eine Stunde lang und ging dann wieder ins Haus." Die Fotos und das Vi-deo, die Butler vom Geschehen

Vierzehenschildkröte paart sich mit dem stinkenden, leeren Panzer eines männlichen Artgenossen; Aserbaidschan, 2014. (Stephen Butler)

machte, zeigen eine Vierzehenschildkröte (*Testudo horsfieldii*) in Aktion.

Es sind zwar zahlreiche Fälle von Landschildkröten bekannt, die ernsthaft versuchten, mit Schuhen oder Kuscheltieren Nachwuchs zu zeugen, allerdings handelte es sich dabei immer um Tiere in Gefangenschaft. In der freien Wildbahn wissen sie sich anständig zu benehmen. Dort beschränken sich ihre Irrtümer höchstens darauf, dass sie sich im Geschlecht oder in der Art (Schildkröte) vertun oder den Partner von der falschen Seite penetrieren. Eine Paarung mit einem leeren Panzer ist für mich völlig neu, aber noch kein Fall von Nekrophilie – denn dafür hätte am Panzer noch etwas Fleisch vorhanden sein müssen.

Stephen Butler hat den Schildkrötenpanzer freundlicherweise dem Naturhistorischen Museum von Rotterdam überlassen, wo er mit der Katalognummer NMR 9988-00702 der Sammlung hinzugefügt und dem Publikum zum ersten Mal am Dead Duck Day 2015 präsentiert wurde. Anhand des Panzers konnte festgestellt werden, dass es sich bei dem einstigen Besitzer sehr wahrscheinlich um ein Männchen gehandelt haben muss.

Wie bemerkenswert das Verhalten der osteophilen Schildkröte aus Aserbaidschan auch gewesen sein mag, den Leistungen der Galapagos-Riesenschildkröte (*Chelonoidis nigra*) kann sie nicht das Wasser reichen. Denn Letztere, die im 20. Jahrhundert vorwiegend einsam und allein ein Dasein in einem Krater auf der Insel Pinzon fristete, hat (ein ganzes Leben lang) versucht, mit einem schildkrötenförmigen Felsbrocken Nachwuchs zu zeugen. Das arme Tier bekam den Spitznamen Onan – nach dem Samenverschwender in Genesis (38:9) – und starb 1991, einsam und allein.

—

Sind Sie
der Entenmann?

Am Nachmittag des 2. Oktober 2003, einem Donnerstag, hält mir ein großer, korpulenter Mann mit freundlichem Gesicht eine schwere Eichenholztür auf und fragt mich völlig unvermittelt: „Are you the Duck Guy?" Bin ich der Entenmann? Zögernd zeige ich ihm meinen ausgestopften Erpel, während ich das monumentale, mit viel Marmor ausgekleidete Foyer betrete. „The Duck Guy is here!", ruft der Dicke. Ich bin im Sanders Theater, einer der heiligen Stätten der Harvard University in Cambridge, Massachusetts, wo in wenigen Stunden eine besondere Feierlichkeit stattfinden wird: die jährliche Verleihung der Ig-Nobelpreise. Mit dem Preis werden Forschungsarbeiten ausgezeichnet, „die Menschen erst zum Lachen, dann zum Nachdenken bringen". Ich gehöre zu den zehn Auserwählten, für meine Publikation über den ersten Fall von homosexueller Nekrophilie bei Stockenten.

IG-NOBELPREIS: EIN WITZ?

Angefangen hat mein Ig-Nobelpreisabenteuer im April 2003. In einer E-Mail bat mich Marc Abrahams, der Redakteur des Fachblatts *Annals of Improbable Research*, ihm ein Exemplar meines „bemerkenswerten" Entenartikels zukommen zu lassen. Ich kannte die Zeitschrift nicht, machte mir aber keine weiteren Gedanken darüber, da solche Anfragen nicht

Marc Abrahams, Moderator der Ig-Nobelpreis-Zeremonie
seit 1991, präsentiert den Ig-Nobelpreis des Jahres 2016,
der wie immer aus billigstem Material gefertigt wurde.
(Howard Cannon)

ungewöhnlich sind und die Kopien (ein Bündelchen aneinandergehefteter loser Seiten) damals noch routinemäßig mit der täglichen Post das Haus verließen. Heutzutage tauschen Wissenschaftler ihre Publikationen elektronisch als PDF aus.

Mitte Mai folgte eine weitere E-Mail von Abrahams: „Ihr großartiger Artikel über die tote Ente wurde dieses Jahr für den Ig-Nobelpreis nominiert. Die zehn Gewinner werden am 2. Oktober im Rahmen einer feierlichen Zeremonie an der Harvard University bekanntgegeben und ausgezeichnet. Es werden auch ‚echte‘ Nobelpreisträger zugegen sein, um die Ig-Nobelpreise zu überreichen." Ob ich denn die Auszeichnung annehmen würde, wollte er zum Schluss noch wissen.

Ig-Nobelpreis? Harvard? Nobelpreisgewinner? Sollte das ein Witz sein? Dank des Internets[1] erfuhr ich rasch, um was es sich da handelte. Seit 1991 vergibt die satirisch-wissenschaftliche Zeitschrift *Annals of Improbable Research* (AIR) alljährlich den Ig Nobel Prize an zehn Wissenschaftler (oder Gruppen davon) unterschiedlicher Fachgebiete, deren Forschungsarbeit „Menschen erst zum Lachen, dann zum Nachdenken bringt". Grob gesagt entsprechen die Kategorien denen des „echten" Nobelpreises, dessen Gewinner traditionell eine Woche später in Stockholm bekanntgegeben werden. Ausgesucht werden die jährlichen Gewinner aus über 9000 Vorschlägen von einer Jury – dem Board of Governors, einem wechselnden Kreis von Forschern, Nobelpreisträgern, Journalisten, manchmal auch einem Knacki und immer einem zufälligen Passanten – unter Ägide von Marc Abrahams, dem geistigen Vaters des Preises.

Für die Herkunft des Begriffes Ig-Nobelpreis gibt es zwei Erklärungsversuche: Zum einen wurde der Preis angeblich nach

Das Motto des Ig-Nobelpreises: Erst lachen, dann nachdenken; das Logo stellt den von seinem Sockel heruntergefallenen Denker dar. (Improbable Research)

[1] www.improbable.com.

dem legendären Erfinder Ignatius (Ig) Nobel benannt, der, wie er selbst behauptete, ein Nachfahre des noch berühmteren Alfred Nobel war. Laut einer anderen Auslegung ist „Ig" eine Anspielung auf das englische *ignoble*, was genau das Gegenteil von „nobel" bedeutet. Wie dem auch sei, mit den Ig-Nobelpreisen werden das Außergewöhnliche und Einfallsreichtum geehrt und versucht, das Interesse der Menschen für Wissenschaft und Technologie anzukurbeln – alles noble Ziele. Nachdem ich mir die Liste der früheren Preisträger und ihre ausgezeichneten Arbeiten angesehen hatte, nahm ich den Preis ohne zu zögern an. Am 2. Oktober wurde ich zur Zeremonie anlässlich der Verleihung des Ig-Nobelpeises im Sanders Theater der Harvard University erwartet und zwei Tage später zur Lesung am renommierten MIT, dem Massachusetts Institute of Technology. Da mir Stillschweigen auferlegt wurde, erzählte ich nur einigen engen Freunden davon. Im Naturhistorischen Museum von Rotterdam präparierten wir noch eine tote Stockente für die lange Reise – denn das Originalexemplar, Exponat NMR 9989-00232, wäre dafür zu empfindlich gewesen.

ERLESENE GESELLSCHAFT

Langsam trudeln die Organisatoren, Pressevertreter und anderen Ig-Nobelpreisträger im ältesten und imposantesten Treffpunkt von Harvard ein, Hände werden geschüttelt – ich befinde mich in erlesener Gesellschaft. Der Australier John Culvenor erhält den Ig-Nobelpreis für Physik für seine Forschungsarbeit, bei der er nach einer Methode suchte, mit der man Schafe am besten an die Stelle bekommt, an der sie geschoren werden sollen: *down hill* war sein Fazit, das er mit gediegenen physikalischen Berechnungen untermauerte. Der Österreicher Karl Schwärzler gewinnt mit seiner Geschäftsidee, das Fürstentum Liechtenstein als Ganzes für Firmenfeiern, Hochzeiten, Bar-Mizwas und andere Treffen zu vermieten, den Wirtschafts-Ig-Nobelpreis. Edward A. Murphy III ist gekommen, um den Ig-Nobelpreis für Ingenieurswissenschaften in Empfang zu nehmen, stellvertretend für seinen verstorbenen Vater Edward A. Murphy, Jr, der 1949 *Murphy's Gesetz* formulierte, das besagt: „Wenn es mehrere Möglichkeiten gibt, eine Aufgabe zu erledigen, und eine davon in einer Katastrophe endet oder sonst wie unerwünschte Konsequenzen nach sich zieht, dann wird es jemand genau so machen", oder zusammengefasst: „Alles, was schiefgehen kann, wird auch schiefgehen." Eleanor Maguire aus England erhält den Preis für Medizin für ihre Forschungsarbeit, mit der sie den Beweis erbrachte, dass (gewisse Teile der) Gehirne von Londoner Taxifahrern besser entwickelt sind als jene des durchschnittlichen Londoners. Stefano Ghirlanda, der auf überzeugende Art und Weise entdeckt hat, dass Hühner schöne Menschen bevorzugen, wird mit dem Ig-Nobelpreis für Interdisziplinäre Forschung geehrt. Philip Zimbardo, der Bekanntheit mit dem berüchtigten Stanford-Gefängnisexperiment erlangte, gewinnt den Psychologiepreis für seine schonungslose Feststellung, dass Politiker sehr einfache Persönlichkeitsstrukturen aufweisen. Mit dem Literatur-Ig-Nobelpreis ausgezeichnet wird John Trinkaus aus New York für seine sorgfältig zusammengetragene Datensammlung und die anschließende Veröffentlichung von über 80 detaillierten wissenschaftlichen Berichten zu Themen, die ihn aufgeregt haben, wie etwa: „Wie viel Prozent aller Pendler tragen Aktenkoffer", „Wie viel Prozent aller Jugendlichen tragen ihre Baseballcaps mit der Klappe nach hinten statt nach vorne" oder „Wie viel Prozent der Menschen an der Expresskasse eines Supermarks legen mehr Artikel aufs Band als erlaubt".

Der Gewinner des Chemiepreises, der Japaner Yukio Hirose, läuft etwas verstört umher. Der freundliche Chemiker spricht kaum Englisch und hat, wie ich vermute, keinen Schimmer, wohin es ihn hier verschlagen hat. Hirose hat entdeckt, dass es in Japan ein einziges historisches Denkmal gibt, das nicht von Taubenkot überdeckt ist. Also wollte er wissen, warum das so ist. Es stellte sich heraus, dass das 123 Jahre alte Denkmal Arsen enthält, einen Stoff, der Tauben offenbar fernhält. Hirose rekonstruierte die Legierung aus Kupfer, Blei und Arsen und verwendete diese, um Tauben und andere lästige Vögel zu bekämpfen.

Lal Bihari aus Indien, dem der Friedenspreis für ein aktives Leben zuerkannt wird, obwohl man ihn offiziell für tot erklärt hat, ist als Einziger der Zeremonie ferngeblieben – da es ihm als Totem nicht gelungen war, einen Reisepass zu erhalten.

Das Medieninteresse ist riesig. Immer mehr wird mir bewusst, dass der Ig-Nobelpreis keineswegs Unsinn ist. CBS News interessiert sich sehr für meine Entengeschichte, nur der prüde Korrespondent bringt die Worte *homosexual* und *necrophilia* zunächst nicht über die Lippen. Erst als ich ihm den präparierten Erpel vor laufender Kamera zeige, gelingt es mir, ihn dazu zu bewegen.

DIE ZEREMONIE

Um 18.30 Uhr wird jedem von uns hinter den Kulissen eine eigene Hostess zugewiesen. Diese freundlichen, schwer aufgetakelten jungen Damen werden uns während der Show, denn das wird es ganz gewiss, begleiten. Unterdessen setzen drei echte Nobelpreisträger – Dudley Herschbach (Chemie, 1986), William Lipscomb (Chemie, 1976) und Wolfgang Ketterle (Physik, 2001) – in einem mehr oder weniger organisierten Chaos vor der eigentlichen Preisverleihung ihre Unterschriften unter die Urkunden der Gewinner. Sie haben sich einen Abend in ihrem vollen akademischen Kalender freigeschlagen und werden die Preise überreichen.

Als wir kurze Zeit später brav aufgereiht auf der Bühne stehen, werden uns zahlreiche Papierflugzeuge zugeworfen, die wir ebenso brav wieder in den Saal zurückwerfen. Das Theater ist proppenvoll: Sämtliche 1200 Plätze sind belegt, das Publikum ist begeistert. Meine Hostess führt mich zu einem Platz direkt hinter den Gewinnern des echten Nobelpreises. Meine ausgestopfte Ente habe ich immer in Reichweite. Neben mir sitzt ein älterer Herr in einem Tropenanzug, der ab und an aufsteht, um die Papierflugzeuge von der Bühne zu kehren. Er stellt sich mir vor als Professor Roy Glauber: „Wie immer bin ich auch heute Abend wieder fürs Kehren zuständig." Zwei Jahre später wird er für seinen Beitrag zur Quantentheorie, insbesondere der optischen Kohärenz, den (echten) Nobelpreis für Physik verliehen bekommen.

Die Zeremonie, die Marc Abrahams höchstpersönlich moderiert, geht im Schnellverfahren über die Bühne – im wahrsten Sinne des Wortes. Während der Preisverleihung wird das Publikum im Saal mittels Leinwänden textuell wie visuell über die jeweiligen Forschungsarbeiten informiert und zwischendurch mit einer Mini-Oper in drei Aufzügen (über zwei Sauerstoffatome, die sich ineinander verlieben) und vier, jeweils 24 Sekunden dauernden Lesungen mit einer Zusammenfassung in sieben Worten von großen Denkern wie Eric Lander vom MIT Center of Genome Research oder der Physikprofessorin Lene Hau von der Harvard University unterhalten. Garniert wird das Ganze mit einigen *Moments of Science*, Chemieversuchen, bei denen viel Flüssigstickstoff eingesetzt wird. Ich fühle mich wie in einem Monty-Python-Film.

Jedem Preisträger werden genau 60 Sekunden eingeräumt, um ein paar Worte an das Publikum zu richten. Wer zu lange redet, den bringt eine niedliche Achtjährige – Miss Sweetie Poe genannt – mit den Worten „Please stop. I'm bored. Please stop. I'm bored. Please stop. I'm bored" gnadenlos zum Schweigen. Ich bin Preisträger Nummer 10, der letzte des Abends. Marc Abrahams kündigt mich an und liest die offizielle Begründung vor:

Der Ig-Nobelpreis für Biologie 2003 geht an Kees Moeliker vom Naturhistorischen Museum von Rotterdam in den Niederlanden, für die Dokumentation des ersten wissenschaftlich festgestellten Falles von homosexueller Nekrophilie bei Stockenten. "

Mit sanfter Hand schiebt mich meine Hostess durch den Vorhang in die Mitte der Bühne, dorthin, wo Nobelpreisträger Wolfgang Ketterle mir die Auszeichnung überreichen wird. Während er das tut, schüttelt er unaufhaltsam meine Hand und flüstert mir etwas völlig Unverständliches ins Ohr, das ganz gewiss gut gemeint ist. Nachdem das Publikum – offenbar auf Aufforderung eines projizierten Textes hin – sein lautes Gequake eingestellt hat, fangen meine 60 Sekunden an. Hier folgt die deutsche Übersetzung des Transkripts meiner – an Ort und Stelle improvisierten – Rede in englischer Sprache:

Ich danke Ihnen sehr für diesen, äh, Preis. Lassen Sie mich erklären, wovon mein preisgekrönter Artikel handelt. Ich habe zwei Stockenten beobachtet. Falls Sie kein Vogelkenner sind: Eine Stockente ist eine wie diese hier. [Ich ziehe den ausgestopften Erpel aus meiner Tasche und halte ihn hoch.] Das Besondere: Sie gehörten beide dem männlichen Geschlecht an, und eine von beiden war tot. Die tote Ente war an der Fassade des Naturhistorischen Museums von Rotterdam zerschellt, wo ich als Konservator tätig bin. Die lebendige Ente bestieg die tote Ente und verging sich an ihr, über eine Stunde lang. Da ich irgendwann Hunger bekam und nach Hause wollte, sammelte ich die tote Ente ein und obduzierte sie. Es war tatsächlich ein Männchen. Noch nie zuvor hat jemand dieses Verhalten bei Stockenten beobachtet und davon berichtet. Ich habe es getan, und das ist vermutlich der Grund dafür, dass ich heute Abend hier bin. Ich danke Ihnen sehr."

Die „eine Minute Ruhm" des Autors am 2. Oktober 2003: „Ich ziehe den ausgestopften Erpel aus meiner Tasche und halte ihn hoch." (Takara Co Ltd.)

Der Preis ist ein ausgefallenes Kunstwerk: eine Badezimmerfliese mit der Aufschrift „Ig Nobel Prize 2003", auf der sich ein Kubus aus Plexiglas befindet, in dem sich angeblich ein exakt ein Nanometer großer Goldbarren versteckt („Nano" ist das Motto der Zeremonie in diesem Jahr). Nachdem meine liebenswerte Hostess mich zu meiner Urkunde gebracht hat, folgt eine chaotische Fotorunde, in deren Verlauf sich Publikum und Presse gleichermaßen unter die Gewinner und Organisatoren auf der Bühne mischen. Eine Frau krallt sich an mir fest und sagt: „Ich bin wirklich überrascht. Mir war nicht bewusst, dass solches Verhalten in der freien Natur vorkommt. Ich dachte, nur Menschen wären dazu fähig."

EHRE ODER BLAMAGE?

Oft bin ich gefragt worden, ob der Gewinn des Ig-Nobelpreises eine Ehre ist oder eher eine Blamage darstellt. Um diese Frage beantworten zu können, sollte man wissen, was genau diese Auszeichnung beinhaltet. Meines Erachtens ist der Preis Satire der allerbesten Art, die aber auch etwas bewirken soll, und zwar Interesse für Wissenschaft wecken. Wer das nicht versteht oder verstehen will oder wer nicht hinter seine Studie, Forschungsarbeit oder Publikation steht, der verzichtet einfach auf die Auszeichnung. Schließlich gibt es diese Möglichkeit, denn keiner muss den Preis annehmen. Wer das Ziel des Ig-Nobelpreises unterstützt, spielt das Spiel einfach mit. Man bucht den Flug nach Boston, bezahlt ihn aus eigener Tasche und nimmt an einer bizarren Preisverleihungszeremonie teil, bei der man sich mit Papierflugzeugen bewerfen lässt. Zusammenfassend wiederhole ich an dieser Stelle gerne jene Worte, mit denen Marc Abrahams die Zeremonie alljährlich abschließt: „If you didn't win an Ig Nobel Prize – and especially if you did – better luck next year!" (Haben Sie keinen Ig-Nobelpreis gewonnen – oder schlimmer noch, wenn doch –, dann im nächsten Jahr mehr Glück!)

Die Urkunde, die Gewinner des Ig-Nobelpreises erhalten, wird mit einem ganz normalen Drucker gedruckt, ist aber von Marc Abrahams und drei (echten) Nobelpreisträgern handsigniert. (KM)

Die eigens für die Zeremonie präparierte Stockente habe ich nach Ablauf der Feierlichkeiten im Oktober 2003 dem Museum of Comparative Zoology der Harvard University für seine Sammlung überlassen. Der damalige Konservator hat die Spende dankend angenommen und die Ente mit der Katalognummer MCZ 335714 versehen. Ergänzend habe ich handschriftlich hinzugefügt, welche historische Rolle dieses Exponat gespielt hat. Die Spende erwies sich als sehr sinnvoll, da ich seitdem die Zeremonie jedes Jahr aufs Neue besuche, um dort kurz die Ente in die Luft zu halten. Da die Vogelgrippe den Transport von Vögeln, sogar von präparierten Exemplaren, deutlich erschwert hat und der Papierkram vor einer Reise mit einem präparierten Vogel in die USA und wieder zurück gigantisch ist, konnte ich so zum Glück lange Zeit in Boston immer wieder auf die Ig-Ente zurückgreifen. Einige Jahre genügte eine E-Mail an die Vogelabteilung des Museums, um MCZ 335714 für die Zeremonie am ersten Donnerstag im Oktober auszuleihen, dem Tag, an dem die Ig-Nobelpreise traditionell verliehen werden. Als ich 2008 in der zweiten Septemberhälfte meine alljährliche Anfrage an das Museum richtete, um die Ente für einen oder zwei Tage auszuleihen, wurde ich zu meinem großen Erstaunen an eine andere Abteilung verwiesen, die für nicht wissenschaftliche Leihgaben (wozu auch meine Anfrage zählte) zuständig ist. Das offizielle Verfahren würde einige Wochen (ja möglicherweise auch Monate) dauern und Berge an Papier verschlingen. Es stellte sich heraus, dass diese Neuregelung personellen und politischen Veränderungen geschuldet war: Für den neuen Vogelkonservator war die Verwendung des Exponats während der Verleihung der Ig-Nobelpreise „nicht im Einklang mit den Zielen der Vogelabteilung, ja sogar unwürdig". Außerdem hatte ich das Tier einmal „mit Ungeziefer behaftet zurückgegeben, das eine Bedrohung für die gesamte Sammlung des Museums darstellte". Eine Darstellung falscher Tatsachen, da ich die Ente immer schon inklusive Museumskäferinfektion *ausgeliehen* hatte – worauf ich meine amerikanischen Kollegen bei der Rückgabe auch immer aufmerksam gemacht hatte. Wie dem auch sei, man ließ sich nicht erweichen. Die „Ig Duck" blieb fortan in der sicheren, sauberen Umgebung des Museum of Comparative Zoology, was an und für sich ja ein beruhigender Gedanke ist. Als Ersatz fand ich zum Glück eine fröhlich quakende Latexente, die hauptberuflich als Hundespielzeug dient.

15 JAHRE LANG LACHEN UND NACHDENKEN

Dieses Jahr, 2018, ist es 15 Jahre her, dass ich zusammen mit der toten Ente den Ig-Nobelpreis gewonnen habe. Dank des enormen öffentlichen Widerhalls ist „die Ente" heute weltweit bekannt. Unzählige Male habe ich ihre Geschichte in Radio- und Fernsehsendungen, Zeitungen und Zeitschriften im In- und Ausland erzählt – und auch jetzt in diesem Buch. Ich bereise die ganze Welt, um in Vorträgen über homosexuelle Nekrophilie und andere außergewöhnliche Verhaltensweisen bei Tieren zu berichten – und immer ist der Erpel mit dabei. Zwar ist das Thema grundsätzlich tabu, aber wenn das Publikum merkt, dass es sich dabei um Enten handelt, hängt es in der Regel an meinen Lippen – sogar in den USA. Ganz anders in England, wo man diesbezüglich überhaupt keine Scheu kennt, während mein bizarrer Entensex in Italien sogar Magistrate und Geistliche sehr belustigt hat. Auch in Österreich kam meine Entengeschichte gut an. Meine ausgestopfte tote Ente macht Unterschiede im Sexualverhalten anschaulich. Wird am Anfang köstlich darüber gelacht, regt die Geschichte Menschen – ganz im Einklang mit dem Credo der Ig-Nobelpreis-Philosophie – auch zum Nachdenken an, nicht zuletzt in Kreisen, in denen Homosexualität als eine Krankheit gilt. Das Schicksal der Ente führte bei mir zu der Erkenntnis, dass der Mensch mit der Art und Weise, wie er den öffentlichen Raum bebaut und einrichtet, dem Verhalten von Tieren manchmal eine überraschende, gelegentlich auch dramatische Wendung geben kann. Zusammenstöße von Mensch und Tier und deren Folgen bilden den Ausgangspunkt der womöglich erfolgreichsten Ausstellung im Naturhistorischen Museum von Rotterdam, die ich jemals entwickelt habe: „Tote Tiere mit einer Geschichte", in welcher die Ente einen prominenten Platz hat, aber auch die Zwergfledermaus aus Stuttgart, die die Menschen berührte, als bekannt wurde, dass sie in einer Packung Frühstücksflocken zu Tode gekommen war.

Ein weiterer unglaublicher Erfolg, den mir der Gewinn des Ig-Nobelpreises und die Popularität des prämierten Entenartikels bescherten, war die Uraufführung von *The Homosexual Necrophiliac Duck Opera* am 8. August 2015 in London auf dem weltweit größten Festival für moderne Oper – „Tête à Tête" genannt. Eine Oper? Ja, eine Oper! In der 30-minütigen, vom britischen Musiker Daniel Gillingwater komponierten und dirigierten Aufführung wurde der Text meines Artikels „The first case of homosexual necrophilia in the mallard" beinahe Wort für Wort nachgesungen und das Verhalten der beiden Enten von zwei äußerst geschmeidigen Balletttänzern nachgespielt. Meine Rolle bestand darin, Opernliebhaber, die mit dem Thema nicht so vertraut waren, vor der Vorstellung mittels eines kurzen wissenschaftlichen Vortrags über den ersten Fall von homosexueller Nekrophilie bei Stockenten aufzuklären. Anschließend wurde mein Part von der Sopranistin Sarah Redmond singend übernommen, sodass ich meinen Platz im Orchester einnehmen konnte, in dem ich die Entenlockflöte spielte – ein Instrument, das im Vergleich zu den Klängen von Violinen, Celli und Klarinetten einen sehr dominanten Ton erzeugt. Eine erneute Aufführung dieser besonderen Oper fand am 24. Juni 2016 im Natural History Museum in London statt. Diese für mich heilige Stätte ist das größte und bedeutendste naturhistorische Museum der Welt, das ich in Begleitung meiner toten Ente noch nie zuvor betreten hatte.

WIE EINE TOTE ENTE MEIN LEBEN VERÄNDERTE

Mit der Zeit habe ich mich immer mehr für Improbable Research engagiert, die Organisation, die die Ig-Nobelpreise verleiht. So nehme ich regelmäßig an der Ig Nobel Tour of Europe teil und im Jahr 2006 entstand während einer Zugfahrt von London nach Edinburgh der Plan, im Naturhistorischen Museum von Rotterdam eine europäische Dependance einzurichten. Seitdem bin ich der ehrenamtliche *European Bureau Chief* von Improbable Research und als solcher mit der Erweiterung des Netzwerks und der Organisation von Veranstaltungen beauftragt. In meinem Büro im Museum räumte ich für meine neue Funktion eine ganze Schreibtischschublade frei und legte mir eigens dafür eine E-Mail-Adresse zu, über die mich seitdem Nominierungen für die Ig-Nobelpreise und Artikel für die *Annals of Improbable Research* erreichen.

Die vielleicht bedeutsamste Folge des Gewinns des Ig-Nobelpreises ist, dass ich seitdem den Ruf habe, außergewöhnliches Tierverhalten zu dokumentieren. Deshalb habe ich während meines TED-Talks (Titel: „How a dead duck changed my life") die gewagte Aussage getan, dass „sich kein Tier auf diesem Planeten danebenbenehmen kann, ohne dass ich informiert werde." Und tatsächlich erreichen mich fast täglich Fotos, Videos, Beschreibungen und (obskure) Publikationen aus aller Welt, und mein Archiv, Necrophilia Files genannt, wächst stetig an. Natürlich halte ich auch selbst meine Augen und Ohren offen, was sich auch in diesem Buch niedergeschlagen hat.

PREISTRÄGER AUS DEUTSCHLAND, ÖSTERREICH UND DER SCHWEIZ

Bis heute (Stand Ende 2017) wurden 270 Ig-Nobelpreise verliehen. Dabei fällt die verhältnismäßig geringe Zahl von Gewinnern aus deutschsprachigen Ländern auf. (Im Vergleich: Die Niederlande können bislang 13 Preisträger vorweisen, trotz der deutlich geringeren Bevölkerungszahl.) Mit Arnd Leike gewann 2001 zum ersten Mal ein deutscher Wissenschaftler die begehrte Auszeichnung – für seine Forschungsarbeit, mit der er unter Beweis stellte, „dass Bierschaum nach den mathematischen Prinzipien des Zerfallsgesetzes exponentiell abnimmt". Er reiste, wie immer auf eigene Rechnung, zur Harvard University und erhielt den Ig-Nobelpreis für Physik aus Händen von Dudley Herschbach, dem „echten" Nobelpreisträger. Während seiner Rede bei der Verleihung betonte er, wie wichtig es sei, Wissenschaft zugänglicher, beliebter zu machen: „Die Daten zu sammeln und den Artikel über den exponentiellen Zerfall von Bierschaum zu verfassen, hat großen Spaß gemacht. […] Die Messungen lassen sich jederzeit wiederholen, es liegt noch viel Arbeit vor uns. […] Interessant für mich

Der Autor während seines TED-Talks im kalifornischen Long
Beach am 28. Februar 2013. (James Duncan Davidson)

ist, dass die Sache auch einen ernsthaften Aspekt hat: Denn Diskussionen [über Bierschaum] können Wissenschaft in unserer Gesellschaft zu größerer Beliebtheit verhelfen, und das scheint mir wichtig. Ich freue mich, für den Preis nominiert worden zu sein und zu den Gewinnern zu zählen. Vielen Dank und zum Wohl!" Anschließend nahm er einen riesigen Schluck schäumendes Bier aus einem ebenfalls riesigen Messzylinder.

Der Anfang war gemacht. 2003 folgte der Österreicher Karl Schwärzler (und mit ihm sämtliche Einwohner des Fürstentums Liechtenstein) als Gewinner des Ig-Wirtschafts-Nobelpreises für „die Ermöglichung, das ganze Land für Veranstaltungen wie Firmenfeiern, Hochzeiten, Bar-Mizwa und andere Veranstaltungen zu mieten". Übrigens kann man Liechtenstein nach wie vor mieten, auch wenn Schwärzler die Vermietung nicht mehr im großen Stil betreibt, wie er mir berichtet hat: „Komischerweise bekommen wir immer noch Anfragen zu ‚Rent a State', hauptsächlich aus dem Fernen Osten und dem arabischen Raum. Vor einigen Jahren wurden S.D. Hans-Adam Fürst von Liechtenstein und dem Regierungschef die teilweise bizarren Medienberichte aus diesen Ländern zu bunt und wir mussten ‚Rent a State' von unserer Website entfernen. Es gab Videos von ‚pinken Schlössern', Wetter-Kameras vom Hauptort Vaduz mit Kommentaren, dass man die Polizei mieten und mit dem Fürsten ein Glas Wein trinken könne. Da war die Reaktion des Fürstenhauses und der Regierung natürlich nachvollziehbar. Im Moment haben wir eine aktuelle Anfrage für 600 Personen einer chinesischen Universität auf dem Tisch liegen. Im Rahmen einer Europareise wollen sie nach Liechtenstein kommen und hier einen Tag verbringen. Allerdings werden sie mit dem Fürsten keinen Wein trinken und auch die Polizei kann nicht gemietet werden. Vielleicht kommt die Veranstaltung trotzdem zustande." Liechtenstein lässt sich

Arnd Leike, der erste deutsche Wissenschaftler, der mit dem Ig-Nobelpreis ausgezeichnet wurde, präsentiert seine preisgekrönte Forschungsarbeit während der Zeremonie 2001. (Ruby Arguilla)

selbstverständlich auch besuchen, ohne dass man gleich das ganze Land mietet. Ein Aufenthalt im Fürstentum sei wärmstens empfohlen. Dort werden Sie sicher zahlreichen Ig-Nobelpreisträgern begegnen.

Victor Benno Meyer-Rochow (damals für die heutige Jacobs University in Bremen tätig) und dessen ungarischer Kollege Jozsef Gal gewannen 2005 den Ig-Nobelpreis für Strömungslehre für „die Anwendung physikalischer Gesetze zur Berechnung der Druckverhältnisse in kotenden Pinguinen". Die Idee, dies zu berechnen, war bereits 1993 geboren worden, als Meyer-Rochow die erste und (vorläufig) einzige jamaikanische Antarktika-Expedition anführte. Als er dort die Pinguinkolonien besuchte, war er erstaunt über die enorme Länge der Kotstreifen, von denen die Nester strahlenförmig umgeben waren. Anschließend stellte er zehn Jahre lang Berechnungen auf, ohne dafür jemals einen einzigen Pinguin anzufassen.

2008 ging der Ig-Nobelpreis für den Frieden an die Eidgenössische Ethikkommission für die Biotechnologie im Ausserhumanbereich (EKAH) und die Bürger der Schweiz „für die Entwicklung eines Rechtsprinzips, welches besagt, dass Pflanzen Würde haben". Den Preis nahm das damalige Kommissionsmitglied Urs Thurnherr, auch im Namen der Schweizer Bevölkerung, entgegen und sagte: „Es ist verständlich, dass die Frage nach der Würde von Pflanzen einen erst einmal zum Lachen bringt. Nur, haben Sie nicht schon mal eine Pflanze weggeworfen, die Sie zu gießen vergessen hatten? Hat das bei Ihnen auch Unbehagen ausgelöst? Wenn ja, dann können Sie sich ja mit diesem Thema identifizieren. Vielleicht bringt es Sie sogar dazu, unsere Studie zu lesen. Nochmals, vielen Dank."

2009 wurden Stephan Bolliger, Steffen Ross, Lars Oesterhelweg, Michael Thali und Beat Kneubuehl von der Universität Bern mit dem Ig-Nobelpreis für Frieden ausgezeichnet „für die experimentelle Untersuchung der Frage, ob es besser ist, eine volle oder eine leere Bierflasche auf den Kopf geschlagen zu bekommen". Eine zunächst einmal unwichtig erscheinende Frage, aber in ihrem preisgekrönten wissenschaftlichen Artikel schreiben die Wissenschaftler „aus eigener Erfahrung", dass die Halb-Liter-Bierflasche bei Schlägereien in der Schweiz oftmals zum Einsatz kommt. Das Ergebnis ihrer empirischen Studie war dennoch verblüffend: Es kostet 10 Joule mehr

Energie, eine leere Bierflasche zum Brechen zu bringen als eine volle, während die Schlagkraft einer vollen Flasche um 70 Prozent höher liegt. Leer oder voll, eine Bierflasche (in dieser Studie von der Brauerei Feldschlösschen) ist so oder so massiv und stabil genug, um einen Schädel zu knacken, bevor der Schädel die Flasche zerbricht. Aus dem Grund stellten Bolliger und Kollegen fest, dass ein Verbot solcher Flaschen dort, wo Auseinandersetzungen zu erwarten sind, durchaus gerechtfertigt wäre.

2011 wurde zum ersten Mal eine österreichische Studie mit einem Ig-Nobelpreis ausgezeichnet: Den Ig-Nobelpreis für Physiologie gewannen Natalie Sebanz, Isabella Mandl und Ludwig Huber zusammen mit ihrer britischen Kollegin Anna Wilkinson für ihre Studie mit dem Titel „Keine Hinweise auf ansteckendes Gähnen bei der Köhlerschildkröte *Geochelone carbonaria*". Über diese Studie lässt sich nur so viel sagen, dass man für dieses Phänomen in der Tat keine Hinweise gefunden hat. Dennoch ist die preisgekrönte Publikation (im *Current Zoology* 57[4]: S. 477–484) durchaus lesenswert.

Sabine Begall und Erich Malkemper von der biologischen Fakultät der Universität Duisburg-Essen sowie ein Team von tschechischen Wissenschaftlern erhielten 2014 den Ig-Nobelpreis für Biologie „für ihren gründlich durchgeführten Nachweis, dass sich Hunde beim Urinieren und Stuhlentleeren bevorzugt entlang des Magnetfelds der Erde ausrichten". Mit dieser bahnbrechenden Studie wurde zum ersten Mal bewiesen, dass das Magnetfeld Hunde beeinflusst und dass natürliche Veränderungen des Magnetfelds der Erde eine messbare und vorhersehbare Verhaltensreaktion bei Säugetieren auslösen.

Mit dem Ig-Nobelpreis für Mathematik wurden 2015 die österreichische Verhaltensbiologin Elisabeth Oberzaucher und ihr deutscher Kollege Karl Grammer ausgezeichnet – „für ihren Versuch, mittels mathematischer Methoden herauszufinden, ob und wie Moulai Ismael, der Blutdürstige, der sharifische Kaiser von Marokko, es geschafft hat, von 1697 bis 1727 achthundertachtundachtzig (888) Kinder zu zeugen". Für Leser, die selbst einen Versuch unternehmen möchten, hier ein Hinweis: So etwas ist tatsächlich möglich in den 30 Jahren, also dem Zeitraum, in dem sich Moulay

Elisabeth Oberzaucher, Gewinnerin des Ig-Nobelpreises für
Mathematik 2015, während ihrer Dankesrede. (Mike Benveniste)

Ismael fortgepflanzt hat, und zwar bei einem Mal Sex pro Tag und einer Haremsgröße von nicht mehr als 65 Frauen. In ihrer Dankesrede nuancierte Lisa Oberzaucher die Angabe „bei einem Mal Sex pro Tag" folgendermaßen: „Was ist eigentlich der Aufwand, den ein Mann betreiben muss, um 600 Söhne zu zeugen? Das ist nämlich die Zahl, für die es eine verlässliche Quelle gibt. Es stellt sich heraus, dass das eine Menge Arbeit ist: Moulay hätte ein- bis zweimal pro Tag Sex haben müssen, was auf den ersten Blick nach gar nicht so viel klingt. Aber wenn man bedenkt, dass das täglich gegolten hätte, jeden einzelnen Tag ein ganzes Leben lang, dann wird es ganz schön viel. Danke!"

2016 ist ein deutsch-schweizerischer Meilenstein in der Geschichte der Ig-Nobelpreise: Mit Christoph Helmchen, Carina Palzer, Thomas Münte, Silke Anders und Andreas Sprenger der Abteilung Neurologie der Universität von Lübeck gewannen gleich fünf deutsche Wissenschaftler den Medizinpreis „für die Entdeckung, dass einem Juckreiz auf der linken Seite des Körpers durch Betrachtung in einem Spiegel und Kratzen der rechten Seite des Körpers abgeholfen werden kann (und andersherum)". Der Preis für Physik ging in dem Jahr an Hansruedi Wildermuth (Entomologe am zoologischen Institut der Universität von Zürich) und dessen Forschungskollegen aus Ungarn „für die Entdeckung, warum weißhaarige Pferde die bremsenbeständigsten Pferde sind, und für die Entdeckung, warum Libellen verhängnisvoll von schwarzen Grabsteinen angezogen werden". Auch der Ig-Nobelpreis für Chemie war eine rein deutsche Angelegenheit: Gewinner wurde Volkswagen „für die Lösung des Problems des überhöhten Schadstoffausstoßes von Autos durch automatische, elektromechanische Erzeugung von geringeren Emissionen, wenn die Fahrzeuge getestet werden". Volkswagen entsandte keinen eigenen Vertreter zur 25. Nobelpreiszeremonie, um den Preis in Empfang zu nehmen. Nicht mal eine Videobotschaft war es dem Betrieb wert.

Auch 2017 war die Schweiz wieder sehr erfolgreich. Mit dem Ig-Nobelpreis für Frieden wurden Milo Puhan, Alex Suarez, Christian Lo Cascio, Alfred Zahn, Markus Heitz und Otto Braendli geehrt, und zwar „für ihren Nachweis, dass regelmäßiges Spielen eines Didgeridoo eine effektive

Christian Lo Cascio, Milo Puhan und Markus Heitz, Gewinner des Ig-Nobel-Friedenspreises 2017, bekommen Ärger mit Miss Sweetie Poe, weil sie die Redezeit überziehen. (Alexey Eliseev)

Behandlung von obstruktiver Schlafapnoe und Schnarchen darstellt". Charles Lienhard vom naturhistorischen Museum von Genf gewann zusammen mit anderen Entomolgen aus Japan und Brasilien den Preis für Biologie „für ihre Entdeckung eines weiblichen Penisses und einer männlichen Vagina bei einer Staublaus". Da die Wissenschaftler im Moment der Preisverleihung auf der Suche nach noch mehr sonderbaren Insekten unter der Erde weilten, schickten sie eine Videobotschaft, in der sie freudenstrahlend erklärten, dass ihre Entdeckung dazu führt, dass sämtliche Biologiebücher auf der Erde umgeschrieben werden müssen. Die winzigen *Neotrogla*-Staubläuse, die Lienhard und seine Kollegen beschrieben, zählen tatsächlich zu den wenigen Tierarten, bei denen die ansonsten gängigen Geschlechtsmerkmale für Männchen und Weibchen vertauscht sind. Wenngleich bei Weibchen mancher Tierarten wie etwa Hyänen schon früher die Existenz von sogenannten „Pseudopenissen" nachgewiesen werden konnte, kann auch in dem Fall eine erfolgreiche Paarung nur dann erfolgen, wenn das Weibchen vom Männchen penetriert wird. Bei *Neotrogla* hat das Weibchen jedoch ein außenliegendes Fortpflanzungsorgan, das normalerweise nur Männchen zugeschrieben wird. Bei der Paarung bringt das Weibchen ihr penisähnliches Organ (Gynosom genannt) in die vaginale Öffnung des Männchens ein, um Sperma abzusammeln. Widerhaken an dem Penis sorgen dafür, dass eine solche Penetration bis zu 70 Stunden dauern kann.

IG-NOBELPREIS: PREISGEKRÖNTE FORSCHUNGSARBEIT ÜBER HEIDELIBELLEN

Libellen paaren sich gemeinhin in der Nähe von Gewässern. Die Eier legen Weibchen im Wasser ab, die Larven leben unter Wasser. Insektenkenner wissen: Wo kein Wasser, da keine Libellen. Groß war deshalb die Verwunderung eines ungarisch-schweizerischen Teams von Wissenschaftlern, als sie auf einem Friedhof in Ungarn Libellen entdeckten, obwohl das nächstgelegene offene Gewässer zwei Kilometer entfernt war. Bei den Libellen, so fanden die Forscher heraus, handelte es sich um Heidelibellen (*Sympetrum*-Arten), die sich in der Nähe der sonnenüberfluteten Gräber aufhielten. In Tandemformation – der für Libellen typischen Paarungshaltung – flogen sie über die waagerecht aufgestellten, schwarz polierten Grabsteine oder saßen auf den eisernen Zäunen, aber immer in der Nähe des gleichen Typus Grabstein. Manche Libellen schienen sogar ihre Eier dort abzulegen. Bei anderen Grabsteinen befanden sich keine Libellen. Offenbar hielten die Insekten die glänzenden schwarzen Grabsteinen für Wasser. Warum das so ist, konnten die Wissenschaftler anhand von einer Reihe von komplizierten Messungen und Experimenten (*Freshwater Biology* 52: S. 1700–1709) nachweisen: Schwarz polierte Grabsteine und eine glatte Wasseroberfläche polarisieren das Licht auf ein und dieselbe Art und Weise. Somit fliegen Heidelibellen auf Friedhöfen regelrecht in eine ökologische Falle. Aber nicht nur den Libellen ergeht es so, auch andere Wasserinsekten werden beispielsweise von roten und schwarzen Autos angezogen – ein Verhalten, das zu gar nichts führt, außer zu Lackschäden.

Heidelibellen auf einem Zaun in der Nähe eines schwarzen Grabsteins. (Lorand Horváth)

Für diese Studie und für die Entdeckung, dass weißhaarige Pferde weniger von Bremsen heimgesucht werden als andersfarbige, gewannen Gábor Horváth, Miklós Blahó, György Kriska, Ramón Hegedüs, Balázs Gerics, Róbert Farkas, Susanne Åkesson, Péter Malik und Hansruedi Wildermuth 2016 den Ig-Nobelpreis für Physik.

IG-NOBELPREIS: OKAMURAS PREISGEKRÖNTE MINI-EVOLUTION

Der japanische Paläontologe Chonosuke Okamura studierte Fossilien von Algen und Wirbellosen und publizierte anschließend seine Ergebnisse, die ihm trotz größtmöglicher Fundiertheit keinen Ruhm einbrachten. Solcher war ihm erst gewiss nach dem Fund eines 425 Millionen Jahre alten Kalksteinfossils im Nagaiwa-Gebirge. Denn unter dem Mikroskop entdeckte er den Beweis dafür, dass alle bekannten Wirbeltiere die Nachfahren von (Miniatur)Organismen sind, die zwar genauso aussehen wie ihre heutigen Nachfahren, jedoch nur einige wenige Millimeter groß waren. Diese neue Erkenntnis führte zu dem verdienten Ansehen und brachte ihm 1996 auch den Ig-Nobelpreis für Biodiversität ein.

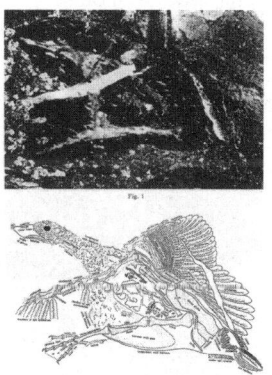

In einer Reihe von Publikationen mit dem Titel *Original Report of the Okamura Fossil Laboratory* beschrieb Okamura beispielsweise fossilierte Mini-Gorillas, Mini-Kamele, Mini-Fische, Mini-Hunde, Mini-Enten und nicht zuletzt auch Mini-Menschen: insgesamt viele Hundert neue Arten und Unterarten, die er sorgfältig nach den Regeln der biologischen Namensgebung introduzierte.

Das Fossil der japanischen Mini-Ente am Fundort (Abb. 1) und eine Skizze der Lage der Skelett-Teile und des Federkleids (Abb. 2). (Chonosuke Okamura)

Besonders fasziniert hat mich seine Beschreibung von der japanischen Mini-Ente *Archaeoanas japonica* in Teil XIII. Das Fossil ist zwar nur 9,2 Millimeter lang, entspricht aber dennoch einem erwachsenen Individuum. Laut Okamura sind die Überbleibsel „in einer verkrampften Haltung fossiliert, nachdem die Ente vor 425 Millionen Jahren während des Silurs im Schockzustand begraben wurde". Die Zeichnung, die der Paläontologe von der Lage der Skelettteile und den Federfeldern erstellte, zeugt von außergewöhnlichem fachmännischem Können. Die anatomischen Details der Mini-Ente, von den Schwanzwirbeln bis zu den Zehengliedern, vom Schnabel bis zu dem Anus, wären ohne Okamuras Studie unerkennbar geblieben.

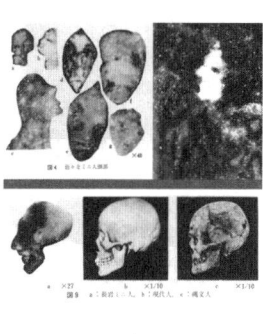

Über den Nagaiwa-Mini-Menschen (*Homo sapiens minilorientalis*) schreibt Okamura: „Der menschliche Körper hat sich seit dem Silur nicht mehr verändert, ausgenommen der Länge, die von 3,5 Millimeter auf 1700 Millimeter angewachsen ist." Zur Untermauerung seiner Entdeckung hat Okamura seine Publikation über den Fund des Mini-Menschen mit vielen Hundert Bildern illustriert. Auf einigen erkennt man Gesichtsausdrücke wie den einer Frau, „die qualvolle Schmerzen erleidet, als man sie bei lebendigem Leib in kochendem Schlamm beerdigt". Manche Aspekte sind

Die einen Millimeter großen Gesichter des fossilen Naigawa-Mini-Menschen (a–g) und daneben das Gesicht einer etwa 30-jährigen Naigawa-Mini-Frau; unten: stark vergrößerter Schädel eines Mini-Menschen (a) im Vergleich zu dem eines heutigen Menschen (b) und dem eines Urmenschen (c). (Chonosuke Okamura)

auch für Laien deutlich, etwa die verblüffende Ähnlichkeit des Schädels des Mini-Menschen mit dem des heutigen Menschen.

Der letzte „Original Report of the Okamura Fossil Laboratory" erschien 1987 und seitdem wurde von Chonosuke Okamura nichts mehr vernommen.

—

IG-NOBELPREIS: PREISGEKRÖNTE STUDIE ÜBER RATTEN

Der ägyptische Arzt und Forscher Ahmed Shafik (1933–2007) erlangte Berühmtheit mit einer bahnbrechenden Studie auf dem Gebiet von Impotenz und Verhütung. Um den Einfluss von Unterwäsche auf sexuelle Aktivität zu messen, stattete er 75 Ratten mit Unterhosen unterschiedlicher Materialien aus: Polyester, Polyester-Baumwoll-Mischung, Baumwolle und Wolle. Die Kontrollgruppe trug keine Unterwäsche. Anschließend beobachtete er die Fortpflanzungsaktivitäten der Ratten ein ganzes Jahr lang.

Zeitgleich experimentierte Shafik mit Menschen. So bekamen 14 Probanden einen Stringtanga aus Polyester verpasst, der nur den Hodensack umschloss, nicht aber das Glied. Die Probanden mussten diese Unterwäsche durchgehend tragen, während die Qualität ihrer Samen zweiwöchentlich untersucht wurde. Nach durchschnittlich 139 Tagen waren die Probanden unfruchtbar. Ein (nicht weniger bemerkenswer-

Fig. 1. The underpant worn by the rat.

Die legendäre „Abbildung 1" aus der Publikation „Effect of different types of textiles on sexual activity". (Ahmed Shafik)

tes) Bild von einem der Probanden möchte ich Ihnen an dieser Stelle ersparen. 2016 wurde Professor Shafik posthum mit dem Ig-Nobelpreis für Fortpflanzung ausgezeichnet.

Mary Roach hat ein sehr lesenswertes Porträt über Ahmed Shafik verfasst, das in deutscher Sprache unter dem Titel „Bonk – Alles über Sex – von der Wissenschaft erforscht" erschienen ist.

—

IG-NOBELPREIS: PREISGEKRÖNTE STUDIE ÜBER DEN GESCHMACK VON KAULQUAPPEN

Kaulquappen sind schlechte Schwimmer. Sie sind nicht nur langsam, sondern auch ungeschickt. Außerdem kommen sie zu manchen Zeiten massenhaft vor. Somit sind sie leichte Beute für Wasservögel, Raubfische und andere Prädatoren. Vor dem Feind zu fliehen, ist für Kaulquappen keine Option. Welche Überlebensstrategie bleibt ihnen aber dann? Ein unangenehmer Geschmack. Die Theorie war folgende: Auffällig gefärbte Kaulquappen schmecken nicht, Larven von tarnfarbenen schon.

Um dies zu beweisen, führte der US-amerikanische Biologe Richard Wassersug am 6. März 1970 ein klassisches Experiment auf Costa Rica durch (siehe: *The American Midland Naturalist* 86: S. 101–109). Dafür fing er Kaulquappen von acht verschiedenen Frosch- und Krötenarten – vom Laubfrosch *Hyla rufitella* bis hin zur Riesenkröte *Bufo marinus*. Anschließend setzte er sie seinen Doktoranden vor, die sie bei lebendigem Leib probieren sollten: erst die Haut (mit der

Niemand weiß, wie europäische Kaulquappen schmecken. (KM)

Zunge), dann den Schwanz (mit den Vorderzähnen) und zum Schluss den Körper (gut kauen). Für den Geschmack sollten sie eine Note auf einer Skala von 1 (lecker), 2 (neutral) bis 5 (ekelerregend) vergeben. Lediglich die Larve der Riesenkröte – zufällig die auffälligste Kaulquappe – erhielt die Durchschnitssnote „unangenehm". Larven von in Deutschland beheimateten Fröschen und Kröten wurden soweit bekannt noch nicht verkostet. Nichtsdestotrotz gewann Wassersug für seine Studie den Ig-Nobelpreis für Biologie des Jahres 2000.

JEMANDEN FÜR DEN IG-NOBELPREIS VORSCHLAGEN?

Kennen Sie jemanden, der Ihrer Meinung nach den Ig-Nobelpreis verdient hätte, oder meinen Sie, selbst als Kandidat in Betracht zu kommen, dann richten Sie Ihren Vorschlag[2] inklusive Dokumentation oder betreffender Publikation an:

Improbable Research, European Bureau
Natuurhistorisch Museum Rotterdam
Westzeedijk 345 (Museumpark)
NL-3015 AA Rotterdam, Niederlande
kees.moeliker@improbable.com

Das *European Bureau* ist zwar kein „echtes" Büro, sondern lediglich eine Schublade und eine E-Mail-Adresse, aber Besucher sind im Museum dennoch willkommen. Hier können Sie einem Ig-Nobelpreisträger begegnen und die tote Ente hat einen prominenten Platz in der Ausstellung „Tote Tiere mit einer Geschichte".

---

[2] Bei Improbable Research gehen alljährlich etwa 9000 Nominierungen ein; Selbstnominierungen haben nur sehr selten Erfolg.

Der Erpel
und sein Glied

Bei Enten, die dem Autoverkehr zum Opfer fallen, handelt es sich meistens um junge Erpel – und meistens passiert es bei schönem Wetter. Es mag sein, dass sich diese Feststellung etwas belanglos anhört, aber bei Menschen verhält es sich genauso: Am ersten schönen Frühlingstag sind die Krankenhäuser grundsätzlich darauf eingestellt, junge Burschen, die mit großen Mengen Alkohol und noch mehr Testosteron im Blut die Macht über zu viele Pferdestärken verloren haben, aufzunehmen. Die Gefriertruhe, aus der ich als Konservator Jahr für Jahr weitere Stücke für die Vogelsammlung des Naturhistorischen Museums von Rotterdam entnehme, füllt sich im Frühjahr immer sehr zügig mit Entenmännchen. Beispiel Katalognummer 03-131: ein Erpel, dessen wilder Flug ein jähes Ende fand durch die Kollision mit einem Auto. Er war fast noch warm, als man ihn mir brachte. Sein Glied, ein schönes spiralförmiges Organ, war völlig erigiert, seine (innenliegenden) Testikel enorm angeschwollen. Ein Männchen auf dem Zenit seiner Fortpflanzungsfähigkeit – zweifelsohne zu Tode gekommen bei der Verfolgung eines vor seinem imposanten Glied fliehenden Weibchens. Die brutalen Entenvergewaltigungen alljährlich im Frühjahr, bei denen oft mehrere Männchen über ein einziges Weibchen herfallen, sind schließlich bekannt.

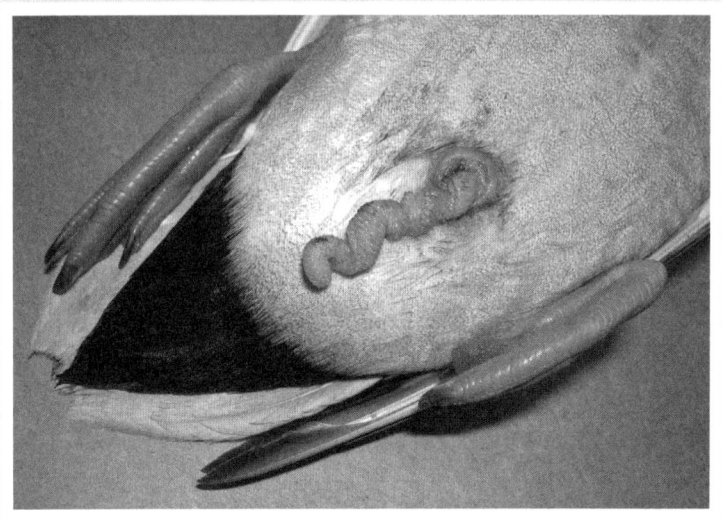

Tote Stockente mit erigiertem Glied. (KM)

Ich kann mich an einen sehr dramatischen Fall erinnern, der sich im Park bei dem Aussichtsturm Euromast in Rotterdam ereignet hat. Ein paar außergewöhnlich warme Frühlingstage hatten die im Ententeich verweilenden Enten in höchste sexuelle Erregung versetzt, und so kam es, dass ein Erpel einem Weibchen nach allen Regeln der Kunst zusetzte. Offenbar im Bemühen, die Avancen des Erpels nicht erwidern zu müssen, versuchte das Weibchen, ihn mit wilden Täuschungsmanövern abzuschütteln, bis es schließlich aufflog. Mit lautem Gequake setzte nicht nur besagter Erpel die Verfolgung im Luftraum fort, sondern es beteiligten sich sechs oder sieben weitere Männchen daran. Nach ein paar Schleifen über den Baumkronen landete das Weibchen schließlich zwischen Parkbesuchern auf einer Picknickdecke und wurde dort Opfer einer Gruppenvergewaltigung. Als drei der Verfolger ihre Versuche, Nachwuchs zu zeugen, beendet hatten, griff ein hochgewachsener Mann in das Geschehen ein, vermutlich von seiner Frau und seinen Kindern dazu aufgefordert. Nachdem er aufgestanden war, fing er an, die Erpel mit Erde zu bewerfen, die daraufhin panikartig die Flucht ergriffen und zum Teich zurückkehrten. Zufrieden setzte sich der Man wieder hin und nahm einen Schluck aus seiner Bierflasche. Ich verstehe ihn durchaus, den Entenschreck, nur sein Eingreifen war völlig unangebracht und unnötig.

ENTENLEID?

Tierschutzorganisationen rufen immer wieder dazu auf, das Füttern von Enten zu unterlassen, da dies angeblich dazu führt, dass Erpel sich nicht mehr mit der Futterbeschaffung beschäftigen, sondern sich nur noch dem Umgarnen der Weibchen widmen. Geläufig ist auch die Annahme, das ganze Brot würde Erpel noch wilder machen – eine Behauptung, die Ehrenamtliche der „Entenhotline" in der niederländischen Provinz Limburg vor einigen Jahren dazu veranlasst hat, bei jeder Meldung von brutalen Gruppenvergewaltigungen durch Entenmännchen in voller Stärke zum Ort des Geschehens auszurücken.

Das Leid, das Stockenten-Erpel ihren weiblichen Artgenossen bei ihren Fortpflanzungsbemühungen zufügen, mag aus Sicht von uns Menschen zwar unfassbar groß sein, ist aber letztlich doch nur die Folge der natürlichen Auslese. Dass das Abladen großer Mengen alten Brots dem ökologischen Gleichgewicht in Gewässern nicht zuträglich ist, leuchtet ein, aber für einen Zusammenhang zwischen dem Füttern von Enten und deren sexuellen Aktivitäten wurden bislang noch keinerlei Beweise erbracht. Ob vollgefressen oder nicht, bei hoher oder niedriger Populationsdichte, in der Stadt oder auf dem Land, das Entenmännchen folgt nur seiner universellen Fortpflanzungsstrategie, die darauf abzielt, möglichst erfolgreich Nachkommen zu zeugen. Und wie macht man das? Indem man so viele Weibchen wie möglich mit seinem Samen beglückt. Dabei ist es keineswegs so, dass der Erpel nur seinem Glied folgt und jedem Weibchen hinterherschwimmt, das es zu besteigen gibt. Ausführliche Studien haben erbracht, dass er durchaus gezielt vorgeht und nur die Weibchen auswählt, die Anzeichen von Brutverhalten zeigen. Das erhöht die Chance, dass seine Samen tatsächlich Eier befruchten und es Nachkommen geben wird. Dass er dabei das Weibchen zum Sex zwingt oder vergewaltigt, wenn Sie so wollen, gehört zum Spiel dazu. Der Erpel hat keine Wahl, denn auch seine eigene Partnerin (Erpel sind oft jahrelang mit dem gleichen Weibchen liiert) wird von anderen Erpeln bestiegen. Kein Wunder also, dass gleich mehrere Erpel die wilde Verfolgung aufnehmen, sobald sich ein Weibchen mit Eisprung aus der Deckung wagt. Denn das ist die ausgelesene Chance, außerehelichen Nachwuchs zu zeugen, aber nur dann, wenn man schnell zur Sache kommt, um das Sperma der Nebenbuhler zu übertrumpfen. Auch deshalb vergewaltigt der Erpel seine eigene Partnerin ebenso.

Solange es nicht für immer mit dem Kopf unter Wasser bleibt, profitiert das Weibchen durchaus von der Vergewaltigung. Die Produktion, das Legen und Ausbrüten von Eiern ist eine große Energieleistung. Wenn es im richtigen Moment den Samen (von mehreren Erpeln) erhält, steigt aber die Chance, dass seine Eier auch tatsächlich befruchtet werden. Fälle, in denen

Weibchen eine außereheliche Vergewaltigung, vor allem von stärkeren Erpeln, geradezu provozieren, wurden schon zahlreich beschrieben.

DAS GEGENSTÜCK – DIE VAGINA

Auch wenn es so scheinen mag, sind Weibchen keineswegs die Opfer. In Wirklichkeit sind sie es, die bestimmen, wo es lang geht. Wie, wurde gründlich erforscht. Zu tun hat das mit dem Penis des Erpels und dem Pendant des Weibchens dazu, der Vagina. Die meisten Vögel besitzen keinen Penis, sondern lediglich eine Körperöffnung für alle Zwecke, die Kloake, die sowohl für das Ausscheiden von Kot und Urin als auch von Sperma oder Eiern dient. Deshalb wird die Paarung bei Vögeln auch oft „cloacal kiss" genannt. Bei nur drei Prozent der weltweit insgesamt etwa 10.000 Vogelarten ist das Männchen mit einem außen liegenden Geschlechtsorgan ausgestattet. Zu den Glücklichen zählen überwiegend Enten: Sie haben nicht nur das längste Glied, sondern nutzen auch die Vergewaltigung als Fortpflanzungsstrategie. Weltrekordler ist die Argentinische Ruderente (Oxyura vittata): Im erigierten Zustand misst das Glied des Erpels 42,5 Zentimeter (mehr als seine Körperlänge), während der Penis der Stockente bis zu 20 Zentimeter lang werden kann. Ein Entenpenis ist spiralförmig und dreht sich gegen den Uhrzeigersinn. In der Regel ist er spitz und mit Stacheln ausgestattet. Das Sperma wird über die Außenseite der Spirale abgesondert. Eine Besonderheit: Die Enten besitzen so einen enormen Penis nicht zum Vergnügen. Ihr Organ ist rein zweckgerichtet: Es bildet sich nach der Brutsaison zurück und wächst erst im nächsten Frühjahr wieder zur vollen Stärke heran.

Dass Entenmännchen einen relativ langen Penis besitzen, ist seit Jahrhunderten bekannt. Über die Frage, warum das so ist, wurde allerdings lange spekuliert. Meist wurde als Ursache gesehen, dass Enten sich im Wasser paaren: Mit einem langen Penis sei die Wahrscheinlichkeit, dass das Sperma unverdünnt am richtigen Ort landet, größer. Patricia Brennan von der Yale-Universität hat jedoch eine einleuchtendere Erklärung gefunden. Sie hat das erforscht, was Anatomen bislang völlig ignoriert hatten: die Ausgestaltung der Entenvagina. 2007 legte sie in der Mai-Ausgabe des Wissenschaftsmagazins *PLoS ONE* dar, dass der letzte Teil der Eileiter neben einigen „Sackgassen" eine eigenartige, im Uhrzeigersinn gedrehte Form besitzt. Dieser Umstand ermöglicht es dem Weibchen, selbst zu entscheiden, ob das Männchen seinen Penis in die Vagina einbringen kann oder unerwünschtes Sperma auf einem Nebengleis abgestellt werden soll – eine Art Wettrüsten zwischen den Geschlechtern. Als Reaktion auf (vergewaltigende) Geschlechtsgenossen und zur Steigerung der Wahrscheinlichkeit einer erfolgreichen Befruchtung nahm die Penislänge bei Erpeln zu, während sich bei den Weibchen als Reaktion auf unfreiwillige Paarung (und lange Erpel-Glieder) eine lange, kompliziert geformte Vagina entwickelt hat, die sie in die Lage versetzt, selbst zu bestimmen, welcher Erpel die kostbaren Eier befruchten darf. Die Männerwahl trifft das Weibchen im Übrigen anhand der Farbe des Schnabels: Je gelber der Schnabel, umso größer die Chance, dass man als Erpel auserkoren wird. Offenbar ist die Schnabelfarbe ein Indikator für den Fitnesszustand des potenziellen Partners und dessen Vermögen, gesunde Nachkommen zu zeugen.

GRAUSAME NATUR?

In der Wahrnehmung des modernen Menschen ist die Natur grausam – nicht nur in der afrikanischen Savanne, in der Hyänen mitleidslos einem vor Schmerzen brüllenden Wiederkäuer langsam die Därme aus dem Leib reißen, sondern auch in und auf den Gewässern in unserer Nachbarschaft. Kaum sind die Vergewaltigungen überstanden und gleiten die Weibchen mit ihrem jungen Nachwuchs über das Wasser, droht schon wieder Ungemach: Möwen, die niedliche Entenküken aus dem Teich picken und schon beim Davonfliegen verzehren, Reiher, die am Ufer zuschnappen, und Hechte, die unter der Wasseroberfläche lauern. Ein Entrinnen gibt es nicht. Und am Ufer schauen der Brot fütternde Mann und seine Kinder zu. Vielleicht doch die Entenhotline anrufen?

PSEUDOPENIS

Von den weltweit etwa 10.000 Vogelarten sind die Männchen von nur 300 mit einem Penis ausgestattet. Bei den übrigen behelfen sich Männchen wie Weibchen mit der Kloake, einer multifunktionellen Körperöffnung, die sowohl der Ausscheidung von Kot und Urin als auch von Eiern und Sperma dient.

Zwei Arten, der Büffelweber *(Bubalornis niger)* und der Alektoweber *(Bubalornis albirostris)*, haben außer einer Kloake auch einen sogenannten Pseudopenis. Dieser steife, fleischige, teils befiederte und durchschnittlich 16 Millimeter lange Stummel befindet sich zwischen den Beinen. Mehr als anderthalb Jahrhunderte hat er Vogelexperten Rätsel aufgegeben. Erst 1983 stellte man nach gründlicher Untersuchung – das Teil wurde durchgeschnitten und mit einem Mikroskop begutachtet – fest, dass er lediglich aus winzigen Gefäßen besteht, die niemals eine Erektion herbeiführen könnten. Außerdem fehlt ein Samenleiter. Kein echter Penis also. Man mutmaßte, dass das Männchen seinen Pseudopenis dazu verwendete, ihn in das Weibchen einzubringen oder ihn mit ihrem viel kleineren Pseudopenis zu verhaken, um die Dauer der Paarung zu verlängern. Nur, gesehen hatte das noch niemand.

Erst um 1990 herum entdeckten der britische Ornithologe Tim Birkhead und seine Kollegen aufgrund exakter Beobachtungen die wahre Funktion des „Organs": Während der Paarung reibt der falsche Penis über die Kloake des Weibchens, und das führt beim Männchen

Büffelweber mit Pseudopenis.
(David Beadle)

nach durchschnittlich etwa einer halben Stunde zu einem heftig vibrierenden Körper und verkrampften Beinen, mit denen er das Weibchen zu sich heranzieht. Orgasmen wie diese wurden bei noch keiner anderen Vogelart je beobachtet.

—

ENTENTESTIKEL

Beim Präparieren von Neuzugängen für die Vogelsammlung des Naturhistorischen Museums von Rotterdam ist es Usus, zuallererst das Geschlecht zweifelsfrei festzustellen. Dafür werden die innenliegenden Geschlechtsorgane freigelegt: Bei einem Ovarium handelt es sich um ein Weibchen, bei Testikeln um ein Männchen. Was sich einfach anhört, ist im Winterhalbjahr vergleichbar mit der Suche nach der Nadel im Heuhaufen. Ganz anders im Frühjahr, wenn die Brutsaison losgeht, die Organe voll ausgereift sind und wie ein Ei aussehen. Bei den Männchen sind die Testikel prall mit Gewebe gefüllt, das Sperma und Testosteron produziert – die Basiszutaten für die Fortpflanzung. Oskar Heinroth, Entenkenner und Begründer der Verhaltensbiologie, wusste bereits 1910: „Schießt man im April einen Stockerpel, so ist man bei der Eröffnung der Bauchhöhle immer wieder erstaunt über die riesige Größe der Hoden, und man versteht sofort die Paarungsgier, mit der sich der Vogel um diese Zeit auf jedes Weibchen stürzt, dessen er ansichtig wird."

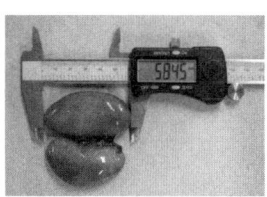

Frisch entnommene Testikel einer am 25. März 2016 verstorbenen Stockente. (KM)

Neuzugang 16-048 ist eine Stockente, ein Verkehrsopfer, am 25. März mausetot von der

Straße aufgelesen. Er hat uns nicht enttäuscht: Der linke Testikel (bei Vögeln immer der größte der beiden Hoden) misst 59 Millimeter und ist über 18 Gramm schwer. Noch nie hatte ich einen größeren Ententestikel in der Hand. Das hat an sich nichts zu bedeuten, wäre da nicht die einschlägige Entenliteratur, in der 51,7 Millimeter und 16 Gramm als Weltrekord verbucht sind. Um die Größe zu veranschaulichen, sollte man wissen, dass der menschliche Testikel eine durchschnittliche Größe von fünf Zentimetern aufweist.

Enttäuschend dagegen sein Penis: Das spiralförmige Organ musste aus dem Unterbauch geholt werden und erreicht gerade mal vier Zentimeter Länge. Ziemlich wenig, wenn man bedenkt, dass bei vielen Erpeln die durchschnittliche Länge im März/April gut und gerne das Dreifache beträgt.

——

DAS MUSEUM FÜR PAARUNGSORGANE

Nachdem sie ein Foto vom imposanten „Penis" eines Hühnerflohs gesehen hatte, nahm Maria Fernanda Cardoso sich vor, eine Koryphäe auf dem Gebiet tierischer Geschlechtsorgane zu werden. Fasziniert von der unglaublichen Formenvielfalt und -komplexität, richtete sie sich mit einer doch sehr ungewöhnlichen Anfrage an das Australian Museum: Für ihr eigenes Museum, MoCO – Museum of Copulatory Organs (das Museum für Paarungorgane), das sie gründen wollte, musste sie Fortpflanzungsorgane von Insekten, Spinnen und Weichtieren bis ins kleinste Detail studieren, um sie schließlich „reproduzieren" zu können. Man hielt Cardoso jedoch für eine völlig durchgeknallte, perverse Künstlerin und verweigerte ihr den Zugang zu den naturhistorischen Sammlungen. Sie gab jedoch nicht klein bei und schrieb an der Universität von Sydney eine Promotionsarbeit mit dem Titel „The aesthetics of reproductive morphology", in der sie einen Zusammenhang zwischen Form, Funktion, Evolution und Ästhetik von tierischen Fortpflanzungsorganen herstellte.

Und genau diese Kombination aus Kunst und Wissenschaft öffnete ihr die Türen: Zahlreiche Wochen verbrachte Cardoso am Elektronenmikroskop im Australian Museum. Detaillierte Aufnahmen von winzigen Geschlechtsorganen von Weberknechten, Wasserjungfern (Libellen) und Pseudoskorpionen inspirierten sie zur Herstellung von stark vergrößerten, aber detailgetreuen Nachbildungen und Abzügen. Das penisähnliche Organ der Wasserjungfer bildete sie in Bronze nach und die Spermienpakete der Pseudoskorpione blies sie aus Glas. Die Fortpflanzungsorgane der Weberknechte formte Cardoso bis ins kleinste Detail mithilfe eines 3-D-Druckers aus Kunstharz. Diese Kunstwerke bilden heute den absoluten Höhepunkt ihrer stetig wachsenden Sammlung und sind auch für die Wissenschaft durchaus hilfreich. Ihr MoCO wurde während der 18. Biennale von Sydney eröffnet.

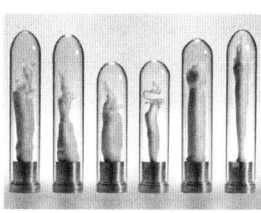

Stark vergrößerte, von Maria Fernanda Cardoso angefertigte Nachbildungen der Geschlechtsorgane von Weberknechten. (Ross Rudesch Harley)

Mit ihrem Werk setzt Maria Fernanda Cardoso eine uralte Tradition fort, die die Nachbildung der mikroskopisch kleinen Geschlechtsteile von Insekten und anderen Gliederfüßern umfasst. Die dreidimensionale Form dieses Körperteils ist oft der einzige Anhaltspunkt zur Bestimmung von Arten, die rein äußerlich sehr große Ähnlichkeiten aufweisen. Die Versuche, Genitalien von toten und vertrockneten Insekten in Museumssammlungen ihre ursprüngliche Größe wiedererlangen zu lassen, bekamen mit der Erfindung des „Phalloblasters", eines pfiffigen Geräts, mit dem verschrumpelte Fortpflanzungsorgane zur eigentlichen Größe erweckt und aufgeblasen werden können, 1997 hilfreiche Unterstützung. Heute ist auch dieses Gerät ein Museumsstück.

—

Die Taube
und die Krähe

Früher konnte ich mich nach einem dumpfen Schlag an einer Fensterscheibe ohne jegliche Eile von meinem Arbeitsplatz entfernen und hinausgehen, um den Vogel, der an der Glasfassade des Naturhistorischen Museums von Rotterdam zu Tode gekommen war, einzusammeln. Eine Goldgrube für einen Konservator: Die Schubladen und Gläser im Depot der Museumssammlung füllten sich stetig mit Amseln, Kohlmeisen, Waldschnepfen, Tauben, Enten und anderen glücklosen Fensteropfern. Seit 2001 jedoch stagniert der Zuwachs, und das nicht nur, weil immer weniger Vögel unsanft mit dem spiegelnden Gebäude in Berührung kommen. Der wahre Grund: Konkurrenz. Immer öfter finde ich tote Vögel ohne Kopf oder mit Verstümmelungen anderer Art. Lange Zeit blieb die Ursache dieses Phänomens im Dunkeln.

Anfänglich dachte ich, Schädelsammler wären hier am Werk gewesen, denn die Enthauptungen waren mit beinahe chirurgischer Präzision, also mit Skalpell oder Schere, ausgeführt worden. Letztlich musste ich aber erkennen, dass ich da zu weit gedacht hatte: Rabenkrähen (*Corvus corone*) sind die Täter, die sich zunehmend als Stadtvögel verhalten und sich im Museumpark niedergelassen haben. Sechs an der Zahl sind es – ein Pärchen und einige vagabundierende Junggesellen –, die die Glasfassade als zuverlässigen Futterplatz entdeckt haben. Auf einem kahlen Baumwipfel warten sie in Lauerstellung, um dann nur wenige Sekunden nach dem

Die Rabenkrähe steigt mit dem Kopf der Taube im Schnabel auf
und lässt die Taube sterbend zurück. (KM)

Aufprall eines Vogels an der Fassade neben der Leiche zu erscheinen. Bei kleinen Vögeln habe ich sowieso das Nachsehen und größere Fensteropfer werden im Nu verstümmelt. Manchmal denke ich, dass sie mich und mein Sammelverhalten längst durchschaut haben und sich deshalb so beeilen. Die Krähen haben jedoch noch einen weiteren Standortvorteil: Anders als ich müssen sie sich nicht an Bürozeiten halten. Was die Aaskrähen schließlich übrig lassen, kommt für die Museumssammlung nicht mehr in Betracht. Auffällig ist schon, dass die meisten Vögel nur geköpft wurden – ein Phänomen, das mich seitdem sehr beschäftigt. Irgendwann habe ich angefangen, Buch darüber zu führen, welche Vögel den Krähen wann und wie zum Opfer gefallen sind. Die Analyse dieser Datensammlung steht noch aus, aber eine vorläufige Einschätzung lässt den Schluss zu, dass die Enthauptungen nur die etwas größeren Vögel (Tauben, Waldschnepfen, Amseln und Spechte) betreffen und dieses Verhalten überwiegend im Sommer und Spätsommer auftritt: In den Monaten Juni, Juli, August und September belassen die Krähen es in über 80 Prozent der Fälle bei Enthauptungen, während sie in den restlichen Monaten die Kadaver oftmals schon an Ort und Stelle rupfen und auch größtenteils vertilgen.

AKTIVE STERBEHILFE

Lange hat es gedauert, bis ich überhaupt beweisen konnte, dass die mysteriösen Enthauptungen auf das Konto von Rabenkrähen gehen. Bis zum 3. Juni 2004, um genau zu sein – dem Tag, an dem ich Zeuge eines besonderen Falles von Krähenpiraterie wurde. Um 12.51 Uhr hörte ich den inzwischen vertrauten dumpfen Schlag an der Fensterscheibe. Sofort öffnete ich das Fenster meines Büros und erkannte, dass auf dem mit Gänseblümchen übersäten Rasen vor dem Museum eine Ringeltaube (*Columba palumbus*) saß. Mit leicht ausgebreiteten Flügeln und etwas eingeknickten Beinen machte der Vogel einen benommenen Eindruck. Aus dem Augenwinkel nahm ich einen zweiten Vogel auf dem Rasen wahr – eine Rabenkrähe, keine zehn Meter von der Taube entfernt. Mir schwante sofort Böses und aus jahrelanger Erfahrung wusste ich, dass solche Fälle minutiös aufgezeichnet werden müssen. Also sprintete ich mit der Fotokamera in der Hand ein Stockwerk hinunter in den großen Ausstellungssaal, dessen Fenster mir freie Sicht auf den Rasen ermöglichten. Die Krähe war bereits bei der Taube angekommen und ging, ohne auch nur eine Sekunde zu zögern, besonders effektiv vor: Erst zupfte sie ein paar Federn aus dem Genick der Taube, dann hackte sie mit ihrem großen Schnabel dreimal gezielt auf die Stelle und köpfte ihr Opfer kurzerhand. Anschließend flog sie mit dem Kopf in ihrem Schnabel auf und davon und ließ die sterbende Taube allein zurück. Die ganze Aktion einschließlich des Aufpralls der Taube an der Fensterscheibe dauerte höchstens zwei Minuten, die Enthauptung an sich nicht mal zehn Sekunden. Es ging so schnell, dass ich gerade mal ein einziges Foto davon machen konnte.

Die Frage, die mich im Anschluss daran beschäftigte, war, ob die Taube ohne Zutun der Krähe, sprich mit Kopf, überlebt hätte. Hatten wir es hier mit einem brutalen Mord oder mit aktiver Sterbehilfe zu tun? Von seinem Seziertisch aus konnte mein guter Freund Erwin Kompanje, ein erfahrener Vogelpathologe und im Hauptberuf Ethiker, die Frage beantworten. „Was für eine Verwüstung", sagte er kopfschüttelnd, während er mit einem Tupfer Blut zwischen den Organen entfernte. „Diese Taube wurde rasch von ihrem Leiden erlöst, ein Paradebeispiel aktiver, unerbetener Sterbe-

hilfe." Mit der Spitze seines Skalpells deutete mein Freund auf einen Bruch im Brustbein, ein geprelltes Herz und zwei große Risse in der Leber, alles Folgeverletzungen des Zusammenstoßes, an denen die Taube schon nach kurzer Zeit gestorben wäre. So gesehen hatte die Krähe aus ethischer Sicht absolut verantwortungsbewusst gehandelt.

Auch ohne Kopf erhielt die Ringeltaube einen Platz in der Museumssammlung, und zwar mit der Katalognummer NMR 9989-01827 – als trockene Haut (Balg) mit den Eingeweiden in 70-prozentigem Alkohol

Eine der Krähen aus dem Museumpark wartet an ihrem Stammplatz in einem Baum auf das nächste Fensteropfer. (KM)

konserviert. Der Text auf dem Schildchen lautet: Rotterdam, Museumpark, 3. Juni 2004; junges, erwachsenes Weibchen, Ovarium nicht entwickelt; Mageninhalt: frische Eichenblätter; Flügel 253 mm, Schwanz 160 mm; Gewicht 412 Gramm (ohne Kopf).

DER SINN DER ENTHAUPTUNGEN

Die oben beschriebene Beobachtung ist außergewöhnlich, denn die meisten Rabenkrähen essen Wirbellose, Aas (Teile von toten Tieren), Vogeleier, pflanzliche Kost aller Art und ab und an auch mal lebendige Jungvögel oder kleine Säugetiere, die sie selbst erbeutet haben. Als Prädator von relativ großen, erwachsenen Ringeltauben treten sie eher selten in Erscheinung – lediglich fünf dokumentierte Fälle sind mir bekannt, bei denen es sich in drei Fällen ebenfalls – und das ist durchaus bemerkenswert – um Enthauptungen handelte.

Der erste dokumentierte Fall stammt aus dem Jahr 1946 und ereignete sich in Swindon, England: Dort attackierte eine Krähe eine Taube im Flug, zwang diese zu landen und erlegte sie. Ob die Krähe die Taube vertilgte, wurde leider nicht überliefert. 1950 folgte der zweite Fall, wiederum in England. Am 4. Januar retteten zwei Naturforscher eine Taube aus den Fängen von drei Rabenkrähen, welche die Taube kurz davor mit vereinten Kräften in der Luft abgefangen und zum Absturz gebracht hatten. Genutzt hat ihr Eingreifen jedoch nichts, denn kurze Zeit später mussten sie die verstümmelte Taube von ihren Schmerzen erlösen. Mehr als 30 Jahre später, am 18. Mai 1982, sah ein aufmerksamer Vogelbeobachter im St. James's Park in London, wie eine Ringeltaube einer übergriffigen Rabenkrähe in letzter Sekunde entkommen konnte, indem sie auf dem Wasser landete.

Spätere Beobachtungen von Interaktionen zwischen Rabenkrähen und Ringeltauben betrafen ausnahmslos Enthauptungen. Im Januar 1985 wurde in der Nähe des belgischen Ortes Ohain eine Rabenkrähe dabei beobachtet, wie sie eine Taube im Flug 400 Meter lang verfolgte, zu Boden zerrte und – während das Opfer um sein Leben kämpfte – zu rupfen begann. Schließlich setzten ein paar kräftige Schnabelhiebe auf den Schädel dem

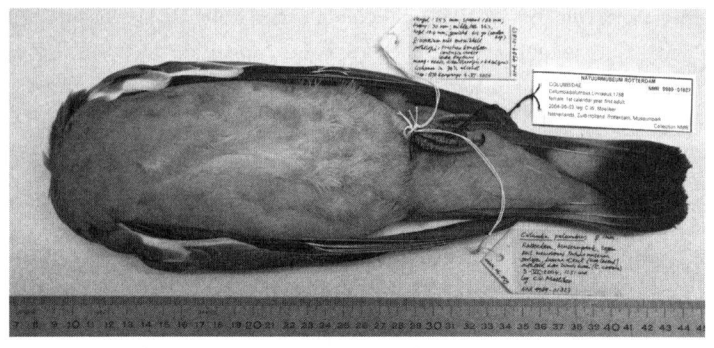

Die geköpfte Ringeltaube befindet sich mit Katalognummer
NMR 9989-001827 in der Sammlung des Naturhistorischen
Museums von Rotterdam. (KM)

Leben der Taube ein Ende. Eine Stunde später fand der Beobachter den kopflosen Leichnam der Ringeltaube im mit Blut verschmierten Schnee. Erstaunlicherweise war der Rest des Kadavers vollkommen intakt geblieben. Wie im Museumpark von Rotterdam hatte die Rabenkrähe saubere Arbeit geleistet.

Erst 2004 wurde wieder von köpfenden Rabenkrähen berichtet: In der französischen Vogelzeitschrift *Alauda* beschrieb René Damery ausführlich seine Beobachtungen im Parc des Buttes Chaumont im 19. Stadtbezirk von Paris. Bei einer Vogelzählung in jenem Stadtpark in den Jahren 1991 und 1992 hatte er mehrere enthauptete Ringeltauben gefunden, alle ohne weitere erkennbare Verletzungen. Auch hier waren die Täter schnell ausgemacht: Rabenkrähen. Sie jagten die Ringeltauben regelrecht, meist im Flug, und wie im Museumpark von Rotterdam nahmen sie anschließend nur den Kopf mit. Mehr als zehn Jahre später war Damery, diesmal auf dem Pariser Friedhof Pantin, wiederum Zeuge einer Enthauptung: Mit vereinten Kräften setzte dort ein Krähenpärchen einer Ringeltaube zu, und zwar so, dass eine der beiden Krähen die Taube mit lautem Gekreische ablenkte, sodass die andere die Taube aus dem Hinterhalt überraschen, auf deren Rücken springen und sie mit acht bis zehn Schnabelhieben auf den Schädel töten konnte. Danach wurde die Taube enthauptet und die Krähen verschwanden mit dem Kopf.

Lange zerbrach ich mir den Kopf darüber, was genau die Rabenkrähen in Paris und Rotterdam mit den Taubenköpfen wohl angestellt und warum sie den restlichen Kadaver einfach verschmähten hatten. Obwohl ich so etwas noch nie gesehen habe, vermute ich, dass die Krähen die Köpfe irgendwo als Nahrungsvorrat verstecken. Dieses Verhalten ist typisch für Rabenvögel, wobei es sich in den meisten Fällen um von Menschen hinterlassene Essensreste oder Samen, Früchte sowie Nüsse handelt. Ein Vogelkopf ist ein übersichtlicher, gut zu transportierender und energiereicher Snack (Gehirngewebe ist extrem fettreich) und weist, was die Form angeht, Ähnlichkeiten mit gängiger Nahrung auf. Mit ihrem schweren, dolchähnlichen Schnabel können Rabenkrähe einen Vogelkopf sehr rasch und effektiv vom Rumpf trennen, was ihnen einen deutlichen Vorteil gegenüber

Während ihres Zugs im Frühjahr und Herbst verlieren unzählige
Waldschnepfen ihr Leben an den Glasfassaden moderner
Gebäude. (KM)

Konkurrenten (Artgenossen, anderen Aasvögeln) verschafft. Das Rupfen, Öffnen und Zerreißen eines toten Vogels kostet deutlich mehr Zeit und die Beuteteile lassen sich bei Weitem nicht so einfach transportieren und verstecken. Die Tatsache, dass Rabenkrähen im Museumpark ihre Enthauptungen mit Vorliebe im Sommer und Spätsommer vornehmen, lässt sich wohl damit erklären, dass das Nahrungsangebot in dieser Zeit deutlich höher ist als sonst (da in diesen Monaten mehr unerfahrene Jungvögel an der Glasfassade ihr Leben lassen) und sie es sich leisten können, wählerisch zu sein. Dagegen finde ich in den Wintermonaten viel mehr abgefressene Vogelgerippe.

TÖDLICHES GLAS

Obwohl ich der gläsernen Fassade des Museumsbaus zahlreiche Beobachtungen von außergewöhnlichem Tierverhalten und noch mehr Exponate für die Museumssammlung verdanke, da die meisten Vögel den Zusammenstoß mit ihr nicht überleben, stört es mich sehr, dass das Gebäude so viele Opfer fordert. Die Anbringung von Greifvogelsilhouetten half nichts und auch die großflächige Beklebung mit Folien und Buchstaben führte letztlich nicht zum Rückgang der Opferzahlen. Das Verhalten der Vögel lässt darauf schließen, dass sie transparentes und spiegelndes Glas nicht erkennen, geschweige denn verstehen. Sie sehen nur einen Durchgang, eine Flugroute, und stoßen, wenn ihr Lebensraum oder die Luft sich im Glas widerspiegeln oder Flugrouten durch Fensterglas unterbrochen werden, einfach dagegen.

Seit mehr als 40 Jahren erforscht der US-amerikanische Professor Daniel Klem Jr das Thema Zusammenstöße von Vögeln mit Glas und stellte fest, dass Glas die häufigste von Menschenhand herbeigeführte Todesursache bei Vögeln ist. Seinen Berechnungen zufolge überlebt allein in Nordamerika jährlich eine Milliarde Vögel den unsanften Aufprall an Fensterglas nicht. Wie das Bauwerk genau aussieht, macht dabei keinen Unterschied: Ob die Glasfassade eines normalen Wolkenkratzers oder ein Wohnviertel mit niedrigen Bauten, 200 Opfer täglich sind in beiden Fällen zu beklagen.

Klem sagt ausdrücklich dazu, dass die Schätzung noch „vorsichtig" sei. Auf die ganze Welt hochgerechnet, ist die Zahl so astronomisch hoch, dass ich mich frage, ob überhaupt noch Vögel übrig bleiben, die einfach aus Altergründen in irgendeiner stillen Ecke ableben. Zum Glück lassen sich die Zahlen relativieren: Die eine Milliarde Opfer in Nordamerika entspricht „lediglich" fünf Prozent der schätzungsweise 20 Milliarden Vögel, die jenen Kontinent bevölkern. Eine weitere Milliarde tote Vögel geht auf das Konto von Hauskatzen, 120 Millionen Vögel fallen Jägern zum Opfer und 60 Millionen Opfer jährlich fordert schließlich der Verkehr.

In den Niederlanden wurden erstmals vor einem halben Jahrhundert Studien zu tödlichen Zusammenstößen von Vögeln mit Fensterglas durchgeführt, unter anderem um die Zahl der Fensteropfer unter Amseln zu ermitteln. Unter der Prämisse von einer toten Amsel pro „Haus mit Garten" und unter Berücksichtigung der Volkszählung vom 30. Juni 1956 kamen die Wissenschaftler landesweit auf 200.000 bis 300.000 tote Amseln. Beunruhigende Zahlen, zumal die Bebauungsdichte in jener Zeit noch relativ gering war, Hochbau kaum existierte und Glas als Baumaterial noch wenig genutzt wurde.

Lösungen zu finden, ist nicht einfach. Das Bekleben von Fensterglas mit Aufklebern jeglicher Form oder Art (Greifvogelsilhouetten sehen zwar nett aus, sind aber nicht effektiver als andere Aufkleber) zeigt nur dann Wirkung, wenn die Zwischenräume zwischen den Aufklebern höchstens zehn bis 15 Zentimeter betragen und die Aufkleber selbst nicht größer sind als eine menschliche Hand. Besser und auch billiger wäre es, die Fensterscheiben einfach wie eine Schultafel schwarz zu färben. Heutzutage gibt es ein in Deutschland entwickeltes und hergestelltes Fensterglas (Ornilux) auf dem Markt, das Vögel dank der Verwendung eines für Menschen unsichtbaren, ultravioletten Streifenmusters besser wahrnehmen und diese so vor Zusammenstößen schützt. Ebenfalls wirksam ist die Anbringung der Fensterscheiben in einem Winkel von 20 bis 40 Grad (statt 90). So wird weniger Licht reflektiert und geht die Opferzahl zurück. Eigentlich alles Lösungen, die Architekten bereits in der Planungsphase eines Gebäudes berücksichtigen sollten. Der wichtigste Nachteil von speziellem „Vogelglas" gegenüber herkömmlichem Fensterglas sind die vergleichsweise hohen Kosten.

KRÄHE ALS VOGELSCHEUCHE

Für die Glasfassade des neuen Pavillons des Naturhistorischen Museums von Rotterdam kam die Lösung für das Problem aus ganz unerwarteter Ecke: Im April 2006 stiftete der niederländische Künstler Florentijn Hofman, der mit kolossalen Kunstwerken für den öffentlichen Raum Berühmtheit erlangt hat, dem Museum ein sechs Meter hohes Kunstwerk mit dem Titel *Zwarte Kraai* (Rabenkrähe). Diese riesige, detailgetreue Ausführung einer Rabenkrähe aus Metall erhielt einen Platz auf dem Rasen neben dem Neubau. Dort dient er nicht nur als Verschönerung

Seit 2006 dient die neben dem Naturhistorischen Museum von Rotterdam aufgestellte Metallskulptur einer Rabenkrähe des Künstlers Florentijn Hofman als Vogelscheuche. (KM)

des Museumparks, sondern auch als riesige Vogelscheuche. Aus meinen Statistiken ergibt sich, dass die Zahl der fliegenden Fensteropfer seitdem kräftig zurückgegangen ist, was durchaus auf die Anwesenheit der Metall-Krähe zurückgeführt werden kann. Dass sich die köpfenden Rabenkrähen in keinster Weise von ihrer metallenen Artgenossin beeinträchtigt fühlen, zeigte der 29. August 2007. An jenem Tag stieß eine junge, vielversprechende Krähe gegen die Fassade und starb sofort. Zum Glück konnte ich sie rechtzeitig, mit Kopf, für die Museumssammlung sicherstellen.

—

SCHLINGENSITTICH

Während meines täglichen Rundgangs durch den Museumpark gilt meine besondere Aufmerksamkeit einigen alten Ulmen. Einer der Bäume, ein stark verästeltes Exemplar mit großen Höhlen, ist im Frühling die Heimat von Dohlen (*Corvus monedula*), die dort emsig mit Nistmaterial umherfliegen. Ende Februar zeigte ein Pärchen Halsbandsittiche (*Psittacula*

Versehen mit der Katalognummer NMR 9989-003446 erhielt der Schlingensittich einen Platz in der Sammlung des Naturhistorischen Museums von Rotterdam. (KM)

krameri) – ebenfalls Höhlenbrüter – Interesse an einer der Höhlen. Die knallgrünen Krummschnäbel verweilten immer öfter und länger in den Ulmen und ich vermutete, dass das Pärchen bereits eine der Baumhöhlen besetzt hatte. Einige Tage später wurde jedoch klar, dass sich dort oben ein Drama zugetragen hatte. Denn knapp unterhalb einer Höhle baumelte ein lebloser Sittich im Wind, während ihn der hinterbliebene Partner, der sich an einem anderen Platz im Baum aufhielt, trauernd und leise beobachtete. Durch das Fernglas konnte ich erkennen, dass der tote Vogel keinen Kopf mehr besaß. Wie und warum der tote Halsbandsittich dort hing, war zunächst ein Rätsel.

Mithilfe eines mobilen Hebekrans gelang es mir, den toten Vogel in etwa zehn Meter Höhe zu bergen. Es stellte sich heraus, dass der arme Sittich, ein Weibchen, mit seinem Kopf in eine Schlinge aus Nestmaterial geraten war und sich so stranguliert hatte. Vom Kopf war allerdings nur noch ein Schädelfragment übrig geblieben. Vermutlich hatten sich die Dohlen am Gehirn des Sittichs gütlich getan.

—

ENTENABSTURZ

„Heute Abend war ich mit meinem Fahrrad in Den Haag unterwegs, als genau in dem Moment, als ich eine Straße überquerte, etwa zehn Meter vor mir eine Ente senkrecht vom Himmel fiel und auf die Straße krachte." Eva Lemaier beobachtete das Drama mit Entsetzen: „Die Ente lag auf einer Seite und drehte sich zwei bis drei Minuten lang immer wieder um die eigene Achse, versuchte aufzustehen und sank schließlich langsam zu Boden, wo sie leblos liegen blieb." Per E-Mail erhielt ich ein Foto vom Opfer und dazu die ängstliche Frage: „Hätte mir dieser Absturz zum Verhängnis werden können?"

Das zu beurteilen, steht mir als einfachem Biologe nicht zu. Aber der Schlag, den die herabstürzende Ente auf den Kopf verursacht hätte, hätte gewiss traumatische Folgen gehabt. Allerdings ist in der medizinischen Fachliteratur kein einziger Fall bekannt, bei dem herabstürzende Vögel tödliche Kopfverletzungen bei Menschen verursacht hätten. Dagegen können aus Bäumen herabfallende Kokosnüsse (so schwer wie ein Erpel, nur härter) sich durchaus tödlich auswirken (wie ein Bericht in *The Journal of Trauma* aus dem Jahr 1984 beweist). Sogar aus dem Wasser hüpfenden Hornhechten gelang es, (oberhalb der Augenhöhle) tödliche Hirnverletzungen zu verursachen. Zum Glück konnte Eva ihre Fahrt ohne Verletzungen fortsetzen. Hätte sie den freien Fall der Ente mit ihrem Kopf gestoppt, wäre der Vogel jedoch höchstwahrscheinlich mit dem Schrecken davongekommen.

In dem satirischen Dokumentarfilm *Animalicious* aus dem Jahr 1999 präsentiert der Produzent und Regisseur Mark Lewis fünf Fälle, in denen Menschen von der Begegnung mit Tieren dramatisch betroffen waren. Absoluter Höhepunkt ist die Geschichte der Engländerin Mhairi Kent. Nachdem ihr eine herabstürzende Ente auf den Kopf gefallen war, wurde sie von einem herbeieilenden Streifen-

In Den Haag fiel diese Stockente tot vom Himmel. (Eva Lemaier)

polizisten der Wilderei bezichtigt. Und als sie später blutüberströmt im Krankenhaus erzählte, was passiert war, und dort um Hilfe bat, wurde sie vom Krankenhauspersonal auch noch ausgelacht.

—

Fleißige
Nestbauer

S eitdem ich bei einer Dame war, die mir telefonisch gemeldet hatte, dass „riesige Mengen von großen, grünen Insekten an der Wand und auf der Fensterbank herumkrabbeln", ich aber vor Ort nicht mal eine Fruchtfliege angetrofen habe, bin ich etwas vorsichtig bei Menschen, die dem Museum mitteilen, sie hätten ein schönes Exponat für die Sammlung anzubieten. Zum Beispiel in diesem Fall: „Auf einem Öltank in der Esso-Raffinerie haben wir ein eisernes Nest gefunden. Können Sie vorbeikommen, um es abzuholen?" Ein Vogelnest aus Eisen? In diesem Fall war meine Neugier allerdings stärker als meine Skepsis und so sputete ich mich, zum Europoort, dem Hafen und Industriegebiet Rotterdams, zu gelangen.

DAS EISERNE NEST

Ein rauer Sturm peitschte den Regen über das Gelände der Raffinerie und machte die Gegend noch abweisender, als sie ohnehin schon ist. Und der Sicherheitsfilm, den ich mir vor Betreten des Geländes ansehen musste, war auch nicht gerade unterhaltsam. Dass ich bei all dem nicht trübsinnig wurde, lag auch an Cor van Brug, der mich in Sachen Nest kontaktiert hatte und mich mit großer Begeisterung an einem Wirrwarr aus Rohren, Destillationstürmen, Absperrventilen, Umformmaschinen und rot glühenden

Das eiserne Taubennest in der Sammlung des Naturhistorischen Museums von Rotterdam (NMR 9989-002470) zeigt auf beeindruckende Weise die Anpassungsfähigkeit von Tauben im Falle vegetationsloser Nistplätze. (KM)

Ofen vorbeiführte. Die Spannung stieg – nur noch am Flexicoker, dem Paradepferd der Raffinerie, vorbei und dann wären wir angekommen, an der Werkstatt, in der sich das Nest befand. Es war zwar nicht der 1. April, aber vor meinem geistigen Auge sah ich schon ein altes, rostiges Bettgestell – es wäre ein gelungener Scherz gewesen.

Zum Glück erwies sich mein Argwohn als unbegründet: Es handelte sich tatsächlich um eine ernsthafte Meldung. Überreicht wurde mir das stachelige Bauwerk von den beiden Findern Gerard de Bruin und Ben Elfring. Es stank unverkennbar nach Taubenkot und weiße Eierschalen bestätigten meine Vermutung, dass es sich bei den fleißigen Nestbauern um Stadttauben (*Columba livia domestica*) handelte. Das Nest bestand aus Stahldraht, Maschendraht und einer beträchtlichen Menge getrocknetem Kot, der es zu einem stabilen Gebilde hatte werden lassen. Die Außenabmessungen (20 x 40 x 40 Zentimeter) und die Kotmenge (Gesamtgewicht 1100 Gramm) deuteten darauf hin, dass das Nest bereits älteren Datums war. In der Regel begnügen sich Tauben für die Einrichtung ihrer Nester mit ein paar Zweiglein (oder etwas Eisendraht), legen meistens zwei Eier und polstern das Gebilde im Laufe der Brutzeit mit eigenem Abfall aus. Bei Wiederverwendung wird das Nest meist nur etwas renoviert und sie koten fröhlich weiter. So erhält ein Nest im Laufe der Zeit seine Form und die Festigkeit, die auch das gefundene aufwies.

Unterwegs zum Fundort des Nestes erblickte ich auf dem ganzen Gelände nur fünf Tauben, die ausnahmslos trocken und warm unter einem gigantischen dampfenden Leitungsrohr auf besseres Wetter zu warten schienen. Cor gestand mir, dass sie

Der Fundort des eisernen Taubennests: Destillationsturm 6702 der Esso-Raffinerie im Rotterdamer Hafen. (KM)

den Tauben ab und zu Futter gaben, „denn hier gibt es rein gar nichts Fressbares". Gleiches galt für das Material, aus dem Tauben normalerweise ihre bescheidenen Nester errichten – ein paar lose Zweiglein: Von einigen Rasenflächen abgesehen war das Raffineriegelände frei von jeglicher Vegetation. Der Fundort des Nestes hieß Destillationsturm 6702 und befand sich in jenem Bereich der Anlage, in dem Wasserstoff hergestellt wird. Erbaut hat das Taubenpaar sein Nest unter einem kleinen Vorsprung, zwischen einem Absperrventil und dem Turmmantel, in mehr als zehn Metern Höhe. Es wurde während Schweißarbeiten entdeckt, und da seine Anwesenheit dort gegen die Sicherheitsvorschriften verstieß, musste es entfernt werden. Dank der Umsicht der Schweißer, die das Bauwerk aufbewahrten, ist das Taubennest heute ein Top-Exponat in der Sammlung des Naturhistorischen Museums von Rotterdam – eine Ikone urbaner Natur.

Nichts und niemand hat die Tauben davon abhalten können, in dieser Wüste aus Stahl und Beton Nachwuchs zu zeugen und aufzuziehen: weder der Dauerlärm noch der ätzende Geruch nach faulen Eiern oder der Mangel an kalten Pommes oder anderen Abfällen menschlichen Ursprungs, mit denen sich Stadttauben normalerweise über Wasser halten. Sie begnügten sich mit dem, was da war, und bauten ihr Nest mit Material, das verfügbar war: Stahldraht und Maschendraht. Ein paar kleine Daunenfedern deuteten darauf hin, dass im Nest tatsächlich Jungvögel aufgezogen worden waren. Man stelle sich das mal vor: So ein hilfloses kleines Wesen, gerade aus dem Ei geschlüpft, kaum mehr als ein Embryo groß, mit völlig kahler, rosafarbener Haut, zwischen den spitzen Enden aus Stahldraht. Das Verletzungsrisiko muss enorm gewesen sein.

Die Verwendung von nicht natürlichem Nistmaterial ist nicht ungewöhnlich, vor allem Stadtvögel bedienen sich jeglichen Materials, das sie vor Ort antreffen. So statten Tauben in Amsterdam ihre Nester mit Vorliebe mit Pommesgabeln aus, Amseln bevorzugen eher Plastiktüten und es wurden Nester von Silbermöwen gesichtet, die mit Nägeln gespickt waren.

EIN NEST AUS BUNTEM PLASTIK

Auch urbane Blässhühner errichten ihre Nester gerne aus Abfall aller Art. Das wusste auch Semâ Bekirović, 1977 auf einem Hausboot auf dem Amstel-Fluss in Amsterdam geboren. Zeitlebens schaute sie den Blässhühnern (*Fulica atra*) fasziniert beim Nestbau zu. Eines Tages untersuchte sie ein verwaistes Nest und entdeckte, dass die einstigen Bewohner eine Kreditkarte als Baumaterial verwendet hatten. Für den Menschen wertvoller Kunststoff, für den Wasservogel schnödes Nistmaterial. Bei der Fotografin löste der Fund ein Nachdenken über Vergänglichkeit und Wandel aus, über Dinge, die irgendwie und irgendwann eine neue Funktion erhalten. So beschloss Semâ, ein einmaliges Experiment durchzuführen: Würde es ihr gelingen, ein Blässhuhnpärchen dazu zu bewegen, ein Nest zu bauen, dass ausschließlich aus von ihr aussortierten (aber lieb gewonnenen) Sachen bestand? Unbelastet von profundem Vogelwissen aus irgendwelchen Büchern – „Für den Nestbau verwenden Blässhühner Zweige oder getrocknete, hartfaserige Wasserpflanzen wie Schilfrohr oder Rohrkolben", wie es offiziell heißt –, aber mit der Erkenntnis ausgestattet, dass urbane Blässhühner gerne auf lokal vorhandenen Abfall als Nistmaterial zurückgreifen, suchte Semâ ein geeignetes, bereits im Bau befindliches Nest. Es war kein leichtes Unterfangen, wie sich herausstellte: „Ich fing an, Dinge bei einem Nest zu hinterlassen, das bereits im Bau war, aber die Strömung war so stark, dass das gelieferte Baumaterial abtrieb, bevor die Blässhühner Notiz davon nahmen." An einer anderen Stelle am Fluss, in Höhe der Cult Videotheek unweit des Platzes Waterlooplein, fand Semâ schließlich die perfekte Stelle für ihr Experiment: ein kleines Floß zwischen zwei Hausbooten, das ein Blässhuhnpärchen bereits als Standort für sein Nest auserkoren und dazu Zweige und Abfall zusammengetragen hatte. Praktischerweise zeigte sich, dass eines der beiden Blässhühner (das Männchen, wie sich aus der Führungsrolle bei Auswahl und Transport des Nistmaterials schließen ließ) an einem fotogenen genetischen Defekt – Leuzismus genannt – litt, der dazu führt, dass Teile des (ansonsten schwarzen) Gefieders nicht pigmentiert sind. Der Volksmund hätte es fälschlicherweise als „Albino" bezeichnet.

Für den Nestbau griff ein Blässhuhnpärchen in Amsterdam
dankbar auf die persönlichen Gegenstände von Semâ Bekirović
zurück. (Semâ Bekirović)

In den Monaten Mai und Juni 2006 fuhr Semâ sechs Wochen lang zweimal täglich („außer wenn es regnete") zu ihren Blässhühnern, um ihr persönliches Baumaterial beim Floß abzuliefern: Tierfiguren aus Kunststoff,
Filzstifte, Familienfotos, ein ausgeschnittenes Krokodil, türkische und uk-
rainische Banknoten, Palmen aus Plastik, Nacktfotos, Küchenhandschuhe,
alte Weihnachtskarten, Negative, Strohhalme in unterschiedlichen Farben,
alte Zahnbürsten („die hebt mein Vater immer auf"), Fähnchen, ein kleines
Origami-Kunstwerk, ein ausgeschnittenes Bild von der Künstlerin Barbara
Visser („ich bewundere ihre Arbeit"), eine Perlenkette und so weiter. Ganz
die freie Wahl hatten die Blässhühner allerdings nicht, denn die Dinge, die
Semâ am meisten am Herzen lagen, stattete sie mit einem Stückchen Brot-
rinde aus. Natürlich hielt sie die Aktion fotografisch fest.

Sukzessive entwickelte sich das Nest zu einem imposanten Bauwerk
aus Zweigen, buntem Kunststoff, Nippes und merkwürdigen Bildern. „Für
die Blässhühner zählt nur, dass das Baumaterial praktisch ist, ihr Gefühl
für Ästhetik ist eher eigenwillig", so Semâs Fazit. „Neben meinen schönen Dingen wie den grauen und rosafarbenen Strohhalmen und orange-
farbenen Handschuhen schleppten sie auch enorme Mengen an lokal vor-
handenem Unrat zum Nest." Dass das bunte Nest offenbar auch Passanten
berührte, entging dem scharfen Blick der Fotografin nicht: „Eines Tages
entdeckte ich im Nest einen Haarreif mit rosafarbenen Herzen, der nicht
von mir stammte."

—

KNOPFVÖGEL

Das Grasland in Gebirgsregionen im südlichen Teil Afrikas
ist der Lebensraum des Glattnackenrapps (*Geronticus calvus*). Seines schmackhaften Fleisches wegen wurde der Vogel
so stark bejagt, dass der Bestand heute als gefährdet gilt. Die
Entdeckung einer bis dahin unbekannten Kolonie von sechs
Brutpaaren in der Nähe von Pietersburg (heute Polokwane) in
der südafrikanischen Provinz Transvaal, galt 1972 als Sensa-

tion. Bei seiner Feldarbeit machte Peter le Sueur Milstein noch eine weitere erstaunliche Entdeckung: Rund um die Nester war der Boden mit Knöpfen übersät. Im Fachblatt *Bokmakierie* berichtete er ausführlich über seinen Fund und untermauerte diesen mit einem ganzseitigen Bild, das direkt aus dem Katalog eines Knopffabrikanten hätte stammen können. Nicht weniger wichtig war die Feststellung, dass außerhalb der Kolonie keine Knöpfe am Boden lagen und solche in der entlegenen afrikanischen Natur sowieso eine seltene Erscheinung waren. Das ließ den Schluss zu, dass die Rappen die Knöpfe mitgebracht hatten.

Reste von Käferpanzern, mit denen einige Knopflöcher gefüllt waren, deuteten darauf hin, dass die Rappen die Knöpfe erst verschluckt und später wieder hervorgewürgt hatten. Wahrscheinlich hatten die Vögel die Knöpfe für Laufkäfer, ihre wichtigsten Beutetiere, gehalten. In seiner Studie „More bald ibis buttons" aus dem Jahr 1974 wartete der Ornithologe mit einigen Zahlen auf: 156 Knöpfe in der Größe von 10 bis 23 Millimetern hatte er gefunden (die durchschnittliche Größe belief sich auf 14,8 Millimeter). Der extrem hohe Erfolgsdruck – die Vorliebe von Rappen für eine bestimmte Beute, in diesem Fall Knöpfe – führte zu weiteren Irrtümern. Mangels Knöpfen nahmen die Vögel auch mal mit einem Bierdosenverschluss oder der Kappe einer Zahncremetube vorlieb.

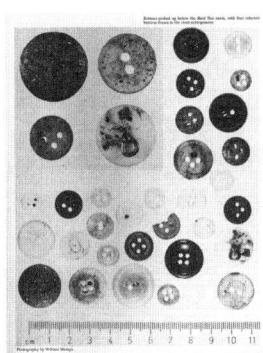

Von Glattnackenrappen gesammelte Knöpfe im südafrikanischen Grasland. (William Massyn)

DAS LEID DES BLÄSSHUHNS

Den Blässhühnern gefällt es in den Städten. An den meisten Grachten Rotterdams befinden sich gleich mehrere Nester, die in der Regel aus Zweigen und Straßenabfällen bestehen. Der Mindestabstand zwischen den Nestern beträgt etwa 40 Meter, und die Zahl der Nester hängt offenbar davon ab, ob sich in der Nähe Schilf, ein Steg, ein ausgedienter Einkaufswagen oder etwas anderes befindet, das dem Nest Halt bieten kann. An der Gracht Westersingel im Herzen der Stadt hatte ein Blässhuhn-pärchen sein Nest an einem Brunnen befestigt – bombenfest. Ein anscheinend idealer Ort ... wäre da nicht der Springbrun-nen gewesen. War der in Betrieb, prasselte das Wasser unauf-haltsam und mit großer Wucht auf das Bauwerk nieder. Solange es noch kein Gelege gab, hätten die armen Kerle noch Zeit ge-habt, sich eine andere Bleibe zu suchen, was sie aber nicht ta-ten. Während eines der beiden Blässhühner standhaft dem nie-derprasselnden Wasser trotzte, schleppte das andere wegge-spültes Baumaterial wieder zum Nest zurück. Der Brutversuch war zum Scheitern verurteilt.

Ein Blässhuhnweibchen in seinem Nest auf einem Springbrunnen; Rotterdam, Mai 2009. (KM)

Anwohner, die das Leid der Blässhühner nicht länger mit-ansehen wollten, stießen mit ihrem Anliegen, den Spring-brunnen vorübergehend außer Betrieb zu setzen, bei den Stadtwerken auf Ablehnung. Bei einer Brutdauer von etwas mehr als drei Wochen und weiteren vier Tagen, an denen die Jungen noch im Nest verweilen, wäre es um lediglich einen Monat gegangen ...

Als die Bürgerproteste anhielten, stellte man das Wasser für den Springbrunnen schließlich doch vorübergehend ab, was wiederum Fischliebhaber auf den Plan rief, die zu Recht anprangerten, dass der Springbrunnen für den Sauerstoffgehalt des Wassers von großer Bedeutung wäre. Trotz aller Bemühungen misslang der Brutversuch am Springbrunnen letztlich. Später in der Brutzeit entschied sich das Blässhuhnpärchen doch für einen anderen Nistplatz – am Ufer.

—

Die Bussarde
von Manhattan

Für Vogelbeobachter zählt der Central Park im Herzen Manhattans zu den interessantesten Orten der USA. Mehr als 300 verschiedene Arten werden hier alljährlich gesichtet – nicht übel für einen Stadtpark. Während meiner Tätigkeit für die Vogelsammlung des American Museum of Natural History in New York holte mich der Museumskurator eines Tages in der Mittagszeit von meinem Arbeitsplatz zwischen muffigen Vogelhäuten weg und entführte mich in den Park. So beobachtete ich erstmals nordamerikanische Vogelarten wie *flickers* (Goldspechte), *warblers* (Sänger), *grackles* (Stärlinge) und *chickadees* (Meisen). Bei der Gelegenheit lernte ich auch die „Regulars" kennen, eine Vogelbeobachtergruppe im Central Park, die mir im April 1994 eine absolute Novität zeigten: ein Pärchen Rotschwanzbussarde (*Buteo jamaicensis*), das im Vorjahr auf einem Dachsims eines monumentalen Appartementhauses an der Ecke Fifth Avenue – Nummer 927, um genau zu sein – und 74th Street, genistet hatte. Dort, in der zwölften Etage, drei Stockwerke oberhalb des Apartments der Schauspielerin Mary Tyler Moore, hatten die Greifvögel eine einmalige Aussicht über den Central Park, ihr Jagdrevier, wo sie neben Tauben auch Ratten und Eichhörnchen erbeuten konnten.

Der Rotschwanzbussard ist der meistverbreitete Bussard Nord- und Zentralamerikas und der Karibikinseln. Mit einer Körperlänge von 56 Zentimetern und einer Flügelspannweite von 135 Zentimetern ist er nur geringfügig

Pale Male und Lola in ihrem Nest an der Fifth Avenue.
(Lincoln Karim)

größer als der „europäische" Mäusebussard (*Buteo buteo*). Das Gefieder ist sehr unterschiedlich gefärbt: Die Oberseite ist meistens dunkelbraun, während die Unterseite von Beige bis hin zu Weiß variiert. Typisches Merkmal aber ist der rote Schwanz. In den USA lautet die Bezeichnung für Bussarde übrigens *hawks*, nicht zu verwechseln mit unseren Habichten.

Die Regulars nutzten eine Parkbank, *hawk bench* (Bussardbänkchen), in der Nähe eines kleinen Sees, auf dem Modellboote fahren, um das Nest und die Bussarde mit ihrer imposanten Sammlung an Teleskopen und Teleobjektiven von Sonnenaufgang bis Sonnenuntergang zu beobachten. Charles Kennedy, der legendäre, inzwischen verstorbene „Central Park Naturalist", zeigte mir, wo sich die Bussarde am liebsten aufhielten: auf dem Balkongeländer von Woody Allens Penthouse einen Block weiter nördlich. Mir wurde klar, dass diese Greifvögel, die normalerweise in der Wildnis in Bäumen oder an Felswänden nisten, hier im Herzen Manhattans zwischen *the rich and famous* lebten. Schon damals kostete ein bescheidenes Apartment an der Fifth Avenue mit Blick auf den Central Park schlappe zehn Millionen US-Dollar (ca. acht Millionen Euro).

Beinahe zehn Jahre später habe ich die Rotschwanzbussarde erneut gesehen. Das Nest befand sich noch immer an gleicher Stelle, oberhalb von zwei verzückt blickenden Engelsfiguren und gut verankert zwischen den kantigen, schräg gestellten Eisenstäben, die eigentlich als Taubenschutz dienten. Damals stromten immer mehr Vogelbeobachter herbei, um die Greifvögel zu bewundern. Für mich neu war Lincoln Karim – mit seinem hubbleähnlichen Teleskop und all den Videokameras und Bildschirmen eine Attraktion für sich. Bis heute dokumentiert er jede Bewegung um und in der Nähe des Nestes und verwaltet die offizielle Website des Vogelpärchens.[1] Karim kennt die Bussarde genau. Er weiß, wo sie schlafen und jagen, und kennt ihre Flugrouten. Dieses Wissen ermöglicht es ihm, die schönsten Bilder zu schießen – mit einer toten Taube im Nest, während einer Ruhepause in der Abendsonne, beim Spiel mit einem Ast auf einer Rasenfläche. Beim Bussardbänkchen verkauft er Postkarten und Kalender

---

[1] Siehe www.palemale.com.

mit diesen Aufnahmen, und jedem, der will, gewährt er einen Blick durch sein Teleskop.

Seit Langem haben die Rotschwanzbussarde der Fifth Avenue Kosenamen: das Männchen hieß „Pale Male" (da er zu den bleicheren Vertretern seiner Art zählt) und seine damalige Partnerin „Lola". Zusammen zogen sie sieben Junge auf. Mit früheren Partnerinnen – mit den klangvollen Namen „First Love", „Chocolate" und „Blue" – hat Pale Male 16 Junge gezeugt. Zwischenzeitlich wurde er weltberühmt. Denn 2003 drehte der Dokumentarfilmer und gebürtige Belgier Frederic Lilian nach sechs Jahren Vorbereitungen einen fantastischen Dokumentarfilm über den Bussard, während die Naturkolumnistin des *The Wall Street Journal*, Marie Winn, einen Bestseller über die Bussarde veröffentlichte (*Red-tails in Love – a Wildlife Drama in Central Park*, 1998). Pale Male und Lola waren die Natur-Botschafter von New York City. Und die New Yorker liebten sie.

HER MIT DEM NEST!

Der 7. Dezember 2004, ein Dienstag, war ein trauriger Tag im Leben von Pale Male, Lola und den Vogelbeobachtern aus dem Central Park. An dem Tag ließ die Eigentümervereinigung von 927 Fifth Avenue das Nest und den Taubenschutz, der dem Nest Halt bot, entfernen. Nach Klagen von Hausbewohnern hatte die zuständige Behörde festgestellt, dass die Rotschwanzbussarde die städtischen Hygiene- und Sicherheitsvorschriften mit Füßen traten. Im Namen der Hausbewohner erklärte ein Rechtsanwalt, „blutige Reste von Beutetieren würden vor der Haustür herumliegen und Nistmaterial würde regelmäßig aus dem Nest fallen". Die während der Amtszeit von Präsident Bush aufgeweichten Naturschutzgesetze machten die Entfernung des Nestes möglich – rein rechtlich gab es also nichts zu beanstanden. Doch die Menschen in den USA gingen – angeführt von den Bussardbeobachtern und der New Yorker Naturschutzorganisation Audubon Society –landesweit zu Tausenden auf die Straße, um gegen die Entfernung des Nestes zu protestieren. In einem redaktionellen Kommentar griff *The New York Times* die Bewohner von 927 Fifth Avenue scharf an, und bei dem schicken Appartementhaus wurde sogar eine Mahnwache eingerichtet. Die als Tieraktivistin bekannte Mary Tyler Moore, Nachbarin von Pale Male und Lola einige Stockwerke tiefer, ließ wissen, dass sie sich des Schicksals der Greifvögel persönlich annehmen wolle, und brachte die Konfliktparteien zusammen, um eine Lösung für das obdachlose Bussardpärchen zu finden. Also wurde vor dem Jahreswechsel oberhalb des Sims in der zwölften Etage, dort, wo sich das alte Nest befunden hatte, eine Konstruktion aus senkrechten Edelstahlstäben angebracht. Diese Konstruktion sollte zweierlei Nutzen haben: verhindern, dass Nistmaterial auf den Boden fiel, und dem Nest noch mehr Halt bieten. Nun waren alle froh. Pale Male und Lola ebenfalls, denn eine Dreiviertelstunde später waren sie schon da, um den neuen alten Standort ihres Nestes zu inspizieren. Anschließend beobachteten die Vogelbeobachter im Central Park, wie Pale Male die ersten Zweige für das neue Nest herbeischaffte. Ende Februar, als das Nest ausreichend groß und stabil war, fand auf dem Balkon von Woody Allen die erste Paarung statt. Im April blickte man dann gespannt durch die Teleskope auf das Nest in der Hoffnung, einen Blick auf in weiße Daunen gehüllte Jungen zu erhaschen, deren Köpfe gerade über den Nestrand ragen konnten. Doch dieser freudige Moment blieb den Beobachtern verwehrt. Lola hatte zwar Eier gelegt, aber Jungen schlüpften daraus keine. Das Bussardpärchen blieb von nun an kinderlos.

UNFRUCHTBARE LOLA

2006 machten Pale Male und Lola immer öfter Ausflüge zu anderen Gebäuden, zum Beispiel zum riesigen Beresford-Appartementkomplex neben dem American Museum of Natural History in der Upper West Side jenseits des Central Parks. Auch dort befanden sie sich in guter Gesellschaft von zahlreichen Berühmtheiten wie dem Komiker Jerry Seinfeld und Tennisstar John McEnroe. In dem Nest, das sie dort errichteten, schlüpften jedoch auch keine Jungen.

Zu einem regelrechten Drama, das Lincoln Karim in einer ausführlichen Fotoreportage dokumentierte, kam es am 13. Juli 2007 an der 1040

Ein Dachdecker wirft einen Stein nach Pale Male.
(Lincoln Karim)

Fifth Avenue, einem ihrer beliebtesten Aussichtspfosten. Dort bewarf ein Dachdecker Pale Male mit Steinen, als der Bussard sich kurz zum Ausruhen hingesetzt hatte. Pale Male blieb zum Glück unverletzt, aber die Geschichte bewegte erneut die Gemüter in New York. Es wurde sogar eine Belohnung ausgesetzt, um die Identität des Steinewerfers zu ermitteln.

Im Frühling 2007 waren Pale Male und Lola wieder zu ihrem alten Nest an der 927 Fifth Avenue zurückgekehrt, aber auch diesmal schlüpften keine Jungen. Als auch die dritte Brutsaison ohne junge Rotschwanzbussarde zu Ende gegangen war, trafen sich Greifvogelkenner, um nach der Ursache zu forschen. Beim Studium der Bilder vom Nest stellte man fest, dass die Stahlträger der Konstruktion durch den Nestboden hindurch in das Nest hineinragten. Es war möglich, dass dies das Drehen der Eier (wichtig für die richtige Entwicklung des Embryos) und den direkten Kontakt von brütendem Vogel und den Eiern (Voraussetzung für die richtige Bruttemperatur) störte. So wurde beschlossen, die 92 senkrechten Stäben, die dazu dienten, ein Abrutschen des Nestes zu verhindern, zu entfernen. Um eine erneute öffentliche Protestwelle zu vermeiden – auf Aktivitäten am Nest reagierte man seit 2004 sehr empfindlich –, wurden die Arbeiten nicht im Vorfeld angekündigt und Ende Januar 2008 blitzschnell ausgeführt. Die Erwartungen waren hoch: Würde Lola ihre Eier diesmal drehen und ausbrüten? Ende September war ich vor Ort, am Bussardbänkchen im Central Park. Die Stimmung war gedrückt, denn auch in diesem Jahr gab es wieder keinen Nachwuchs. Dennoch blickte man unermüdlich und mit nicht nachlassender Begeisterung durch die Teleskope.

ERFOLGREICHER STADTVOGEL

Abgesehen von Lolas erfolglosen Nachwuchsbestrebungen geht es den Rotschwanzbussarden vom Central Park gut. Ab 2005 nisteten Pale Male Junior und Charlotte erfolgreich auf dem Trump Park Hotel im südlichen Teil des Parks, zogen aber 2007 um, zu einem Gebäude an der Ecke Seventh Avenue und 57th Street. Ein drittes Pärchen, Tristan und Isolde genannt, brütete auf dem Dach der Kirche Saint John the Divine an der

Amsterdam Avenue, nur vier Blocks vom Central Park entfernt. 2006 zogen sie dort zwei, 2007 sogar drei Jungen groß. Im Winter stieg die Zahl der Rotschwanzbussarde im Central Park sogar bis auf zehn an. 2007 betrug die Zahl der Brutpaare in der ganzen Stadt nicht weniger als 32. Allein Manhattan zählte 2016 bereits 20 Brutpaare. Und das alles dank Pale Male Senior, der in den 1990er-Jahren Manhattan zu seinem Lebensraum gemacht und als erster Rotschwanzbussard ein Gebäude als Nistplatz auserkoren hatte.

—

SPEISEPLAN DES WANDERFALKEN

Auf einer der Brücken über den Maas-Fluss in Rotterdam nistet ein Wanderfalkenpärchen (*Falco peregrinus*). Dort wurde 2009 – nach dem Fund eines einsamen Eis – ein Nistkasten angebracht. Zwei Junge waren das Ergebnis dieser Aktion. Als sie beide etwa drei Wochen alt waren, erhielten sie markierte Ringe, damit man ihren Lebenswandel verfolgen konnte. Für mich brachte das Einsatzteam einen ganzen Sack voller Beutereste aus dem Nest mit.

Unter den Futterresten, mit denen die Falkeneltern ihre

Beutereste eines Wanderfalken in Rotterdam: Brieftauben und Halsbandsittiche. (KM)

Jungen aufgezogen hatten, sprangen die grünen Federn und der rote Schnabel eines Halsbandsittichs (*Psittacula krameri*) sofort ins Auge. Gut zu wissen, dass auch dieser Exot einen Platz in der Nahrungskette erhalten hat. Ansonsten war der Nistkasten mit Taubenfedern, Taubenknochen und ein paar Ringen bestückt. Auf einem dieser Ringe (Blau 35) befand sich eine Telefonnummer. Es schien mir passend, das Ableben der Taube zu melden, und so rief ich die Nummer an. Für einen kurzen Moment rang Frau De Groot mit der Fassung: „Das ist die blaue, eine Rassetaube mit weißen Socken. Sie war sehr teuer." Mit dem Besitzer der Brieftaube mit der Ringnummer NL 2013-1183529 kam ich in Kontakt dank der Website der niederländischen Brieftaubenhalter: „Stimmt, die kehrte nicht mehr zurück. Ein vielversprechender Jungvogel aus diesem Jahr. Mit ihm habe ich schon einige Preise gewonnen." Dass seine preisgekrönte Taube von einem Wanderfalken vertilgt worden war, kommentierte der Taubenhalter süffisant mit den Worten: „Ich besitze auch eine eigene Falknerei."

—

NESTRÄUBER

Kapstadt ist fest in der Hand des Mohrenhabichts (*Accipiter melanoleucus*). Mit Stadttauben als einfacher Beute stieg die Zahl der Brutpaare schnell bis über 50 an. Die rasche Anpassung an das urbane Leben verlief jedoch nicht ganz reibungslos, denn ein anderer aufstrebender Stadtvogel machte den Greifvögeln gehörig Konkurrenz: die Nilgans (*Alopochen aegyptiaca*). Dieser Wasservogel baut selbst kein Nest, sucht aber stattdessen vorzugsweise ein „Fertighaus" in höheren Gefilden. Habichtsnester scheinen da offenbar genau das Richtige zu sein, denn 61 Prozent aller bewohnten Habichtshorste wurden kurzerhand von Nilgänsen besetzt. Sich mit den viel größeren Gänsen anzulegen, war für die Habichte keine Option, aber als Opfer der feindlichen Übernahme ihrer Nistplätze entwickelten sie eine raffinierte Gegenstrategie: Sie bauten auf Vorrat mehrere Nester, sodass sie immer eines für sich selbst in der Hinterhand hatten, so eine Studie, die 2006 in der Mai-Ausgabe von *BMC Evolutionary Biology* veröffentlicht wurde.

Nilgans-Gelege in einem Nistkasten für Wanderfalken. (Garry Bakker)

Auch in Westeuropa jagen aggressive Nilgänse immer öfter Bussarde und Habichte aus ihren Nestern. Sogar urbane Wanderfalken, für die man eigens mithilfe von Nistkästen hohe, trockene Brutmöglichkeiten errichtet hat, müssen Nilgänse als Konkurrenten fürchten. In Rotterdam finden wir in Nistkästen für Wanderfalken regelmäßig vollständige Nilgansgelege. Die Lösung für dieses Problem wurde von den Kapstädter Habichten abgekupfert: Man hängte einfach mehrere Nistkästen unweit voneinander auf. Da Nilgänse keine brütenden Artgenossen in unmittelbarer Nähe dulden, können die Falken nun ungestört in einem nilgansfreien Nistkasten brüten.

—

STADTEULE?

In der vierten Etage einer großen Stadtvilla stand ich Auge in Auge mit einem Uhu (*Bubo bubo*) – mit einer Körpergröße von etwa 70 Zentimetern der größten Eule Europas. Bis dahin hatte ich nur einmal einen Uhu zu Gesicht bekommen, und zwar im südtürkischen Taurusgebirge nach einem mehrstündigen Aufstieg zu Fuß. In diesem Fall musste ich nur drei Treppen steigen, dazu noch an meinem Wohnort. Es ist der erste Uhu, der seit Menschengedenken in Rotterdam gesichtet wurde.

Dass der Uhu heute auf der Liste der in Rotterdam lebenden Vögel steht, verdanken wir der großen Aufmerksamkeit von Hans Treurniet, dem Bewohner des Hauses. Er rief mich am 16. Februar 2015, einem Montagnachmittag, an: „Im Baum vor meinem Haus sitzt eine riesige Eule." Zunächst dachte ich an einen Waldkauz, eine Art, die in der Rotterdamer Innenstadt immer weniger zu hören und zu sehen ist. Erfreut über die Nachricht begab ich mich unverzüglich an besagten Ort, um nachzusehen. In einer Atlas-Zeder *(Cedrus atlantica)* schimpften Krähen aufgeregt – ein Hinweis darauf, dass sich in der Nähe ein Greifvogel oder eine Eule aufhält. Der Lärm der Krähen hatte auch meinen Informanten auf die Eule aufmerksam gemacht: „Sonst sitzen dort keine Krähen, und die hörten gar nicht mehr auf zu meckern." Aber die Ursache des Tumults erkannte er erst, als die Eule sich kurz bewegte. Vom geschlossenen Fenster aus konnte ich den Vogel bequem auf Augenhöhe betrachten. Wie sich herausstellte, handelte es sich bei der „großen Eule" keineswegs um einen Waldkauz, sondern um einen Uhu – noch dazu ein riesiges Exemplar mit auffälligen Federohren. Die Eule schien sich überhaupt nicht am Krähenlärm zu stören. Nur ab und zu öffnete sie verschlafen ein orangefarbenes Auge und streckte ein Bein zur Seite. Diese Körperbewegung ermöglichte mir, festzustellen, dass der Uhu keine Ringe trug. Und auch das makellose Gefieder deutete darauf hin, dass es sich hier um ein wildes Exemplar handelte. Ganz sicher kann man sich da jedoch nicht sein, denn viele Uhus leben in Gefangenschaft, nicht selten auch bei Privatpersonen. Auf der Liste mit entflogenen Vögeln

Im Zentrum Rotterdams beobachtet ein Ornithologe einen Uhu. (KM)

steht diese Art ziemlich weit oben, sie weiß sich aber in „freier Wildbahn" gut zu behaupten. Aus dem Rotterdamer Zoo Diergaarde Blijdorp kam auf jeden Fall umgehend Entwarnung: „Unsere drei Uhus sitzen brav an ihren Plätzen in der Voliere", meldete Chef-Tierpfleger Harald Schmidt.

In den Niederlanden ist die Uhupopulation seit dem ersten Brutfall im Jahr 1997 auf 16 Brutpaare angewachsen. Die meisten befinden sich in den Mergel- und Steinbrüchen in Limburg im Süden und in der Achterhoek im Osten des Landes, wobei immer öfter auch Jungvögel in anderen Gegenden gesichtet werden. Dass sie Großstädte keineswegs scheuen, wundert mich ehrlich gesagt nicht, denn dort sind das Nahrungsangebot und die Rückzugsmöglichkeiten groß. Die Limburger Uhus wurden auch schon dabei beobachtet, wie sie in Maastricht Stadttauben jagten. Der Grund für den wachsenden niederländischen Bestand sind die zunehmenden Populationen in Deutschland, und zwar in der Eifel, im Sauerland, im Teutoburgerwald und im Gebiet südlich von Hannover.

In der Abenddämmerung am besagten Montag sahen mehr als 30 Vogelbeobachter, wie der Uhu geräuschlos in die Stadt hineinflog. Am nächsten Tag blieb der Platz im Baum leider leer.

——

BAHNSTEIGSTAR

Zwischenzeitlich waren sie verschwunden, vertrieben von den Bauarbeiten und dem Verlust ihrer Rückzugsmöglichkeiten. Aber seit die Bahnsteige des neuen Rotterdamer Hauptbahnhofs überdacht sind, sind auch die Stare wieder da. 50 habe ich gezählt. Sie sitzen weit oben, Kotstreifen verraten ihre festen Plätze auf den Tragbalken. Auf Nahrungssuche stapfen sie frech zwischen den Reisenden auf den Bahnsteigen umher. Sie singen das ganze Jahr hindurch.

Es scheint, als wäre der Star von Bahnsteig 9 nie weggewesen. Er ist immer da, in der Nähe des Kiosks, aber niemand interessiert sich für ihn. Ich stelle mich mit Vorliebe direkt neben ihn, um seinem murmelnden Gesang zu lauschen. Er singt leise, fast ein wenig ergreifend, mit aufgestellten Halsfedern, während die hängenden Flügel den Takt vorgeben. In seinem *Handwörterbuch der Vogellaute* nennt Peter Krauss acht (!) Verben, mit denen der Gesang von Staren benannt wird. Die meisten Vogelbücher fassen den Gesang folgendermaßen zusammen: „Ein abwechslungsreiches Potpourri aus schnalzenden, schwätzenden und schnurrenden Läufen." Dabei fehlt niemals die berühmte „Feuerwerksrakete" – ein sehr lautes, nachlassendes „piiüüüüü-errr" – und zwischendurch ist auch mal das leise Klappern des Schnabels zu hören (aber nur, wenn man darauf achtet).

Darüber hinaus beherrscht der Star noch ein größeres Repertoire: Er kann den Gesang zahlreicher anderer Vögel und Umgebungsgeräusche perfekt nachahmen. Zählten zu Letzteren früher das Wetzen der Sense oder das Pfeifen eines Pumpenschwengels, lässt der Star von Bahnsteig 9 Züge, die gar nicht da sind, zischend abfahren.

Der Star von Bahnsteig 9 am Rotterdamer Hauptbahnhof. (KM)

Nachtreiher
in der Stadt

Den einzigen Stadtnachtreiher, den ich gut kenne, der steht ausgestopft auf einem Eichenholzbrett und trägt die Katalognummer NMR 9989-00628. Auf dem Schildchen heißt es: „Im Mai 1933, Rotterdam, eingesammelt". Das bedeutet: geschossen und ausgestopft. So erging es seltenen Vögeln damals. Seitdem wurden in Rotterdam keine Nachtreiher mehr gesichtet. Wie der Name bereits verrät, zählt der Nachtreiher zu den Reihervögeln. Er trägt den wissenschaftlichen Namen *Nycticorax nycticorax*, was allerdings Nachtrabe bedeutet und eine Anspielung auf seine nächtliche Lebensweise und seine raue, krähenähnliche Stimme ist. Nachtreiher sind etwa 60 Zentimeter groß und haben einen gedrungenen Körper mit schönen Rundungen, eine helle Graufärbung, samtschwarze Kopffedern und Mantel, markante rote Augen und – nur im Frühling – zwei bis drei lange weiße Schmuckfedern am unteren Hinterkopf. In den Niederlanden verschwand der Nachtreiher etwa 1900, nachdem man die Sumpfgebiete trockengelegt hatte. Auch heute noch ist er dort eine seltene Erscheinung. Die Niederlande und auch Deutschland bilden die nördliche Grenze des Brutgebiets der Nachtreiher. Die deutsche Population setzt sich aus zehn bis 20 Paaren zusammen, überwiegend in Bayern, aber seit einigen Jahren auch gelegentlich in Baden-Württemberg. In der Schweiz ist der Nachtreiher noch seltener, während die Zahl der Brutpaare in Österreich zwischen zehn und 70 variiert, überwiegend im Gebiet des Neusiedler Sees

Der einzige ausgestopfte Nachtreiher Rotterdams stammt von
1933 und wird unter der Katalognummer NMR 9989-00628 im
Naturhistorischen Museum von Rotterdam aufbewahrt. (KM)

und entlang der Stauseen des unteren Inns. In den Niederlanden werden in den Sommermonaten immer mal wieder umherziehende Einzelgänger beobachtet und in sumpfigen Naturschutzgebieten nisten ab und zu Pärchen. Dennoch war mir in den Niederlanden noch nie ein Nachtreiher begegnet – bis April 1999, als die Rotterdamer Naturbehörde Bureau Stadsnatuur mich darüber informierte, dass im Park beim Euromast, im Herzen der Stadt, ein Nachtreiher nistete. Man fragte mich, ob ich Lust hätte, mich persönlich davon zu überzeugen. Meine anfängliche Skepsis verschwand rasch, als ich unter dem Kastanienbaum stand und die Richtigkeit der Information bestätigen konnte: blassgelbe Beine, ein paar graue und schwarze Federn und ein knallrotes Auge, das über den Nestrand zwischen dem frischen Grün des Frühlingslaubs hervorlugte. Für Kenner ausreichende Indizien, um den Vogel als Nachtreiher zu identifizieren. Wie kam der scheue Vogel, der in Flussauen, im Flussdelta von Loire, Po, Rhône und Donau zu Hause ist, dazu, sich in einem Park am Fluss Nieuwe Maas im Herzen von Rotterdam niederzulassen und dort sogar zu nisten? Ist die Natur in der Stadt denn so attraktiv?

Meine Neugier bezüglich der Herkunft der beiden Nachtreiher führte dazu, dass ich fortan regelmäßig in den Park fuhr, um das Nest zu beobachten. Meistens saß das Weibchen auf dem Gelege, das Männchen daneben, gut versteckt zwischen den Kastanienblüten. Die Ablösungszeremonie war der einzige Moment, an dem man die beiden Vögel gut zu Gesicht bekam: Mit viel und lautem Getöse, aufgestellten Kopffedern und behutsamem Manövrieren wurde die Eierpflege übergeben – ein Verhalten, wie es im Buche steht. Alles deutete darauf hin, dass es sich um Wildvögel handelte.

EINTAGSKÜKEN

Mitte Mai kamen mir auf einmal Zweifel. Denn unter der Kastanie fand ich zwei frischtote Eintagsküken – nicht gerade die übliche Kost von wilden Nachtreihern, erst recht nicht in einem Stadtpark. Doch es sollte nicht bei diesen beiden Exemplaren bleiben. Täglich stieß ich unter dem Baum auf gelbes Gewölle: zusammengepresste, unverdauliche Daunen vermischt mit

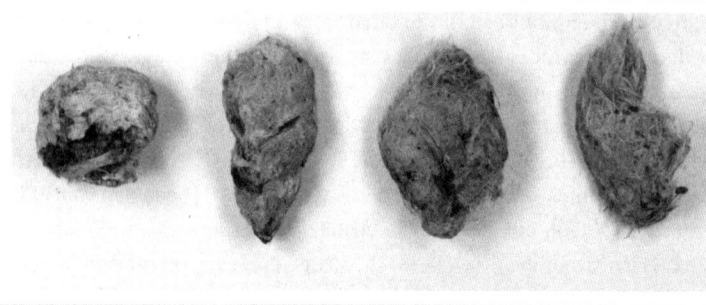

Dieses Gewölle von Rotterdamer Nachtreihern enthält
unverdauliche Reste von Eintagsküken. (KM)

ganzen Kükenbeinen. Woher um alles in der Welt hatten die Nachtreiher dieses Futter? Koos Stuster, der damalige Vogelexperte des Rotterdamer Zoos Diergaarde Blijdorp, hatte schließlich eine Idee: Vor ein paar Jahren waren einige Nachtreiher aus ihrem Käfig entschwunden und flogen seitdem frei umher. Die meiste Zeit befanden sie sich irgendwo innerhalb des Tierparks und nisteten dort sogar, allerdings ohne Erfolg.

Möglicherweise hatte sich folgendes Szenario abgespielt: Ein Pärchen opportunistischer Nachtreiher steigt im Zoo auf, fliegt in Richtung des Flusses – Nieuwe Maas –, an dessen Ufer ein Wald mit wasserreichen Abschnitten (Euromastpark) wartet – für einen entflogenen Zoo-Nachtreiher zweifellos ein ausgezeichneter Lebensraum. Hier fühlen sie sich wie Zuhause, nicht zuletzt auch deshalb, weil sich hier Graureiher aufhalten, und bauen daher ein Nest. Zum Essen fliegen sie zu bestimmten Zeiten wieder ein paar Kilometer (nicht weit für einen Nachtreiher) zum Zoo zurück, wo sie am Flamingoteich mit den Störchen um die Eintagsküken wetteifern. Also fing ich an, das Verhalten der Nachtreiher dahingehend zu beobachten. Und tatsächlich stellte sich heraus, dass die Vögel diesen Flug tagtäglich unternahmen. Somit war das Nachtreiherrätsel gelöst.

Anfang Juni war das Nest auf einmal verwaist. Es erklang kein Gekreische der hungrigen Jungen mehr aus dem Wipfel der Kastanie. Die Nachtreiher hatten den Baum gegen eine Trauerweide unweit eines Tümpels eingetauscht, aus dem sie ab und an einen Fisch holten.

VON NACHT- ZUM STADTVOGEL

Seitdem kommen die Nachtreiher jedes Jahr im März an diese Stelle in der Nähe des Euromastes und nisten in zwei exotischen Bäumen, deren Blätter früher austreiben als jene einheimischer Gewächse. Schließlich waren es sogar zwei Pärchen, vielleicht sogar drei, und jedes Jahr wurde ein Jungvogel aufgezogen. Im Vergleich zu den kolossalen Bauwerken der Graureiher sind die Nester von Nachtreihern eher dürftige Konstruktionen aus Ästen. Der Boden unter den Nestern war immer wie weiß gekalkt und an diversen Stellen lagen gelbe Gewölle umher. Acht Jahre lang pendelten die

Nachtreiher auf ihrem Nest im Rotterdamer Stadtpark;
März 2007. (Jaap van Leeuwen)

Nachtreiher zwischen Park und Zoo hin und her, um ihre tägliche Portion Eintagsküken abzuholen. Obwohl zur Gruppe inzwischen auch wilde Jungvögel zählten, folgten alle nach wie vor der Erfolg versprechenden Flugroute der Eltern.

Aus ungeklärter Ursache verschwanden die Nachtreiher 2007 auf einmal aus dem Park, aber im Zoo wuchs die Gruppe, die dort frei umherflog, auf acht Vögel an. Seit November 2016 treibt sich wieder ein Nachtreiher in der Innenstadt herum – ein zwei Jahre alter Vogel, wie sein braungeflecktes, juveniles Gefieder verrät. Tagsüber hält er sich an bestimmten Stellen an den Grachten auf und bewegt sch furchtlos zwischen Menschen und anderen Wasservögeln. Auch Amsterdam erfreut sich inzwischen einer wachsenden Nachtreiherpopulation, die ebenfalls in der Nähe des dortigen Zoos – Artis – lebt. Alles deutet darauf hin, dass die niederländischen Nachtreiher, wie ihre Artgenossen anderswo auf der Welt, immer mehr zu Stadtvögeln werden und ihre ursprüngliche Lebensweise als Nachtvogel an den Nagel hängen.

DAS HERZ DER WANDERTAUBE

Um die Aufmerksamkeit der Öffentlichkeit auf sie zu lenken, ernennen Vogelschützer im jährlichen Turnus eine Art, deren Bestand von Jahr zu Jahr schrumpft, zum Vogel des Jahres. In Deutschland ist es 2018 der Star (*Sturnus vulgaris*), dessen Population hierzulande in den letzten Jahrzehnten um etwa die Hälfte zurückgegangen ist. Vom Aussterben bedroht ist der Star zwar nicht, aber der Rückgang ist insofern besorgniserregend, als er nicht immer und überall erklärlich ist. 2014 wurde in Deutschland übrigens auch mal eine Vogelart zum Vogel des Jahres gekürt, um deren Fortbestand man sich hier nicht sorgen muss: der Grünspecht (*Picus viridis*).

Als weltweiter Vogel des Jahres 2014 stand eine Art im Scheinwerferlicht, die bereits ausgestorben ist: die Wandertaube (*Ectopistes migratorius*). Der Grund dafür: Am 1. September 2014 war es auf den Tag genau ein Jahrhundert her, dass auch das letzte Exemplar dieser Vogelart gestorben ist: Sie hieß „Martha" und fristete ihr 29-jähriges Dasein im Zoo von Cincinnati. Keine 50 Jahre zuvor bevölkerten die Wandertauben Nordamerika noch zu Milliarden. Nicht nur ihr schmackhaftes Fleisch wurde ihnen zum Verhängnis, sondern auch die Tatsache, dass sie leicht zu töten waren und die Abholzung in Nordamerika in großem Stil voranschritt. So sollte „das Jahr der Wandertaube" dazu dienen, die Menschheit aufzurufen, die Anstrengungen für Natur- und Artenschutz anzukurbeln.

Heute befindet sich Marthas Leichnam im (Smithsonian) National Museum of Natural History in Washington, wohin

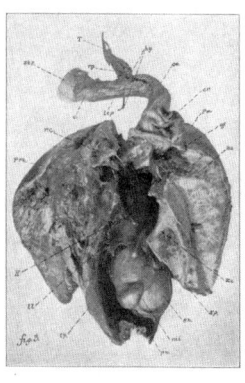

sie unmittelbar nach ihrem Ableben eisgekühlt transportiert worden war. Dort trägt ihr Balg die Katalognummer USNM 236650 und war von 1920 bis 1999 fast durchgehend Bestandteil der Vogeldauerausstellung. 2014 wurde sie im Rahmen des Jahres der Wandertaube wieder ausgestellt. Marthas Eingeweide (USNM 223979) werden hinter den Kulissen aufbewahrt – gut in Alkohol konserviert.

Robert W. Shufeldt (1850–1934), der 1915 im Fachblatt *The Auk* auf wissenschaftliche Art, sprich staubtrocken, über Marthas Anatomie berichtete, zeigte sich, als er während der Autopsie des Taubenleichnams

Anatomie von Martha, der letzten lebenden Wandertaube: (T) Zunge; (c) Kropf; (oe) Speiseröhre; (pm) großer Brustmuskel; (H) Herz; (ll) linke Leberlappen; (gz) Magen. (Robert Shufeldt)

beim Herzen angekommen war, emotional: „Ich sezierte das Herz nicht, da ich es als Ganzes aufbewahren wollte – vielleicht aus sentimentalen Gründen. Denn schließlich handelte es sich um das Herz der letzten ‚Blauen Taube‘, die die Welt jemals lebend zu Gesicht bekommen hat. Beim letzten Schlag dieses Herzens war wieder ein Vogel für alle Zeiten ausgestorben – der letzte Vertreter einer Art, der einst Abermillionen und unzählige Generationen angehört hatten und die jetzt von Menschenhand ausgerottet worden war." Es sind die schönsten Sätze, die mir jemals in der Vogelliteratur begegnet sind. Weil er sein persönliches Gefühl über die Wissenschaft stellte, hielt ich Shufeldt zunächst für einen feinsinnigen Menschen.

Jedoch belehrte mich die Lektüre seiner Biografie eines Besseren. Seine Rassentheorien, die er in seinem Buch *The Negro. A Menace to American Civilization* (1907) ausführlich darlegte, waren selbst für die damalige Zeit extrem. Gleiches gilt übrigens auch für seine abgrundtiefe Homophobie, die in seiner *Biography of a Passive Pederast* (1917) unmissverständlich zum Ausdruck kommt. Auch seine Seitensprünge waren nicht von schlechten Eltern: Als seine zweite Ehefrau Florence Audubon (die Enkelin von John James Audubon, dem berühmten amerikanischen Ornithologen) sich nach nur zwei Monaten Ehe wegen Ehebruchs von ihm scheiden ließ, veröffentlichte er prompt einen Artikel – „On the Medico-Legal Aspect of Impotence in Women" –, in dem er seine Ex-Frau bloßstellte, auch mithilfe von Nacktfotos, ihren Schuhfetischismus anprangerte und Überlegungen zu ihrer nicht reinrassigen Herkunft anstellte. Das wurde Shufeldt zum beruflichen Verhängnis, da es ihn seine Anstellung am Smithsonian kostete.

—

Huschspinne
im Weihnachtsbaum

Warten, bis wieder etwas hereinkommt, ist gegenwärtig die gängige Sammelmethode der meisten naturhistorischen Museen. Die Zeiten, da der Konservator mit Schmetterlingsnetz und Tötungsglas oder mit einer Schrotflinte durch die Felder zog, um seine Sammlung zu erweitern, sind vorbei. Heute beschäftigt sich der Konservator mit den enormen Mengen an Lebewesen, die seine Vorgänger gesammelt haben, und wartet, bis das Telefon schellt und es heißt: „Am Strand liegt ein toter Seehund" oder „Vater ist gestorben, kommen Sie doch bitte schnell vorbei und holen die ekligen ausgestopften Viecher aus dem Keller". Erst dann rückt er wieder aus.

Die Sammlung des Naturhistorischen Museums von Rotterdam ist zum Teil auch von Besuchern zusammengetragen worden. Immer öfter bringen sie uns überfahrene Vögel und Säugetiere, einen Mammutzahn oder andere Funde, oft sogar ganz außergewöhnliche Dinge. So auch am 23. Dezember 2000, als sich Familie Dorst aus Heijplaat, einem Rotterdamer Stadtteil in der Nähe des Hafens, am Museumschalter meldete und ein Marmeladenglas mit einem Deckel voller Löcher vorzeigte. Am Boden des Glases bewegte sich eine kleine grasgrüne Spinne: „Am Montag auf der Toilette gefangen, als sie dort auf den weißen Fliesen herumkrabbelte – leider hat sie dabei ein Bein verloren. Wir haben sie mit toten Fliegen gefüttert, die wir in Spinnweben im Keller gefunden haben."

Obwohl ich, was Spinnen anbelangt, völlig unbeleckt bin, erkannte ich diese Art sofort wieder, da sie in Großformat auf dem Cover des Buches *Spiders of Great Britain and Ireland* abgebildet ist. Ich lotste die ganze Familie zu meinem Spinnendepot, wo ich in dem dicken dreibändigen Nachschlagewerk bedächtig nach der richtigen Abbildung suchte. Meine Determinierung *Micrommata virescens* wurde mit einem lauten zweistimmigen „Jaaaa!" der beiden Mädchen bestätigt. Herr und Frau Dorst drückten ihre Zustimmung mit einem leisen Nicken aus. Da der Fundort außergewöhnlich war und die Art in unserer Sammlung noch fehlte, fragte ich die Finder, ob sie die Spinne dem Museum überlassen würden. Angesichts ihrer Behinderung und der Diät mit trockenen Fliegen würde ihr Ableben sowieso nicht mehr lange auf sich warten lassen, fügte ich lapidar hinzu. Ohne zu zögern, stellte Familie Dorst ihren Fund uneingeschränkt der Wissenschaft zur Verfügung. So konnte ich meine Aufgabe als Konservator ausführen. Im Sammelröhrchen mit 70-prozentigem Alkohol verlor die Spinne nicht nur sofort ihre prächtige Farbe, sondern auch ihr Leben.

Vom Neuzugang fasziniert, fing ich an, mich in die vorhandene Spinnenliteratur zu vertiefen. Das Buch *Spinnen van Nederland* (1976) meldete: „Diese Art ist selten. Mit viel Glück trifft man sie in lichten Eichenwäldchen." In jüngerer Literatur heißt es über *Micrommata virescens*, die grüne Huschspinne: „Meistens in der Krautschicht an feuchten geschützten Stellen unweit von Wäldern" und „Vorkommen: Niederlande, Belgien, Großbritannien, Norwegen bis Südfinnland; jedoch überwiegend im Südosten Belgiens, selten in Nordbelgien und im Osten der Niederlande, fehlt im Westen der Niederlande." Was das Vorkommen zahlreicher Spinnenarten angeht, ist das letzte Wort noch längst nicht gesprochen. So wurde die grüne Huschspinne auch schon anderswo in Europa, wie etwa in Deutschland, Spanien, Italien und Griechenland, und auch noch weiter östlich, in der Türkei, in Syrien, Israel, Südrussland, Afghanistan, ja sogar in Japan gesichtet. Obwohl die grüne Huschspinne in Deutschland zur „Spinne des Jahres 2004" gekürt wurde, weiß man bis heute nur wenig über sie. Die Arachnologische Gesellschaft meldet: „Die Grüne Huschspinne kommt in Deutschland von der Nordseeküste bis zum Alpenrand vor. Die zur Zeit bekannte Verbreitung deutet auf einen Schwerpunkt in wärmeren Lagen der Mittelgebirge. Fundmeldungen aus ganz Deutschland sind zur Vervollständigung der Verbreitungskarten sehr willkommen."

Eine grüne Huschspinne in der Toilette eines Rotterdamer Wohnhauses ist also durchaus außergewöhnlich. Spinnenkenner haben meine Feststellung jedoch bestätigt. Es war unverkennbar eine grüne Huschspinne, ein halbwüchsiges Exemplar. Das Alter stimmte mit der Jahreszeit überein, denn Jungspinnen dieser Art überwintern als Halbwüchsige und werden erst im Monat Juni erwachsen. Nach ein oder zwei Häutungen hätte dieses Exemplar sich zu einem erwachsenen Männchen oder Weibchen (das war noch nicht zu erkennen) entwickelt. So weit kam es jedoch nicht.

HABEN SIE EINEN WEIHNACHTSBAUM ZU HAUSE?

Auch Spinnenkenner Arthur Decae fragte sich, wie das Tier wohl nach Rotterdam gekommen war: „Vorstellbar, dass die Spinne als blinder Passagier mit einer Partie Weihnachtsbäume hierhergekommen ist", so seine Theorie. „Aber woher stammten die Weihnachtsbäume?" Ein Anruf bei Familie Dorst brachte Klarheit. Denn auf meine Frage, ob sie einen Weihnachtsbaum hätten, antwortete Frau Dorst mit Ja. Als sie die Blinder-Passagier-Theorie vernommen hatte, zögerte sie keinen Moment und erkundigte sich bei dem Händler nach der Herkunft des Baums. „Dänemark", lautete die Antwort, also gar nicht so weit von Norwegen und Südfinnland entfernt, jenen Ländern, in denen die grüne Huschspinne laut Spinnenbüchern auch lebt. Somit wurde das Herkunftsrätsel der Rotterdamer grünen

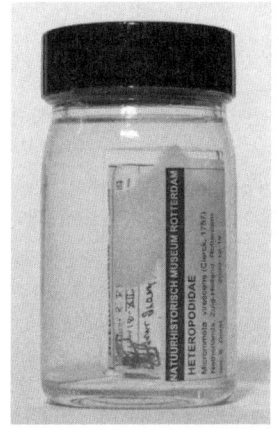

Die Huschspinne von Heijplaat trägt in Alkohol konserviert die Katalognummer NMR 9939-006277. (Jaap van Leeuwen)

Huschspinne mehr oder weniger gelöst, wenngleich ein handfester Beweis fehlte. Fest steht jedoch, dass das Beweisexemplar für den ersten Fund im Westen der Niederlande, wie es sich gehört, in einem mit Alkohol gefüllten Glas treibt und die Katalognummer NMR 9939-006277 trägt.

AUS DEM ÄRMEL GESCHÜTTELT

Ein Jahrhundert lang war die niederländische Provinz Zeeland, eine Gegend mit mildem Klima, der einzige Ort auf dem westeuropäischen Festland, an dem sich die ursprünglich aus dem Mittelmeergebiet stammende Echte Webspinne (*Segestria florentina*) zu halten vermochte. In Rissen alter Gemäuer webt sie ein röhrenförmiges Nest und am Eingang bringt sie sternförmig Stolperdrähte am Mauerwerk an. Schon bei der geringsten Berührung dieser Drähte schießt die Spinne – mit ihren markanten grün schimmernden Giftkiefer im Anschlag – auf ihre Beute los. Mit einer Körperlänge von 22 Millimetern ohne Beine bzw. dem Dreifachen inklusive Beinen ist sie die einzige in den Niederlanden vorkommende Spinne, deren Biss der Mensch deutlich spürt.

1989 waren Vertreter dieser Spinnenart bereits bis nach Den Haag und Rotterdam vorgedrungen und einige Exemplare wurden auch zum ersten Mal in Deutschland entdeckt – „an einer südostexponierten Trockenmauer nördlich von Neustadt". In Rotterdam befand sich eine florierende Population im Scheepvaartkwartier und wurde 1992 bei Renovierungsarbeiten im alten Speicher im wahrsten Sinne eingemauert. Seitdem wurde diese Art in

Die aus dem Ärmel geschüttelte Echte Webspinne. (Steven Campbell)

Rotterdam nicht mehr gesichtet. Auch die Spinnen dieser Art in Den Haag mussten einem Neubau weichen. Geschadet hat es ihnen offenbar nicht, denn 2012 wurde sie im Norden der Niederlande, in Leeuwarden, gesichtet und im selben Jahr entdeckte man eine größere Population im Stuttgarter Hafen.

Seit 2013 steht die *Segestria florentina* zum Glück wieder auf der Liste der in Rotterdam lebenden Spinnen. Im Oktober schüttelte ein Mitarbeiter des Naturhistorischen Museums von Rotterdam ein Exemplar aus seinem Ärmel, während etwa zur gleichen Zeit eine arglose Frau vor ihrer Wohnung einen unangenehmen Biss einer solchen Spinne erlitt. Die bislang größte Population entdeckte man im November 2015 – in einem Geräteschuppen in einem Garten. Da dort regelmäßig ein Wäschetrockner seine Arbeit erledigte, herrschte in dem Schuppen mediterranes Klima, was den Rotterdamer Webspinnen offenbar gut gefiel.

———

CONTAINERSPINNEN

Anfang Oktober 2013 gab es im Hafen von Rotterdam große Aufregung. Der Kapitän eines Containerschiffes, der DAL Stellenbosch, mit einer Ladung Zitrusfrüchten aus Südafrika hatte vorschriftsmäßig gemeldet, dass an Bord eine Spinnenplage ausgebrochen war. Alarmiert von der Meldung reagierten die Hafenbehörden schnell, da man befürchtete, es würde sich um die gefährliche Schwarze Witwe (*Latrodectus mactans*) handeln. So wurde beschlossen, dem Schiff bis zu einer genaueren Untersuchung der Spinnen den Zugang zum Hafen zu verweigern. Schließlich war nicht nur die Gesundheit der Bevölkerung gefährdet, sondern auch eine Invasion der giftigen Spinne nicht ausgeschlossen. Das nahende Unheil sollte im Keim erstickt werden. Auch ich sah vor meinem geistigen Auge Matrosen, die nach Attacken der blutrünstigen Spinnen mit Krämpfen am Boden liegend dahinsiechten[1].

Doch alles halb so wild, wie sich später herausstellte. Die Crew hatte die Spinnen bereits eingefangen und über Bord geworfen. Dennoch ging ein Expertenteam, das aus Vertretern des Hafenbetreibers, der niederländischen Lebensmittelbehörde, der Zollbehörde sowie einigen Spinnenexperten bestand, an Bord des Schiffes. Es wurden auch Spinnen gefangen, allerdings keine Schwarzen, sondern Braune Witwen: *Latrodectus geometricus* ist kleiner und nicht so giftig wie sein naher

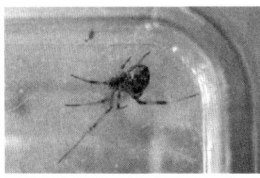

Die Braune Witwe, die lebend an Bord der DAL Stellenbosch gefangen wurde. (KM)

(schwarzer) Verwandter. Das Schiff durfte nun in den Hafen einlaufen, wurde aber unter der kritischen Observation der Spinnenexperten entladen. Sie waren es auch, die dem Naturhistorischen Museum von Rotterdam ein schönes, junges Weibchen mitbrachten: ein perfektes Exponat für die Ausstellung „Tote Tiere mit einer Geschichte".

—

[1] Die Folgen eines Bisses der Schwarzen Witwe werden „Latrodectismus" genannt. Anzeichen dafür sind (in der Reihenfolge ihrer Bedeutung): deutlich erkennbare Bissstelle, erhöhte Körpertemperatur, Unruhe, Schweißausbrüche und verhärtete Bauchmuskeln. Als Symptome treten auf: brennende, schmerzhafte Bissstelle, Bauchschmerzen, Lymphdrüsenschmerzen, schlaffe Beine, Beinkrämpfe und Krämpfe sowie Schmerzen in der Rückenmuskulatur.

Die
Kirchenralle

Manchmal befinden sich Tiere da, wo sie gar nicht erwartet werden, geschweige denn hingehören. So bleibt es ein Faszinosum, dass sich im Dezember 1990 während des verkaufsoffenen Donnerstagabends eine Zwergdommel (*Ixobrychus minutus*) hinter einem Kühlschrank eines Schuhgeschäfts in der Innenstadt von Rotterdam versteckte und dann von Mitarbeitern der Tierrettung in Sicherheit gebracht werden musste. Von der Vogelstation, die sich anschließend fürsorglich, jedoch vergeblich um den Vogel gekümmert hatte, erhielt ich schließlich seine sterblichen Überreste. Es handelte sich um ein Weibchen im Jugendkleid, was darauf hindeutete, dass es erst in der letzten Saison geschlüpft war. Nach dem Ausstopfen erhielt es einen Platz in der Sammlung des Naturhistorischen Museums von Rotterdam.

Mit weniger als zehn Brutpaaren pro Jahr ist die kleinste Art aus der Familie der Reiher in den Niederlanden ein extrem seltener Brutvogel im von Schilf gesäumten Marschland. Auch in Deutschland steht dieser Vogel auf der Roten Liste, und zwar in Kategorie 2 – „stark gefährdet". In Österreich liegt die Zahl der Brutpaare zwischen 100 und 300 – „gefährdet". Die Zwergdommel ist ein Sommergast, der sich Ende August wieder auf die lange Reise nach Afrika macht und dort südlich der Sahara überwintert. Beobachtungen im Winter sind extrem selten. In den Niederlanden gibt es genau eine – 1912. Zwergdommeln lassen sich in Städten nicht blicken,

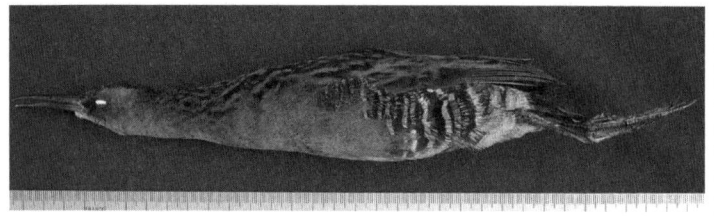

Die unter dem Porträt des Predigers Cornelis Nozeman
verstorbene Wasserralle; Sammlung Naturhistorisches Museum
von Rotterdam, NMR 9989-002216. (KM)

schon gar nicht mitten im Winter in einem Schuhgeschäft. Wie und warum dieses Zwergdommelweibchen nicht nach Afrika, sondern nach Rotterdam geflogen ist, wird für immer ein Rätsel bleiben. Bei einem anderen Vogel, der ebenfalls an einer sehr ungewöhnlichen Stelle entdeckt wurde, erfuhr ich dagegen den Grund dafür schon.

UNTER GOTTES AUGE DAHINGESIECHT

Frischtot in einer Plastiktüte verpackt erreichte das Tier mich am 5. April 2005. Wilco Tuinman, der Finder, war persönlich gekommen, um es vorbeizubringen: „Eine Wasserralle, tot aufgefunden im Presbyterium der nahegelegenen Remonstrantenkirche, gegenüber vom Museum Boijmans van Beuningen", erklärte er. Seine Determinierung erwies sich als richtig: schlanker Körper (27 Zentimeter inklusive Schnabel und Schwanz), spitzer, rot-schwarzer Schnabel, lange Beine und Zehen, die nach hinten über die Schwanzspitze hinausragen, schwarzes Deckkleid mit breiten, olivbraunen Rändern, Bauchseite schiefergrau und Flanken fein schwarz-weiß gestreift. Eine Wasserralle (*Rallus aquaticus*), ohne Frage, nur der Fundort war sehr eigenartig. Was um Himmels Willen hatte eine Wasserralle in einer Kirche im Rotterdamer Zentrum zu suchen?

Eine nähere Untersuchung des Vogelleichnams bestätigte das Ungewöhnliche: Zwischen den langen Zehen befanden sich Spuren von (eigenem) Kot und dicke Stoffbüschel. Dinge, die eine Wasserralle nicht mit sich herumschleppt, wenn sie auf dem weichen Schlammboden in ihrem Lebensraum umherläuft. Nein, es war klar, dieser Vogel hatte sein Leben in der Kirche gelassen. Die Waage zeigte 55 Gramm an, nur noch die Hälfte des durchschnittlichen Gewichts einer gesunden Wasserralle. Als der Vogel zur Konservierung gebalgt wurde, blieb nur noch ein mageres Gerippe übrig. Wie sich herausstellte, handelte es sich um ein (übrigens gesundes) erwachsenes Weibchen mit reifen Follikeln im Ovarium. Aufbewahrt wird es als Balg mit der Katalognummer NMR 9989-002216.

Ich setzte meine Suche im Kirchengebäude fort, das heute nur noch an Sonntagen als Gotteshaus der Remonstrantengemeinde Rotterdams und ansonsten unter dem Namen „Arminius" als Kulisse für Kunst, Kultur und Diskussionsrunden dient. Die Mitarbeiter waren sichtlich gerührt, als ich erzählte, dass die glücklose Wasserralle in ihrer Anwesenheit und darüber hinaus auch noch unter den Augen des Herrn Hunger, Durst und Elend erlitten hatte. Man erzählte mir, dass man schon etwas hinter der Orgel gehört, aber sich nicht weiter darum gekümmert hatte. Nicht mal Tommy – ein Hündchen mit kurzen Beinen – war vom fremden Kirchengänger alarmiert gewesen. „Die muss während einer Ausstellung, als alle Türen weit geöffnet waren, hereingeflogen sein", so der gemeinsame Erklärungsversuch. Der Finder führte mich zum Presbyterium und zeigte mir die Stelle, an der er die leblose Wasserralle gefunden hatte. In dem stimmungsvollen, mit schönen Holzvertäfelungen versehenen Raum hingen die Porträts aller Rotterdamer Prediger der Remonstrantenkirche. „Hier lag sie, unter dem Bildnis Nozemans, den kennen Sie bestimmt noch als Kämpfer für das Seelenheil tugendhafter Heiden und als Autor des Buches *Nederlandsche Vogelen.*"

Ich musste zugeben, dass mir Cornelis Nozeman (1721–1786) nur als Autor von Vogelbüchern geläufig war. Der vielseitige Gelehrte legte das Fundament für das erste Standardwerk über die Vogelwelt der Niederlande, das zwischen 1770 und 1829 in fünf Bänden erschienen war. Und jetzt starb in genau diesem Kirchengebäude und exakt unter seinem Porträt ein Vogel. Reiner Zufall? Oder war das das Werk Gottes?

KEINE WASSERRALLE, SONDERN TÜPFELSUMPFHUHN

Das Porträt von Cornelis Nozeman im Kirchengebäude der Remonstrantengemeinde in Rotterdam. (KM)

Die Antwort auf diese Frage hoffte ich in Nozemans Standardwerk zu finden. In der Abteilung „SKW" in der dritten Etage der

Zentralbibliothek von Rotterdam würde ich fündig werden, verriet mir eine freundliche Mitarbeiterin: Die Abteilung „Seltene und kostbare Werke" befand sich hinter einer Glaswand, etwas versteckt hinter den fremdsprachigen Romanen, und heißt heute Erasmussaal. Sehr trefflich für einen Raum, in dem die weltweit größte Sammlung von Originalwerken von Erasmus aufbewahrt wird – und darüber hinaus auch Nozemans vollständige Sammlung. Die fünf Bände von *Nederlandsche Vogelen* wurden mir auf einem kleinen Wagen aus dem klimatisierten Lager gebracht. Alle hatten schwere Halbledereinbände, ein Papierformat von 56 x 39 Zentimeter und knarrten beim Umblättern. In Band 3, der 1797 erschienen war, fand ich sie schließlich, die Wasserralle. Doch die vierseitige Beschreibung („... Kopf, Hals, Kehle und Brust sind mit grauen, zierlichen weiß gefleckten Feder bedeckt ...") bezog sich nicht auf die Wasserralle, sondern auf das Tüpfelsumpfhuhn (*Porzana porzana*), eine andere Rallenart. Auch für die beiden handgefärbten Kupferstiche hatte das Tüpfelsumpfhuhn Modell gestanden, nicht die Wasserralle. Eine Nachlässigkeit, die Nozemann und Kollegen damals begangen hatten, und das, obwohl Carl von Linné bereits 1758 die Grundlagen für eine eindeutige Namensgebung bei Tieren und Pflanzen gelegt hatte.

Oder anders gesagt: Die Wasserralle fehlt in Nozemans Werk *Nederlandsche Vogelen* – vielleicht hat das in der Kirche jämmerlich verendete Exemplar zwei Jahrhunderte später versucht, der Gerechtigkeit Genüge zu tun und Prediger Nozeman[1] auf seinen Fehler hinzuweisen. Dafür muss der Vogel ein wenig Hilfe von oben gehabt haben, wie ich mir als tugendhaftem Heiden zu erwähnen erlaube.

---

[1] Eigentlich ist Koautor Martinus Houttuyn für den Fehler verantwortlich, da Nozeman 1797 (als Band 3 erschien) bereits tot war.

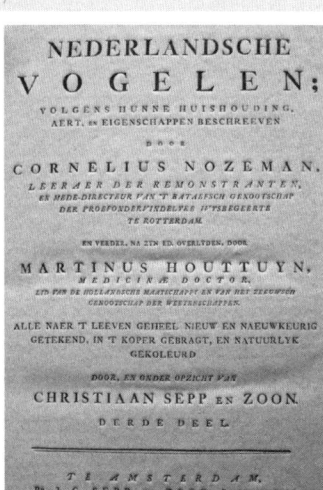

Der dritte Band von Nozemans Werk *Nederlandsche Vogelen*
von 1797. (Zentralbibliothek von Rotterdam)
Die Wasserralle, die sich als Tüpfelsumpfhuhn entpuppte – aus
Nozemans *Nederlandsche Vogelen*. (Zentralbibliothek von
Rotterdam)

STRASSENLÄUFER

Wenn es um ihren Lebensraum geht, sind Vögel in der Regel ziemlich eindeutig: Spechte leben im Wald, Lerchen in Feld und Flur, Enten brauchen Wasser und Haussperlinge Menschen und Gebäude. Aber manchmal gerät diese Regel ins Wanken. Ende August 2015 wurde mir erneut gemeldet, dass sich ein Vogel an einem außergewöhnlichen Ort aufhielt: Ein Alpenstrandläufer (*Calidris alpina*) hatte sich in eine Straße in einem Wohnviertel des niederländischen Seebads Scheveningen, über anderthalb Kilometer vom Strand entfernt, verirrt. Yolande de Kok, die den Stelzenläufer mit scharfem Blick eines Vogelbeobachters entdeckt und fotografiert hatte, meldete: „Der Vogel suchte zwischen den Pflastersteinen aktiv nach Nahrung, kam mir sogar entgegen, bis ich nur noch einen einzigen Meter von ihm entfernt war, und überquerte anschließend die Straße in Richtung einer Garageneinfahrt." In unseren Regionen brauchen Alpenstrandläufer die Nähe zum Strand und Schlickböden, die reich an Wirbellosen sind. Dieser Straßenläufer hatte sich vollkommen verirrt oder wollte vielleicht nur mal ausprobieren, wie sich die Stadt als Lebensraum anfühlte. Irgendjemand muss ja schließlich Vorreiter sein.

Ein Alpenstrandläufer in einem Wohnviertel im niederländischen Seebad Scheveningen. (Yolande de Kok)

Auch Anneke Nunn beobachtete einen Alpenstrandläufer auf der Terrasse eines Ferienhauses an der Promenade von Bergen aan Zee: „[...] während er kreuz und quer umherlief, pickte er immer mal wieder etwas auf, manchmal verschwand er sogar zwischen den Rosenbüschen". Dieser Terrassenläufer hatte sich zwar deutlich weniger weit vom Strand entfernt als der Straßenläufer von Scheveningen, begab sich aber wie sein Artgenosse auf Nahrungssuche auf hartem Pflaster. Die Anatomie von Schnabel und Zunge des Alpenstrandläufers ist jedoch (nach wie vor) für die Nahrungssuche auf weichem, wässrigem Boden ausgelegt. Die Evolution vom Strandläufer zum Straßenläufer ist noch ein weiter Weg.

———

Die krähende Henne

„Sind Sie nicht der mit den komischen Vögeln?" Seit meiner Entdeckung, dass es homosexuelle, nekrophile Enten gibt, bekomme ich öfter mal derartige Anrufe. Obwohl anschließend manchmal lediglich ein anzügliches Gespräch oder eine völlig belanglose Beobachtung folgt, beantworte ich die Frage – schon aus reiner Neugier – immer positiv. Denn nicht selten erfahre ich im Anschluss auch etwas Besonderes. So rief mich etwa Jan de Koning an, der sich als Tischler und Erfinder mathematischer Baukästen vorstellte und von seinen Fasanen in einer Voliere in seinem Rotterdamer Garten berichtete. Die Stimme des Erfinders war ernst und so hörte ich mir seine Geschichte aufmerksam an: „Etwa zehn Jahre ist es her, da bekam ich für meine Voliere drei Goldfasane – einen Hahn und zwei Hennen. Die Hennen flohen jedes Mal, wenn sich der liebestolle Hahn ihnen näherte. Um wieder Ruhe in den Käfig zu bringen, beschloss ich daher, den Hahn abzugeben. Irgendwann blieb nur noch eine Henne übrig, eine mit graubraunem Gefieder wie alle Fasanenweibchen." Von einem außergewöhnlichen Verhalten von Seiten der Vögel war bislang noch keine Rede, aber vielleicht wollte De Koning die Spannung dadurch etwas erhöhen. „Im letzten Frühling fiel mir plötzlich auf, dass das Gefieder der Henne bunter geworden war und einen gelb-orangefarbenen Glanz bekommen hatte. Nach der Mauser besaß sie auf einmal das farbenfrohe Prachtkleid eines Hahns, und auch ihr Verhalten hatte sich geändert: Sie

Frischtoter Goldfasan, noch vollständig. (KM)

wurde selbstbewusster, war weniger scheu und fing an zu krähen. Meine Henne war ein Hahn geworden!"

Die Geschichte faszinierte mich. Dass spontane, äußerliche Geschlechtsumwandlungen bei Vögeln existieren, hatte ich schon mal gehört, aber Augenzeugenberichte sind rar. Ich fragte De Koning, wie es dem Goldfasan erging, und schlug vor, ihn, den Hahn, mit einer (echten) Henne zusammenzubringen, um zu sehen, ob er einen Geschlechtstrieb entwickeln würde. „Daraus wird leider nichts", erwiderte der Fasanenfreund, „denn er liegt hier vor mir – mausetot. Möchten Sie ihn für Ihre Sammlung haben?" Ich hatte es nicht zu hoffen gewagt, aber Wörter wie „tot" und „haben" sind Musik in den Ohren eines Konservators. Noch am gleichen Tag brachte Jan de Koning mir den frischtoten Fasan vorbei, in einer Einkaufstasche, fein säuberlich in Zeitungspapier eingewickelt.

Es handelte sich tatsächlich um einen Goldfasan (*Chrysolophus pictus*), den gelben Mutanten, der in Gefangenschaft gezüchtet wird. Das Gefieder des toten Vogels entsprach in der Tat auch fast vollständig dem eines Männchens. Nur die geringere Körpergröße, ein paar graubraune Brustfedern und das Fehlen von Sporen an den Beinen erinnern noch an „sein" fast zehnjähriges Leben als Weibchen. Der Vogel wird als Balg aufbewahrt, seine Eingeweide befinden sich in 70-prozentigem Alkohol. Der Goldfasan ist ein besonderes Exponat, nicht zuletzt auch dank des Augenzeugenberichts von Jan de Koning, und bereichert heute die Museumssammlung unter der Katalognummer NMR 9989-001554. Die Autopsie bestätigte, dass es sich um einen Vertreter des weiblichen Geschlechts handelte: In der Bauchhöhle befand sich ein verhärtetes, dunkel gefärbtes Ovarium (Eierstock) in der Größe eines Tischtennisballs. Ich bin weder Vogelgynäkologe noch Vogelpathologe, aber mir war sofort klar, dass dies An-

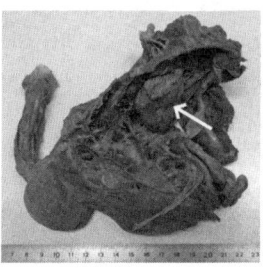

Die Eingeweide des Goldfasans; der Pfeil deutet auf das kranke Ovarium. (KM)

zeichen eines Ovarialkarzinoms – Eierstockkrebs – waren, einer Krankheit, die zur erstaunlichen Geschlechtsumwandlung geführt hatte.

JOHN HUNTER

Der erste Wissenschaftler, der spontane Geschlechtsumwandlungen bei Vögeln beobachtet und dieses Phänomen ausführlich studiert hat, war John Hunter. Der namhafte Anatom und Chirurg (1728–1793) aus Schottland hat seinerzeit über 14.000 anatomische und zoologische Präparate angefertigt. Ein Wissenschaftler nach meinem Geschmack, auch weil er originelle Experimente nicht scheute und immer einen Satz geschliffener Messer mit sich führte. So hält sich auch hartnäckig das Gerücht, dass Hunter sich selbst mit Syphilis und Gonorrhö angesteckt haben soll, um herauszufinden, ob ein Organ zur gleichen Zeit von beiden Krankheiten befallen sein kann. Und wie sich herausstellte, ist so etwas tatsächlich möglich. Hunters Genesung soll sich anschließend nicht weniger als drei Jahre hingezogen haben. Eine weniger heftige, aber nicht weniger interessante Beobachtung in Sachen Geschlechtsumwandlung bei einem Fasan und einem Pfau veröffentlichte Hunter 1780 in der Fachzeitschrift *Philosophical Transactions* unter der Überschrift „Account of an extraordinary Pheasant". Wie Jan de Koning später beschrieb er dort, wie sich das Gefieder eines Weibchens in das eines Männchens verwandelt hatte. Hunter untersuchte den Fasan und fand dabei ganz normale weibliche Geschlechtsorgane (Ovarium und Tuba) und schlussfolgerte, dass der Vogel im Prinzip immer noch ein Weibchen war. Somit war Hunter einer der ersten Wissenschaftler, der Geschlechtsmerkmale, mit denen Männchen und Weibchen sich voneinander unterscheiden, wie etwa der lange Schwanz eines Pfaus oder der grüne Kopf eines männlichen Fasanen, in primäre (innen liegende) und sekundäre (rein äußerliche) einteilte. Eine Pfauhenne, die sich im Alter von elf Jahren – nach einem fruchtbaren Leben mit vielen erfolgreichen Gelegen – äußerlich in ein Männchen verwandelte, ließ Hunter vermuten, dass Geschlechtsumwandlungen womöglich eine Alterserscheinung sind. Später bezeichnete er Vögel, bei denen sich dieses Phänomen ereignete, als „senil".

HALBE HÄHNCHEN

Hunter hatte recht, dass eine rein äußerliche Veränderung der Geschlechtsmerkmale eine Alterserscheinung sein kann. Nur die Ursache dafür wurde erst 50 Jahre später bekannt, dank Studien des britischen Ornithologen
William Yarrell, eines Freundes von Charles Darwin. In der Jagdsaison
1826/1827 waren ihm sozusagen sieben weibliche Fasanen in den Schoß
gefallen, die alle mehr oder weniger ein männliches Federkleid trugen. Als
Yarrell sie per Autopsie untersuchte, stellte er fest, dass sie ausnahmslos
ein krankes Ovarium besaßen. Yarrell gelang es, zu beweisen, dass ein ge-
sunder Eierstock für eine Henne Grundvoraussetzung dafür ist, auch rein
äußerlich weiblich zu bleiben. Die Bestätigung seiner Theorie fand Yarrell
bei Hühnerzüchtern, die an ihren Hennen einen einfachen Eingriff vor-
nahmen: Sie trennten den Eierstock vom Eileiter, mit dem Ziel, die Entwicklung des Letzteren zu stoppen. Sobald sich die Hennen von der Ope-
ration erholt hatten, fingen sie nach einiger Zeit an zu krähen, ihr Kamm
entwickelte sich zu einem veritablen Hahnenkamm, sie bekamen (kurze,
stumpfe) Sporen an den Beinen und veränderten auch die Farbe ihres Gefieders. Eine solche Sterilisation führten die Hühnerzüchter übrigens nicht
aus wissenschaftlichen, sondern aus rein kommerziellen Gründen durch:
Die Hennen durften zwar weiter wachsen, aber die feine Textur des Fleisches, die bei einem Jungtier gegeben ist, sollte erhalten bleiben. Nach zehn
bis zwölf Monaten hatten die „halben Hähnchen" ihre optimale Reife erreicht.

WENIGER AUSGEPRÄGTE BRÜSTE, SCHMALERE HÜFTEN

Dass die Geschlechtsorgane männlicher und weiblicher Vögel in der Anlage – im Ei – vollkommen identisch sind, wurde im 20. Jahrhundert bewiesen. Erst während der weiteren Wachstumsphase des Embryos entwickeln sich die Geschlechtsorgane bei Männchen zu (zwei) Testikeln
und bei Weibchen linksseitig zu einem Eierstock, während das rechte
Geschlechtsorgan unterentwickelt bleibt. Das im Eierstock produzierte

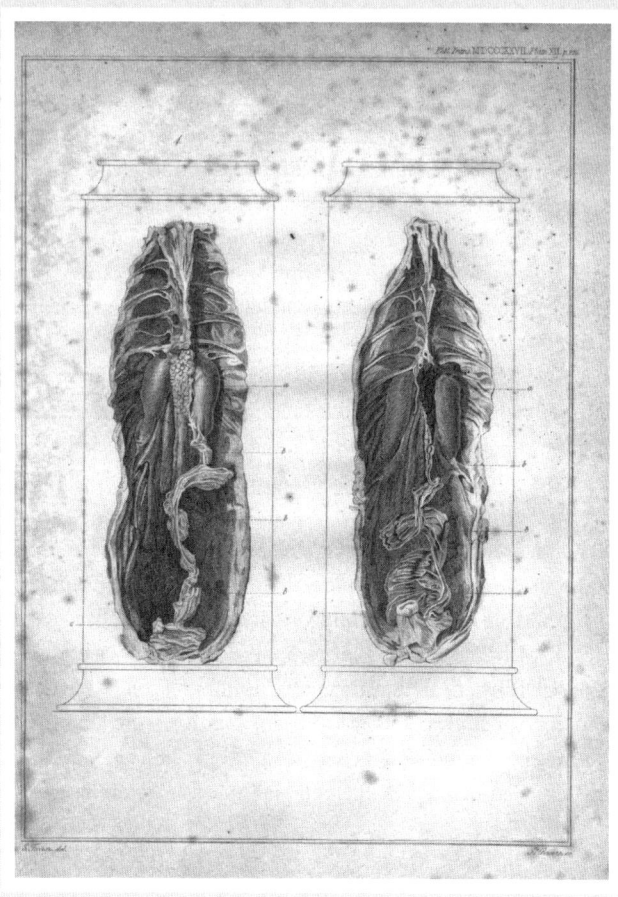

Die Illustration zum Artikel von William Yarrell in der Zeitschrift
Phil. Trans. von 1827: links ein Ovarium (a) mit Eileiter
(b) eines gesunden Fasanweibchens; rechts das kranke (dunkle)
Ovarium (a) eines Fasans nach der Geschlechtsumwandlung.
(William Yarrell)

weibliche Sexualhormon Östrogen ist dafür verantwortlich, dass weibliche Fasanen ein „langweiliges" Federkleid bekommen und behalten. Geht bei einem Weibchen das Ovarium verloren oder stellt dieses seine Funktion aufgrund einer Beeinträchtigung wie Tumor, Degeneration, Alter oder Infektion ganz oder teilweise ein, gerät der Hormonhaushalt durcheinander und entwickelt sich das rechte, unterentwickelte Geschlechtsorgan oft zu einem Testikel. Wenn Östrogen fehlt (oder die produzierte Menge der des männlichen Sexualhormons Testosteron unterlegen ist), verändert sich das Gefieder des Weibchens in das männliche Prachtkleid. Das geschah bei den Fasanen von John Hunter, William Yarrell und Jan de Koning. Dagegen führt Kastration (das Entfernen der Testikel) bei Männchen nicht zum Gegenteil: Ein Pfauenhahn „ohne Eier" verliert seinen schönen Schweif keineswegs und auch ein kastrierter Fasanenhahn behält sein markantes männliches Federkleid.

Übrigens zeigt sich bei Frauen nach der Menopause eine ähnliche Entwicklung. Wird die Produktion von Östrogen eingestellt, ändern sich, wie bei Fasanen, einige äußerliche Merkmale. Ab einem gewissen Alter bekommen die meisten Frauen männliche Züge: dünnere Beine, weniger ausgeprägte Brüste, schmalere Hüften und mehr Beharung an ungewöhnlichen Stellen.

ENTEN

Interessante Fälle von Geschlechtsumwandlungen wurden auch bei Enten dokumentiert. Im Februar 2003 gingen in Japan vier weibliche Spießenten (*Anas acuta*) in die Falle, die – mal mehr, mal weniger – ein männliches Prachtkleid trugen. Ihr Pech war, dass sie in die Hände von sechs renommierten Biologen (Chiba, Sakai, Sato, Honma, Murata und Sugimori) gerieten, die sich mit großem Eifer daran machten, jene Veränderung einer einschlägigen Untersuchung zu unterwerfen. Sie beschleunigten das Ableben der Enten mittels einer bewährten Methode, die sie *rapid decapitation* – schnelle Enthauptung –, nannten. Anschließend krempelten sie die Spießenten buchstäblich um und studierten sie bis ins kleinste Detail. Ihre

Schlussfolgerung: Die Eierstöcke hatten sich stark zurückgebildet, während der Hypophysenvorderlappen (im Gehirn) vergrößert war – beides Merkmale eines gestörten Hormonhaushalts. Zwar dokumentierten die japanischen Wissenschaftler die Geschlechtsumwandlung bei den Spießenten in aller Ausführlichkeit, unterließen es aber, die Überreste der Enten, von einigen mikroskopischen Präparaten abgesehen, zu konservieren.

Ein solches Phänomen wurde bereits bei der Eiderente (*Somateria mollissima*) festgestellt. Der niederländische Ornithologe Cees Swennen beobachtete ab 1977 alljährlich große Scharen von Eiderenten im Wattenmeer in der Nähe der westfriesischen Inseln Texel und Vlieland und entdeckte dabei immer wieder Männchen mit einem untypischen Federkleid, das ihm unbekannt war. Am ehesten glichen diese Exemplare jungen Männchen, bei denen das Prachtkleid zum ersten Mal voll entwickelt war. Verdächtig kamen ihm aber die weißen Federn in den Schwingen und oberhalb der Augen vor. Die Eiderenten mit ihrem markanten, abweichenden Gefieder blieben Swennen ein Rätsel, bis er 1987 und 1988 einige tote Exemplare fand: „Bei der Autopsie gab es eine Überraschung: Trotz der bunten Färbung des Federkleids handelte es sich nicht um junge Erpel, sondern um erwachsene Weibchen – allesamt mit Ovarium und Tuba", berichtete er in *Limosa*, dem Organ der niederländischen ornithologischen Union. Einen der Vögel hatte Swennen 18 Jahre zuvor selbst beringt, er war zu jener Zeit mindestens drei Jahre alt gewesen. Aus der Autopsie ging hervor, dass sich das Ovarium in schlechtem Zustand befunden hatte. Das heißt, auch in diesem Fall handelte es sich um ein altes, krankes Weibchen.

Zu den am besten dokumentierten (und erhaltenen!) Fällen von äußerlicher Geschlechtsumwandlung zählt jene Stockente (*Anas platyrhynchos*), die eine Familie in der niederländischen Provinz Zeeland 1977 als Küken adoptiert hatte. Ihre Geschichte wurde 1992 von Hans Post und Erwin Kompanje im niederländischen Vogelfachblatt *Dutch Birding* veröffentlicht – in einem Stil, der dem von Hunter und Yarrell durchaus das Wasser reichen kann. Die junge Ente, ein Weibchen, gewöhnte sich an die tägliche Fürsorge und blieb der Familie jahrelang als Haustier erhalten. Nach etwa zehn Jahren zeigten sich jedoch Veränderungen: Sie bekam den für Erpel so typischen Ringelschwanz und im Laufe der folgenden Jahre verwandelte sich langsam, aber stetig auch die Farbe ihres braunen Federkleids: Ihr Kopf wurde grün, der Schnabel gelb, die Brustfedern Kastanienbraun und am Hals zeigte sich sogar ein weißer Ring. Irgendwann hatte sie ein vollkommenes männliches Prachtkleid – nur der Ton ihres Gequake blieb weiblich. In der aus sieben Enten bestehenden Gruppe verhielt sich der Vogel jedoch weiterhin wie ein ganz normales Weibchen und paarte sich – wie zuvor – regelmäßig mit den Erpeln. Am 3. September 1991 verstarb das Tier im Alter von 14 Jahren. Der Leichnam kam zu Post und Kompanje, die ihn ausgiebig untersuchten: Das linke Ovarium war krank und wies mehrere von Tumoren verursachte Zysten auf. Anders als bei ähnlichen Fällen war das rechte Geschlechtsorgan nicht entwickelt, und in der Kloake (der multifunktionellen Körperöffnung) befand sich kein Penis. Aus anatomischer Sicht handelte es sich also um ein vollwertiges Weibchen, jedoch mit dem Gefieder eines Erpels. Wie der Goldfasan von Jan de Koning wurde auch die Stockente aus Zeeland, zusammen mit den kranken, aber vollständig erhalten gebliebenen Geschlechtsorganen, in die Sammlung des Naturhistorischen Museums von Rotterdam überführt. Dort trägt sie die Katalognummer NMR 9989-00168.

Das alte Entenweibchen aus Goes (NMR 9989-000168) (oben)
und das senile Goldfasanweibchen von Jan de Koning (NMR
9989-001554) (unten), beide mit männlichem Aussehen
und konserviert; Sammlung Naturhistorisches
Museum von Rotterdam. (KM)

Die Klöten
des Sperlings

Auch wenn bei Fasanen und Enten zweifelsfrei nachgewiesen werden konnte, dass Sexualhormone darüber entscheiden, ob ein Tier ein männliches oder weibliches Gefieder bekommt, ist bei den meisten anderen Vogelarten der Unterschied zwischen beiden genetisch verankert und nicht von Sexualhormonen wie etwa Testosteron und Östrogen abhängig. Beim Haussperling (*Passer domesticus*) konnte Warren Keck von der University of Iowa dies bereits in den 1930er-Jahren anhand einer Reihe von bemerkenswerten Experimenten belegen. In jener Zeit war der Haussperling die Laborratten unter den Vögeln. Sie waren weit verbreitet, nicht geschützt und das Gefieder der beiden Geschlechter ist sehr unterschiedlich – für Forscher also ideal.

Sollten Sie den Haussperling nicht (mehr) kennen (mancherorts in Westeuropa ist seine Zahl in den letzten zwei Jahrzehnten dramatisch zurückgegangen), folgt hier eine Kurzbeschreibung. Das Weibchen hat eine grau-braune Oberseite und das Gefieder am Rücken und an den Schultern ist dunkel gestreift. Über dem Auge trägt es einen dünnen, beigen Streifen, während die Unterseite bleigrau ist, heller als die Oberseite, am Bauch manchmal sogar weißlich bis aschgrau. Beim Männchen ist der Scheitel grau und der Kopf seitlich bis zur Kehle kastanienbraun, während das Gefieder am Rücken und an den Schultern schwarz, kastanienbraun und beige gestreift ist. Ein auffälliges Merkmal bei Männchen ist der schwarze Brustlatz, der vom Kinn nach unten läuft und sich nach links und nach rechts über die Brust verteilt. Ein großer Brustlatz ist ein Zeichen von Männlichkeit: Solche Männchen sind dominanter, beherrschen die besten Reviere, paaren sich öfter und kümmern sich besser um den Nachwuchs als Männchen mit einem kleinen Brustlatz. Weibchen wissen das.

KASTRATION

Als Wissenschaftler ging Keck der Frage nach, inwiefern Sexualhormone für die Unterschiede im Gefieder verantwortlich sind. Und um das herauszufinden, beschloss er, 52 männliche Haussperlinge zu kastrieren. Das ist kein Kunststück. Dafür lässt man sie erst 24 Stunden fasten, damit der Magen beim Eingriff nicht im Weg ist, und anschließend werden sie mit etwas Äther ruhiggestellt. Nach der Entfernung einiger Federn auf der linken Seite erfolgt zwischen den letzten beiden Rippen der Schnitt. Über diese Öffnung entfernte Keck die Testikel mit – wie er sagte – „einem feinen Instrument". Bei Haussperlingen mit großen Testikeln musste der Eingriff jedoch an der rechten Seite vorgenommen werden. Da Keck sauber und steril arbeitete und die Wunden fachmännisch zunähte, blieb die Zahl der Todesfälle aufgrund von Infektionen gering.

Danach entfernte Keck bei den Kastrierten – die er „Kapaune" nannte – die für Männchen typischen schwarzen Brustfedern und wartete, bis sie wieder nachgewachsen waren. Er stellte fest, dass sich an der Stelle der entfernten Federn wieder schwarze Federn bildeten. Auch täglich injizierte weibliche Hormone hatten keinerlei Einfluss auf die Farbe der neuen Federn. Um ganz sicher zu sein, entfernte Keck bei 48 Weibchen die Eierstöcke und rupfte sie danach, bis sie ganz kahl waren. Bei diesen sterilisierten Weibchen wuchsen ebenfalls wieder normale (also keine männlichen) Federn nach. Gleiches geschah bei einer Reihe von anderen Weibchen ohne Ovarium, denen er fachmännisch Testikel implantiert hatte: Wieder gab es keine Farbabweichungen im Gefieder. Also schlussfolgerte Keck, dass die Färbung des Gefieders genetisch festgelegt ist. Die des Schnabels von Sperlingsmännchen jedoch nicht, denn hier bestimmen dessen Klöten, oder besser gesagt Sexualhormone, die Farbe.

VON SENFKORN BIS KIRSCHE

Wieder einmal war es der einfallsreiche Anatom John Hunter (1728–1793), der nach systematischen Messungen feststellte, dass sich die Testikelgröße bei männlichen Haussperlingen jahreszeitlich bedingt veränderte. Seine Beobachtungen veröffentlichte er 1786 in seinem Buch mit dem faszinierenden Titel *Observations on certain parts of the animal œconomy.* Für das Kapitel „Die Drüsen zwischen Mastdarm und Blase" verwendete er unter anderem männliche Haussperlinge („Spatzen") als Testkaninchen: „... ein Spatzenmännchen, das im Winter erlegt wurde, bevor die Tage wieder länger wurden, hat sehr kleine Hoden." Hunter tötete jeden Monat einen Haussperling – im Namen der Wissenschaft, versteht sich –, öffnete die Bauchhöhle, suchte und fand die Testikel (was einfacher ist als kastrieren) und vermaß diese: „Wird das Organ bei anderen Spatzen betrachtet, wenn die Außentemperatur steigt und fortgesetzt bis in die Brutsaison, dann ist der Unterschied der Testikelgröße sehr auffällig." Wenngleich Hunter keine Abmessungen veröffentlichte, spricht die Abbildung, auf der fünf Paar entnommene Sperlingshoden zu sehen sind, Bände. Im Januar sind die Testikel nicht größer als ein Senfkorn, doch bis Mitte April sind sie so kräftig angewachsen, dass sie einer Kirsche gleichen. Heute wissen wir, dass zwischen dieser enormen Gewichts- und Volumenzunahme und der Produktion des männlichen Sexualhormons Testosteron, das unter anderem den Geschlechtstrieb auslöst, ein direkter Zusammenhang besteht.

AUSDAUERNDER SPATZENSEX

Dass sich die Hodengröße von Spatzen verändert, war schon Aristoteles aufgefallen. In seiner im Jahr 350 v. Chr. erschienenen Lehrschrift *Historia Animalium* schrieb er: „[…] so sind auch bei den Vögeln, ehe sie sich begatten, die Hoden klein oder gänzlich unsichtbar, werden aber, wenn sie

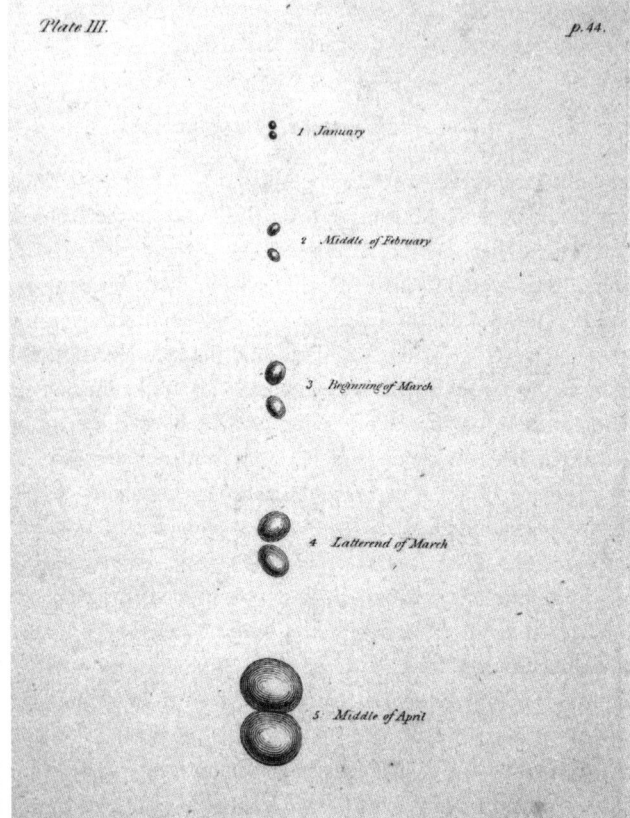

Plate III.

p. 44.

1 January

2 Middle of February

3 Beginning of March

4 Latterend of March

5 Middle of April

Die Größe der Haussperlingstestikel, festgehalten von John Hunter. Von oben nach unten: (1) im Januar; (2) Mitte Februar; (3) Anfang März; (4) Ende März; (5) Mitte April. (John Hunter)

sich begatten, sehr groß: Am deutlichsten zeigt sich dies bei den Ringeltauben und Rebhühnern, und manche glauben deshalb, dass diese im Winter keine Hoden haben." Der Pionier der Zoologie hatte scharf beobachtet. Sogar der Begründer der modernen Ornithologie, John Ray, stützte sich 1678 auf Aristoteles' Feststellung, als er Spatzenhoden zu sehen bekam: „Die Hoden sind groß wie bei einem Vogel in der Balz."

Die großen Hoden sind die Basis für die phänomenalen sexuellen Höchstleistungen, für die Sperlingsmännchen bekannt sind. 1758 bereits charakterisierte der schwedische Naturwissenschaftler Carl von Linné *Passer domesticus* in seiner offiziellen Beschreibung kurz, aber treffend als *Salacissimus qui vigesies sape coit* (Sinngemäß: Toll, er paart sich oft 20 Mal.) Das hatte Linné gut erkannt. Auf dem Höhepunkt der Brutsaison (die sieben bis zehn Tage vor der Eierproduktion bis zur Eiablage durch das Weibchen) paart sich das Männchen des Haussperlings zwei bis vier Mal stündlich und besteigt das Weibchen im Schnitt vier Mal je Kopulation. Paarungsversuche mit zehn bis 20 Besteigungen nacheinander inklusive Berührung beider Kloaken (Spatzen haben keinen Penis) sind eher die Regel als die Ausnahme. 1897 führte J. H. Clark in New Jersey ein interessantes Experiment durch, dessen Ergebnisse er unter dem Titel „A Much Mated House Sparrow" in *The Auk* publizierte. Aufmerksam hatte er das Fortpflanzungsverhalten des Sperlingsmännchens verfolgt, das in seinem Garten einen Nistkasten bezogen hatte. Nach der Paarung erlegte Clark das Weibchen. So erging es jeder neuen Sperlingsfrau, mit der sich das Männchen paarte. Auf diese Weise verlor das Männchen innerhalb von nur zwei Monaten insgesamt fünf Partnerinnen, von denen einige bereits nach nur zehn Minuten eine Nachfolgerin hatten.

MESSEN IST WISSEN

Schließlich war es doch John Hunter, der 1786, mehr als 100 Jahre nach Ray, als Erster anfing, Spatzenhoden zu vermessen, und den Zusammenhang zwischen Hodengröße, Länge der Tage und Temperatur erkannte. Drei Jahre nach Hunter stellte Godfried Tannenberg eine Verbindung zwischen dem enormen Wachstum der Hoden und der unfassbaren Paarungsfrequenz des Haussperlings her. Danach dauerte es abermals 100 Jahre, ehe der Zyklus des Hodenwachstums bei Haussperlingen vollends beschrieben und quantifiziert wurde. Bis dahin galt die staubtrockene Dissertation von Franz Etzold aus dem Jahr 1891 als das Standardwerk schlechthin. Darin veröffentlicht der deutsche Gelehrte Abmessungen und Gewicht der Testikel von Leipziger Haussperlingen, die wie folgt lauteten: 1,9 Milligramm (Minimum) am 2. Januar, 639 Milligramm (Maximum pro Testikelpaar) am 12. Mai. Über die dazugehörige Größe berichtete er: „Im extremsten Falle habe ich 11,9 und 8 mm gemessen." Sein Fazit: Das Gewicht eines Hodens bei Haussperlingen vermehrt sich zwischen Januar und Mai um das 300-Fache. Etzold setzte diese beeindruckenden Zahlen auch in Relation zu dem Menschen: „Würde der Mensch einen eben so stark entwickelten Genitalapparat haben, als der Sperling, so müssten, wenn sein mittleres Körpergewicht 65 kg beträgt, seine Testikel bei einem Inhalt von 0,8 Liter, einem Gewicht von 2,5 Pfund und Kanälchen von 3500 Meter Länge enthalten und damit würde das Scrotum monströse Dimensionen erhalten."

Etwa zehn Jahre später bekam Franz Etzold Konkurrenz von Gustave Loisel, der die Klöten Pariser Spatzen einer Vermessung unterzog. Daraufhin veröffentlichte er eine lehrreiche Abbildung, die hier wiedergegeben ist.

Der Haussperling, der am 27. Mai 1899 sein Leben für die Wissenschaft ließ, hatte einen linken Hoden mit den Abmessungen 17 x 15 x 10 Millimeter. Weltrekord – zumindest auf Papier.

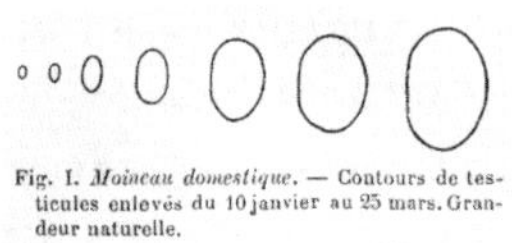

Fig. I. *Moineau domestique.* — Contours de testicules enlevés du 10 janvier au 25 mars. Grandeur naturelle.

Zeichnungen, die das Testikelwachstum von Pariser Haussperlingen zwischen dem 10. Februar und dem 25. März 1899 naturgetreu wiedergeben. (Gustave Loisel)

SPERMIENKONKURRENZ

Ein weiteres Jahrhundert verstrich, ehe man verstand, weshalb die Hoden der männlichen Vertreter des Haussperlings und anderer Vogelarten derart wuchsen: Weil die Weibchen promiskuitiv sind. Um sicherzustellen, dass das eigene Sperma und nicht das der Konkurrenz Nachkommen erzeugt, müssen sich männliche Vögel oft und ausgiebig paaren. Nur so ist gewährleistet, dass eine größtmögliche Spermamenge in das Weibchen gerät. Männchen mit großen (volleren) Hoden sind den Männchen mit kleineren Hoden überlegen. „Spermienkonkurrenz" nennen Fortpflanzungsbiologen dieses Phänomen, wie wir vom britischen Ornithologen Tim Birkhead und dem dänischen Biologen Anders Møller wissen, die auf diesem Gebiet Pionierarbeit geleistet haben. Lesbar zusammengefasst hat Tim Birkheads die Geschichte dieser Forschungsarbeit 2008 in seinem Meisterwerk *The Wisdom of Birds*.

TESTIKEL, TESTOSTERON UND SCHABELFARBE

Als Anatom fokussierte sich John Hunter naturgemäß ausschließlich auf das Innenleben des Haussperlings. Hätte er damals auch Sinn für die äußerlichen Merkmale gehabt, wäre ihm zweifelsohne aufgefallen, dass Männchen in der Brutsaison einen kohlrabenschwarzen Schnabel haben, während der Schnabel in der restlichen Zeit des Jahres hellbraun bzw. elfenbeinfarben ist. Warren Keck, der den Beweis lieferte, dass die Farbe des Gefieders bei Haussperlingen nicht von Sexualhormonen beeinflusst wird, vermutete einen Zusammenhang zwischen Schnabelfarbe und dem männlichen Sexualhormon Testosteron. Ihm war nicht entgangen, dass sich der schwarze Schnabel von Haussperlingen, die er in der Brutzeit kastriert hatte, am Ansatz bereits nach drei Wochen verfärbte und nach drei Monaten vollständig elfenbeinfarben war, sogar heller als die Schnabelfarbe der Männchen im Winter. Wurde seinen „Kapaunen" dagegen das männliche Sexualhormon Testosteron verabreicht, veränderte sich die blasse Farbe der Schnäbel innerhalb von 25 Tagen wieder über Schiefergrau in Kohlrabenschwarz. Somit galt der Zusammenhang zwischen Testikel, Testosteron und Schnabelfarbe als erwiesen. Diese klassische Studie veröffentlichte Warren Keck 1934 im *Journal of Experimental Zoology*. Zwei Jahre später gingen seine Kollegen Emil Witschi und Robert Woods dem Phänomen, wie der Sperlingsschnabel schwarz wird, auf den Grund. Sie entdeckten,

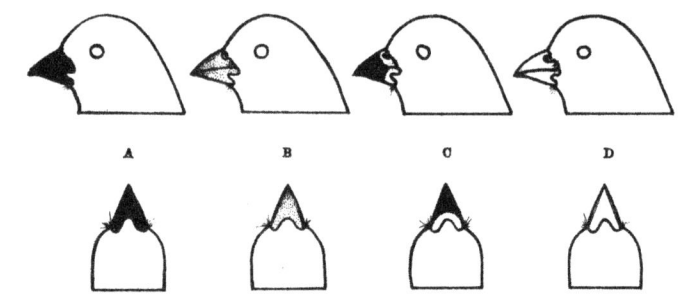

Die Schnabelfarbe von Haussperlingsmännchen: (A) in der Brutsaison schwarz; (B) im Winter hornfarbig; (C) drei Wochen nach der Kastration; (D) elfenbeinfarbig, drei Monate nach der Kastration. (Warren Keck)

dass das männliche Sexualhormon bewirkt, dass gewisse Pigmentzellen in der Haut des Schnabels das dunkle Melanin produzieren, welches als winzige „Körnchen" in die äußere Zellschicht des Schnabels fließt und diesen schwarz färbt.

In den letzten Jahren lässt sich beobachten, dass sich der Schnabel bei Haussperlingen immer früher im Jahr (manchmal schon Ende Februar) schwarz färbt. Blicken Sie einfach mal aus dem Fenster, vorausgesetzt, es halten sich in Ihrem Garten noch Haussperlinge auf.

ZWEI JAHRHUNDERTE KONSERVIERT

Die Sperlinge und deren Testikel, die Warren Keck der Wissenschaft opferte, sind nicht erhalten geblieben. Doch John Hunter bewahrte alles auf. Er baute eine Sammlung aus anatomischen Präparaten auf, die ihresgleichen sucht. Dank The Royal College of Surgeons ist seine Sammlung auch heute noch größtenteils vollständig und im Hunterian Museum in London, das dem Anatomen gewidmet wurde, ausgestellt. Der Eintritt zu diesem wunderbaren Museum ist übrigens kostenlos. Vor allem die sogenannte Crystal Gallery, in der über 3000 Präparate von John Hunter zu bewundern sind, zählt zu den Höhepunkten. Neben dem imposanten, 2,31 Meter langen Skelett von Charles Byrne – dem irischen Riesen – befinden sich hier auch der berühmte Schädel eines zweiköpfigen Jungen aus Bengalen und – ebenfalls außergewöhnlich – der Mastdarm des Erzbischofs von Durham. Was mich persönlich am meisten anspricht, sind die Haussperlinge, die Hunter für seine Testikelstudie verwendet hat. In Vitrine 40-02 „Organs of generation" finden sich unter der Katalognummer 2457-2462 sechs in Formalin konservierte Haussperlinge, deren Testikel Hunter höchstpersönlich präpariert hat. Es sind prächtige Flüssigpräparate aus dem 18. Jahrhundert, die einen ungestörten Blick auf zwei Testikel freigeben, die im Körperinneren nahe den Nieren am Beckenrand liegen. Bei den Haussperlingen mit den Nummern 2457 bis 2460 sind die Hoden klein und eher unscheinbar; bei denen mit den Nummern 2461 und 2462 sind sie jedoch in voller Größe, genau so, wie Hunter sie 1786 zeichnen ließ. Ich kann sie ohne Problem

Ein von John Hunter in Formalin konservierter Haussperling
mit freigelegten, präparierten Testikeln in Geschlechtsreife;
Sammlung Hunterian Museum London,
Katalognummer 2461. (KM)

eine halbe Stunde lang betrachten, wobei meine Gedanken zu jener Zeit abdriften, als es Entdeckungen in Hülle und Fülle gab und man noch völlig sorglos forschen konnte.

—

HAN JOKKER PÅ DEG

Wieder mal war ein gestörtes Auerhuhn aktiv, diesmal in Norwegen. Der große Vogel (*Tetrao urogallus*), dessen männliche Vertreter bis zu sechs Kilogramm auf die Waage bringen, schafft es ab und an, mit atypischem Verhalten in die Schlagzeilen zu geraten. Manche Hähne verteidigen ihr Revier gegen alles, was sich ihnen nähert: Menschen, Hunde, Pferde und sogar Autos werden gnadenlos verfolgt, besprungen und davongejagt. Frank Vidar Lorentzen ist das jüngste Opfer. In der Nähe des Ortes Froland wurde er von einem Auerhahn bestiegen. In dem Video zu dem Vorfall, das seit April 2014 im Internet kursiert (Suchtext: „Han jokker på deg"), unternimmt der Vogel leidenschaftliche Paarungsversuche mit dem armen Norweger, der im Heidekraut offenbar mit der Absicht in die Hocke gegangen war, seine Notdurft zu verrichten.

Die Volksweisheit, dass der Auerhahn sich mit diesem Verhalten an dem Menschen für die Abholzung in seinem Lebensraum rächt, wurde erst 1992 entkräftet. Damals erschien im Fachblatt *Hormones and Behavior* eine Studie über Auerhähne in Südfinnland, die sich schlecht benahmen. Mithilfe der Medien wurden die Vögel ermittelt und eingefangen. Blutproben ergaben, dass die aggressiven Häh-

Aggressiver Auerhahn fällt (das Mikrofon eines) schwedischen Radioreporter(s) an. (SVT Nyheter)

ne einen Testosteronspiegel aufwiesen, der den Normalgehalt von – scheuen – Artgenossen um das Fünffache überschritt. Alles eine Frage von völlig außer Kontrolle geratenen Sexualhormonen also.

—

Hilfe, die
Filzlaus stirbt aus!

Das ist nicht unbedingt die Art von Literatur, nach der ich mich
sehne, aber in *Sexually Transmitted Infections* (eine medizinische
Fachzeitschrift, unter Kennern *STI* genannt) schmökere ich doch
ganz gerne – schon wegen der abschreckenden, üblen Bilder von Trippern
und anderen übertragbaren Geschlechtskrankheiten. In der Juni-Ausga-
be von 2006 überblätterte ich die Artikel über rektale Chlamydiose, die
Herpes-Zunahme in Sydney und die Probleme beim Einführen des Spe-
kulums aus Plastik (zu rau), bis mein Auge auf Seite 265 auf einen Bericht
fiel, der mich interessierte: „Did the ‚Brazilian' kill the pubic louse?" (Haben die Brasilianer die Filzlaus ausgerottet?). Die britischen Ärzte Nicola
Armstrong und Janet Wilson, beide an einem Krankenhaus in Leeds tätig,
stellten fest, dass die Zahl der Filzlausfälle seit 1997 stark rückläufig ist,
während die Zahl der übertragbaren Geschlechtskrankheiten wie Gonorrhö oder Chlamydiose deutlich zugenommen hat. Beide Entwicklungen
führten sie zurück auf die Beliebtheit der Intimrasur, bei der das Schamhaar entfernt wird, das wichtigste Biotop des Parasiten. „Hilfe, die Filzlaus
stirbt aus!", dachte ich sofort.

Vielleicht sollte ich Ihnen zunächst einmal die Filzlaus vorstellen, denn
die Wahrscheinlichkeit, dass Sie diesen Organismus (noch) kennen, ist
nicht besonders groß. *Pthirus pubis*, so sein wissenschaftlicher Name, hat
im Volksmund diverse Kose- bzw. Spitznamen wie Liebeskäfer, Sackratte

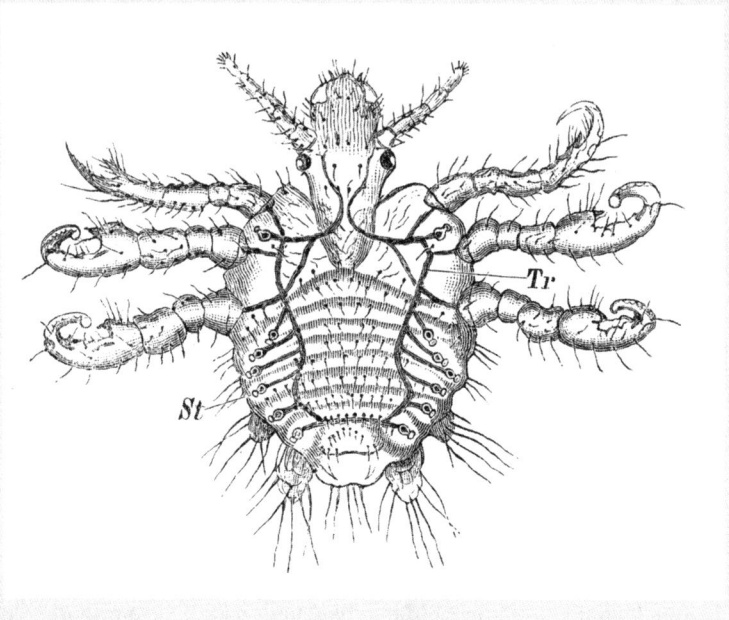

Erwachsenes Filzlausmännchen mit Atmungsöffnungen (St)
und Atmungssystem (Tr). (nach Landois, 1864)

oder Mastmatrose. Das nur ein bis zwei Millimeter große, blutsaugende Insekt, das mit dem bloßen Auge gerade noch zu erkennen ist und sich weltweit ausschließlich den Menschen als Wirt auserkoren hat, bevorzugt neben Schamhaar auch die Pofalte. Diese restriktive Biotopvorliebe erhöht die Anfälligkeit dafür auszusterben erheblich.

DEUTSCHLAND, DIE WIEGE DER FILZLAUSFORSCHUNG

Wider Erwarten hat die Filzlaus auf die Intimrasurkatastrophe, die sie des wichtigsten Biotops beraubte, nicht mit der Suche nach alternativer Behaarung reagiert, sondern fügte sich scheinbar widerstandslos in ihr Schicksal. Nein, besonders einfallsreich ist sie nicht. Wieso das so ist, wurde bereits vor über einem Jahrhundert in Deutschland, der Wiege der Filzlausforschung, entdeckt. Angefangen hat alles im Januar 1900, als der Berliner Frauenarzt Leonhard Waldeyer eine 23-jährige Syphilispatientin behandelte und dabei zufällig feststellte, das sich eine ganze Filzlauspopulation in ihren Nackenhaaren befand:

"

Patient ist ein grosses, schlankes, gesund ausssehendes Mädchen. Das Kopfhaar ist dunkelblond, ziemlich dicht und weich. An den Schläfen und im Nacken befinden sich im Gegensatz zu den dunkelblonden Haaren eine grössere Anzahl hellerer und weniger dichter Haare. In diesen Nackenhaaren sitzen zerstreut sieben grössere und kleinere Phthirii, daneben findet sich noch ein Exemplar in der linken Schläfengegend. Ausserdem sieht man zahllose Nissen, die bis zu 3 cm Höhe an den Haaren befestigt sind."

Waldeyer war überrascht, denn sein Lehrbuch besagte klipp und klar, „dass der *Phthirius* [sic] *pubis* den behaarten Kopf nicht betritt". Für Waldeyer Grund genug, die Patientin sehr gründlich zu untersuchen. Dabei zählte er auch die Haare je Quadratzentimeter: 180 am Kopf, 20 in der Achsel-

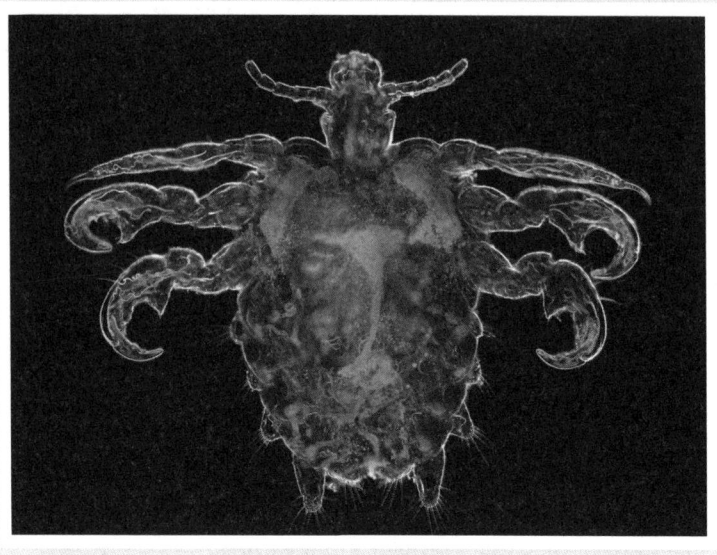

Mikroskopische Aufnahme einer Filzlaus, auf der die kantigen,
zangenförmigen Klauen der hinteren zwei Beinpaare gut
sichtbar sind. (Wim van Egmond)

höhle und zehn am Venushügel. Im Nacken und an der Kopfhaargrenze blieb seine Zählung bei 40 Haaren je Quadratzentimeter stecken. Waldeyer kratzte sich am Kopf und erkannte schließlich als Erster einen Zusammenhang zwischen dem Auftreten der Filzlaus und der Haardichte. Er schlussfolgerte, dass das dichte Kopfhaar für die relativ breite Filzlaus undurchdringlich ist und aus dem Grund der viel schmäleren Kopflaus (*Pediculus capitis*) als Domäne vorbehalten ist. Als Nächstes nahm er auch das Haar selbst genauestens unter die Lupe: Kopfhaare sind meistens glatt und rund, während Schamhaar rau und kantig ist. Unter dem Mikroskop erkannte er, dass die zangenförmigen Klauen der Filzlaus diesem kantigen Haar perfekt angepasst sind. Ein Selbsttest beweist den Unterschied: Reiben Sie mal ein Schamhaar und ein Kopfhaar zwischen den Fingern hin und her und achten Sie auf den Unterschied. Mit etwas Fingerspitzengefühl gelingt es Ihnen, sich in den Lebensraum der Filzlaus hineinzuversetzen.

Filzlausinfektionen im Bereich der Kopfhaare sind aufgrund der besagten Unterschiede in puncto Körperbau der verschiedenen Läuse sehr selten. In seiner fundierten Publikation *Die Läuseplage* legte der Dermatologe Felix Pinkus seinen Fachkollegen 1915 die Ergebnisse seiner Studie vor, für die er sechs Jahre lang die Haare von Berliner Prostituierten untersucht hatte:

„

Am Kopfhaar ist sie sehr selten. Ich habe trotz unausgesetzten Achtens auf diesen Punkt bei meinem sehr stark von Filzläusen heimgesuchten Prostituiertenmaterial[1] erst nach sechs Jahren zum ersten und einzigen Mal eine einzige Filzlaus am Nackenhaare gefunden, und auch diese war nach zwei Tagen von selbst wieder verschwunden, nachdem sie höchstens zwei Eier gelegt hatte, die sich aber nicht entwickelten.“

---

[1] In jener Zeit wurden die damals sehr zahlreichen Berliner Prostituierten regelmäßig auf Geschlechtskrankheiten, vor allem Syphilis, untersucht.

Andernorts auf der Welt verirrt sich die Filzlaus ebenso selten in das Kopf-haar. In seinem lesenswerten Handbuch *The Louse* (1938) berichtet Patrick Buxton von seiner Suche nach Filzläusen im Kopfhaar von exakt 3500 Ein-wohnern von Palästina, Nigeria, Kenia, Sri Lanka und der Region entlang Indiens Südwestküste: „Der durchschnittliche Infektionsgrad [mit Filzläu-sen] beträgt in etwa 0,5 Prozent, auch in Gemeinschaften, in denen die Kopflaus allgemein existent ist." Kopfläuse fand er also öfter – bei 7,2 Pro-zent der Probanden in Palästina und 52 Prozent derjenigen in Sri-Lanka.

Dass Filzläuse sich dauerhaft oberhalb der Gürtellinie ansiedeln, kommt auch heute nur ganz selten vor. Ein Ausnahmefall ereignete sich 2016 in einem japanischen Pflegeheim, in dem Kopfhaar sowie Augenbrauen und Wimpern von neun dementen Senioren von Filzläusen befallen waren. Als Quelle ausgemacht wurde schließlich eine Haarbürste, die sich die Damen teilten.

Wimpern, vor allem bei Kleinkindern (bei denen andere Körperbe-haarung noch fehlt), zählen zu den wenigen Ausnahmen, wenn es um die Biotopwahl der Filzlaus geht. Wahrscheinlich entsprechen ihre Dich-te und Struktur noch am ehesten jenen des Schamhaars, und der Feuchtigkeitsgrad weist ebenfalls Ähnlichkeiten mit jenem im Schritt auf. Die Filzlaus-Ansteckung von Wimpern bei Kindern kann im Fami-lienkreis stattfinden und hat in den meisten dokumentierten Fällen zum Glück nichts mit sexuellem Missbrauch zu tun. Beispiels-weise folgender Fall, bei dem ein 35-jähriger Lastwagenfahrer aus der iranischen Stadt Kaschan seine Familie mit Filzläusen ange-steckt hatte: Dabei waren die Insekten völlig unbeabsichtigt von seinem Brusthaar auf die Wimpern der Frau (die offenbar nicht

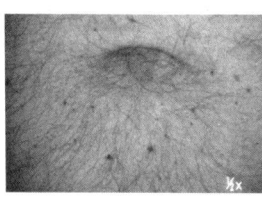

Manchmal besiedeln Filzläuse auch Körperteile oberhalb der Gürtellinie: Hier hat sich eine kleine Population in der Behaarung rund um den Nabel eines Mannes niedergelassen. (Meinte Bousema)

das Wunschbiotop der Filzlaus aufwies) und seiner vier und fünf Jahre alten Kinder übergesprungen. Dramatisch war auch der Fall eines dreijährigen Kindes in Jerusalem, das von Kopf bis Fuß von Filzläusen befallen war: Anscheinend boten die Wimpern, Nackenhaare und das daunenweiche Körperhaar ausreichend Halt. Als Quelle wurde der 25-jährige Onkel ausgemacht, der drei Monate zuvor einige Tage lang im Zimmer des Kindes übernachtet hatte. Die beiden Eltern, die bereits nach vier Wochen von Filzläusen befallen waren, hatten nicht bemerkt, dass ihr Kind das gleiche Schicksal ereilt hatte.

VORKOMMEN UND AUFTRETEN

In der Schamhaarregion ist die Wahrscheinlichkeit, in der eigenen Körperbehaarung eine Filzlaus anzutreffen, nach wie vor am größten. Daten zum Auftreten der Filzlaus bei Menschen in anderen Teilen der Erde, geschweige denn über die jeweilige Besiedlungsdichte, gibt es leider nur wenige. Als Weltrekordler ist ein – übrigens nicht sonderlich behaarter – britischer Soldat verbucht, der 1915 von 232 erwachsenen Exemplaren (88 Männchen und 144 Weibchen) am ganzen Körper – außer Kopf, Händen und Füßen – befallen war. Aber diese Zählung in einer außergewöhnlichen Situation erfolgte rein zufällig.

In der Regel zählt man als Mensch seine Filzläuse nicht und lässt die Hose nicht spontan herunter, um sich auf jene Parasiten untersuchen zu lassen. Auch bei Medizinern ist die Hemmschwelle für die Untersuchung des Schamhaars viel höher als für das Lausen des Kopfhaares. Das erklärt, warum es vielen Ärzten, Parasitologen und Epidemiologen widerstrebt, das Problem bei der Wurzel zu packen. Das heutige statistische Wissen ist nur jenen Menschen zu verdanken, die sich mit Filzlausverdacht bei einem Arzt eingefunden haben – die Spitze des Eisberges, also. 1887 bereits schrieb der US-amerikanische Arzt Francis B. Greenough im *Boston Medical and Surgical Journal* über Patienten mit Kopf- und Filzläusen, die ihn während seiner 14-jährigen Tätigkeit in der Krankenhausabteilung für Hauterkrankungen aufgesucht hatten:

"

Nur 27 Fälle [von Filzlausbefall] habe ich festgestellt, wovon 26 bei Männern. Ein realistisches Bild des tatsächlichen Auftretens kann dies niemals sein. Hätte ich all meine Patienten ausgezogen, hätte ich den Parasiten ganz gewiss öfter angetroffen." (In jener Zeit behandelte Greenough 837 Kopflauspatienten. KM)

In seiner Klinik im schweizerischen Lausanne entdeckte François Payot 1919 unter 141 Frauen mit Kopflausbefall nur zwei mit Filzläusen, bei den Männern lediglich drei von 69 Kopflauspatienten. Auch dieser Mediziner berichtete, dass Menschen mit einer Filzlausinfektion eher selten zum Arzt gehen und sich stattdessen Quecksilbersalbe aus der Apotheke holen. Auch heute setzt man häufig auf Hausmittel oder – noch besser – auf den Rasierer. Neben dem Juckreiz und kleinen grau-bläulichen Flecken (*Maculae coeruleae*) an den Stellen, an denen die Filzläuse Blut saugen, gibt es bei Filzlausbefall keine weiteren gesundheitlichen Beschwerden, die unbedingt einer Behandlung bedürften. Fälle, bei denen der Wirt den Befall mit dem Kriechtier nicht registriert hätte, sind nicht bekannt. Bemerkenswert ist allerdings der Fall eines österreichischen Soldaten, der seine Filzläuse zehn Jahre lang hegte und pflegte und sie seinen Kameraden stückweise für zehn Kreuzer feilbot. Angeblich brachten sie Glück, so zumindest John Hewetson in seiner Rede während der Hauptversammlung der The Johns Hopkins Hospital Medical Society am 18. November 1893. Der Soldat war mit Lungenentzündung ins Krankenhaus eingeliefert worden, wo man rein zufällig seine Filzlaussammlung entdeckte: „Der Patient war sehr empört, als wir sein Schamhaar und seine Filzläuse entfernten", so Doktor Hewetson.

Aus Zahlenmaterial, das mehr oder weniger zufällig zusammengetragen worden ist, lässt sich ableiten, dass gegenwärtig 1,3 bis 4,6 Prozent (durchschnittlich zwei Prozent) der Weltbevölkerung Filzlausträger sind. Eine gezielte Suche könnte große Populationen ans Licht bringen. So wurde 1992 in Nigeria festgestellt, dass 53 Prozent der 372 untersuchten Prostituierten mit Filzläusen zu kämpfen hatten – vermutlich eine sehr hohe

Quote, bedingt durch die stark wechselnden Sexualkontakte innerhalb dieser Berufsgruppe. Nicht alle Studienergebnisse sind so deutlich. In einer spanischen Poliklinik für übertragbare Geschlechtskrankheiten wurden im Zeitraum 1988 bis 2001 alle 9093 Patienten mit einer Lupe auf Filzlausbefall untersucht. Bei lediglich 2,2 Prozent wurde man fündig: bei 3,7 Prozent der männlichen Patienten, bei 1,2 Prozent der weiblichen. Unter den untersuchten Frauen befanden sich, wie sich herausstellte, zahlreiche (61 Prozent) aktive Prostituierte, was – im Gegensatz zu Nigeria – keinen nennenswerten Einfluss auf die Zahl der Filzlausinfektionen zu haben schien. In ihrer Publikation *Sexually Transmitted Diseases* berichteten die spanischen Filzlausforscher beiläufig, dass 65 Prozent der untersuchten Frauen ihr Schamhaar entfernt hatten, bei den Männern dagegen kein einziger. Dies erklärte die deutlich höhere Zahl von Filzlausfällen unter Männern.

Wehrpflichtige Soldaten sind auch beliebte Studienobjekte. So warfen Ärzte der israelischen Armee von 1972 bis 1999 einen genauen Blick auf den Intimbereich ihrer Truppen und berichteten darüber 2001 im *International Journal of Dermatology*. Am Anfang gab es vier Filzlausfälle je 1000 Soldaten, wonach eine sukzessive jährliche Steigerung um fast einen Fall je 1000 Soldaten folgte. 1983 wurde der Höhepunkt erreicht, mit 15 Fällen je 1000 Soldaten (1,5 Prozent). Danach ging es mit der Filzlaus rapide bergab: 1999 gab es nur noch einen einzigen Fall je 1000 Soldaten. Diese erbärmlich niedrige Quote von nur ein Promill lässt mich vermuten, dass die israelische Armee die Vorhut der Intimrasierer bildete. Über die Frage, inwiefern bei den Soldaten Schamhaar vorhanden war oder nicht, verliert die Publikation jedoch kein einziges Wort.

Über Vorkommen und Auftreten der Kopflaus ist deutlich mehr bekannt. Eine interessante, nicht invasive Methode zur Bestimmung des Infektionsgrades wurde im *Memórias do Instituto Oswaldo Cruz* ausführlich beschrieben: In über 33 Kilogramm Haar, das zwischen 1987 und 1988 in 475 Friseursalons in der brasilianischen Stadt Belo Horizonte zusammengekehrt worden war, hat man 58 Kopfläuse und 3553 Nissen gefunden. Also etwa 0,1 Nisse je Gramm Haar. Hochgerechnet stellten die Forscher fest, dass fünf bis sechs Prozent der Bevölkerung von Kopfläusen befallen sein müssten. Die Methode hat mich derart inspiriert, dass ich in einem Anfall von Übermut in The Wax Bar* in Rotterdam nachgefragt habe, ob sie entferntes Schamhaar für mich aufheben könnten. Etwas mitleidig zeigten sie mir einen Abfallbehälter mit klebrigem Inhalt, der mir sofort jegliche Lust nahm, mein Forschungsvorhaben in die Tat umzusetzen.

ANATOMIE: EINE DEUTSCH-ÖSTERREICHISCHE MEISTERLEISTUNG

Den Einblick in die Anatomie der Filzlaus verdanken wir einer deutsch-österreichischen Meisterleistung, die mit der Fleißarbeit von Leonard Landois (1837–1902) vom Anatomisch-Physiologischen Institut der Universität Greifswald ihren Anfang nahm. Landois beschrieb das Muskel- und Nervensystem, den Verdauungsapparat, den Blutkreislauf, die Atmungs- und Geschlechtsorgane der Filzlaus bis ins kleinste Detail und veröffentlichte seine Beobachtungen mit entsprechenden Illustrationen 1864 mit dem Titel „Untersuchungen über die auf dem Menschen schmarotzenden Pediculinen" in der *Zeitschrift für wissenschaftliche Zoologie*. Allein für die Beschreibung des männlichen Geschlechtsorgans benötigte Professor Landois fünf eng bedruckte Seiten (ohne Illustrationen). Hier folgt eine kleine Kostprobe:

Die männlichen Geschlechtsorgane der Filzlaus bestehen aus zwei paar Hoden, zwei großen Schleimorganen und endlich aus dem Penis. Die Hoden sind vier an der Zahl, so angeordnet, das je zwei einem Ausführungsgange angehören. Ihre Form ist kugelförmig mit leicht ausgezogener Spitze, der verdickten Wurzel eines Radischen an Gestalt sehr ähnlich."

An die vereinigten (…) Ausführungscanäle der Schleimorgane schliesst sich als letzter Theil der männlichen Geschlechtsorgane

der Penis an. Derselbe ist von einfach fingerförmiger Gestalt mit abgerundeter Spitze, $^3/_{11}$ Mm. lang, $^4/_{45}$ Mm. breit, jedoch kein einfacher Cylinder, sondern von oben nach unten abgeplattet."

1872 wagte sich auch der Tiroler Zoologe Veit Graber (1844–1892) der Universität Graz an diese Arbeit und publizierte seine Beobachtungen ebenfalls in der *Zeitschrift für wissenschaftliche Zoologie.* Die höflichen Formulierungen, die er in seiner Studie wählte, dürfen nicht darüber hinwegtäuschen, dass er an Landois' Arbeit kein gutes Haar ließ. Vor allem über Landois' Beschreibung des Filzlauspenis äußerte sich der Österreicher sehr kritisch:

Eine nochmalige Besprechung verdient auch der Penis, über dessen Bau sich Landois nicht ganz klar wurde. Derselbe erstreckt sich bei einer Länge von ungefähr 0,37 Mm. vom sechsten bis in das vorletzte Abdominalsegment. Seine Breite misst bei 0,1 Mm. Ich möchte vor allem die Frage anregen, ob das Ganze (in Fig. 6 dargestellte) Gebilde, das Landois für den Penis halt, nicht viel mehr ein Complex mehrerer Organe sei. Den namen Penis darf man, meines Erachtens, nun dem mittleren Theil des hinteren etwas verbreiterten Abschnittes beilegen."

DIE PAARUNG IN EINEM SCHWARZEN STRUMPF

Wie dem auch sei, dank Landois und Graber wussten spätere Forscher, was sie bei ihren Studien über das Fortpflanzungsverhalten der Filzlaus zu beachten hatten. Pionierarbeit auf dem Terrain hatte bereits der britische Parasitologe George H. F. Nuttall (1862–1937) geleistet, der sein Studium teils in Göttingen absolviert hatte. 1917 gelang es ihm als Erstem, Filzläuse aus Nissen zu züchten, die er inklusive Haaren bei befallenen Soldaten absammelt hatte und anschließend in Röhrchen in seiner Leiste ausbrütete. Die Larven verteilte er mit einer Kamelhaarbürste auf dem behaarten Bein seines Laborassistenten, über das anschließend ein dichter schwarzer Strumpf gezogen wurde. So konnte er den Lebenszyklus der Filzlaus mithilfe einer Lupe und eines binokularen Mikroskops mit eigenen Augen beobachten und studieren. Nuttall stellte fest, dass schon die geringste Schwingung eines Haars in der Nähe eines Weibchens dieses sofort in einen Zustand sexueller Aufregung versetzte und es anschließend sofort den Hinterleib aufrichtete. Die Paarung stellte sich als akrobatische Höchstleistung dar, bei der das Männchen das Weibchen nicht an den Beinen packte (wie es das Kopflausmännchen macht), sondern eine stabile Paarungshaltung herbeiführte, indem es sich an dem Haar festklammerte, an dem auch das Weibchen Halt gefunden hatte. Die Paarung dauerte zehn Minuten, eine Zeit, in der das Weibchen mit ihrem Mund in der Haut des Wirts verankert blieb. Nach vollzogenem Akt paarte sich das Männchen auch noch mit anderen Weibchen, die sich in dem schwarzen Strumpf befanden.

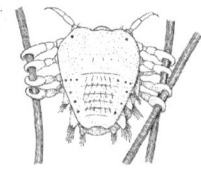

Der Paarungsakt bei Filzläusen ist eine akrobatische Höchstleistung: Das Weibchen, von dem hier die Rückseite zu sehen ist, hat sich an einigen Schamhaaren festgekrallt, an denen sich auch das Männchen zur Stabilisierung der Paarungsposition festhält. Das Hinterteil des Männchens krümmt sich mit den Paarungsorganen um den Unterleib des Weibchens. (George Nuttall)

FLINK UND BEWEGLICH

Lange Zeit wurde die Filzlaus als träges, unbewegliches Insekt betrachtet, eine Einschätzung, für die George Nuttall verantwortlich gemacht werden kann. Denn er war es, der feststellte, dass sich Filzläuse, die auf dem Bein seines Assistenten lebten, täglich höchstens zehn Zentimeter fortbewegten. Erst 1983 wurde diese Feststellung widerlegt. Nuttall hatte die Bewegungen der Filzläuse bei hellem Licht studiert und dabei nicht berücksichtigt, dass diese Tierchen genau den Teil des menschlichen Körpers besiedeln, der kaum von der Sonne beschienen wird. Unter Nuttalls Lampe zeigten die Filzläuse eine Art Schockstarre und verharrten meistens dort, wo sie waren. Ian Burgess und John Maunder der London School of Hygiene & Tropical Medicine gingen die Sache anders an: Auf einem Substrat aus Schamhaaren züchteten sie Filzläuse in Aluminiumbehältern ohne Boden, die sie auf den Unterarmen eines „Freiwilligen" (Burgess selbst) anbrachten – sehr zum Wohlgefallen der Läuse. Anschließend verwendeten sie die gezüchteten Läuse für ausgeklügelte Bewegungstests. Um die Bewegungen der Filzläuse im Dunkeln verfolgen zu können, bestäubten sie die Läuse mit Phosphorpulver unterschiedlicher Farben, das unter ultraviolettem Licht fluoreszierte. Die Experimente, die an einem Mann mit einer natürlichen Filzlausinfektion ausgeführt wurden, ergaben aufschlussreiche Ergebnisse: Die Population des Wirtes blieb dessen Schamhaar treu, aber sobald dort neue Filzläuse ausgesetzt wurden, siedelten die Neulinge sofort auf das Bauch- und Brusthaar um. Einige Filzläuse legten sogar größere Entfernungen auf dem Körper des Freiwilligen zurück: Nach 24 Stunden hatten sie dessen Achselhöhlen und Unterschenkel erreicht.

Filzläuse müssen flink sein, denn die Möglichkeit, einen neuen Lebensraum zu finden, bietet sich nicht besonders oft, erst recht nicht, wenn es sich um einen monogamen Wirt handelt. Kommt ein frisches Büschel Schamhaar vorbei, wird nicht lange gezögert, dann springen sie schnell hinüber. Die Gelegenheit dazu ist so oder so am größten beim Sexualverkehr. Aus genau diesem Grund gilt eine Filzlausinfektion (*Pediculosis pubis*) auch als übertragbare Geschlechts(haut)krankheit. Vor allem kurz nach der Eroberung eines neuen Lebensraums sind die Läuse – bei ihrer Suche nach Artgenossen (Filzläuse pflanzen sich geschlechtlich fort) – sehr mobil und schwärmen in Richtung Bauch, Oberschenkel, Achselhöhlen und Brust aus, zumindest, wenn die Haardichte wunschgemäß ist. Ist der neue Lebensraum einmal erkundet, ziehen sich die Filzläuse meistens dahin zurück, wo es am dunkelsten und am feuchtesten ist und das Haar ihren Wünsche am ehesten entspricht: Venushügel und Perianalregion, wie der Schritt auch genannt wird.

Der Lebenszyklus von Filzläusen (vom Ei zum Ei) dauert 22 bis 27 Tage: sechs bis acht Tage zum Schlüpfen, 15 bis 17 Tage für die Entwicklung von

Ian Burgess (1949) ist der einzige noch lebende Mensch, der Experimente mit Filzläusen durchgeführt hat. Hier zeigt er 2017 die Aluminiumbehälter ohne Boden, in denen er Filzläuse auf seinen Unterarmen gezüchtet hat. (KM)

der Larve zur ausgewachsenen Laus (inklusive dreier Häutungen) und ein bis zwei Tage für die Produktion von Eiern. Vermutlich beläuft sich der Lebenszyklus auf höchstens einen Monat. Filzläuse benötigen ständig Blutmahlzeiten. Bleiben diese aus, sterben sie binnen 20 Stunden an Hunger und Austrocknung. Auch das macht die Art so anfällig: Ohne menschlichen Körper sind ihre Überlebenschancen gering. Larven, die sich nicht innerhalb von zehn Stunden nach dem Schlüpfen mit Nahrung versorgen, sterben einen schnellen, unrühmlichen Tod.

BETTZEUG, MÖBEL UND TOILETTENBRILLE?

Die Übertragung von Filzläusen über Bettzeug oder Kleidung kommt nur sehr selten vor. Denn zwischen den Laken sind sie ziemlich hilflos, auch wenn die Gerüchteküche in diesem Punkt schon seit Langem hartnäckig brodelt. So beschrieb der Schweizer Tiermediziner Bruno Galli-Valerio (1867–1943) den Fall eines Jägers und Alpinisten, der in einer Berghütte von Filzläusen befallen worden war – über Bettzeug, wie es hieß. Übrigens war der Schweizer auch der Erste und bislang Einzige, der eine Filzlaus auf der Toilettenbrille entdeckte und somit einen weiteren Mythos ins Leben rief, nämlich dass auch von einer Klobrille eine Ansteckungsgefahr ausgeht.

Gut dokumentiert ist der Fall einer nicht geschlechtlich übertragenen Infektion, die sich um 1990 in Malaysia ereignet hat – im Wohnhaus des Arztes Wan Omar Abdullah der medizinischen Fakultät der Kebangsaan-Universität von Kuala Lumpur. 1992 vertraute er seine Beobachtungen den *Annals of Medical Entomology* an – sie zählen zum Bizarrsten, das die Filzlausliteratur zu bieten hat. Doktor Abdullah hatte bei sich zu Hause fünf Junggesellen zu Gast. Aus welchem Grund auch immer teilten sich die Gäste eine einzige Matratze und einen einzigen Sarong, eine Art Wickelrock. Einige Tage später litten alle an Juckreiz und der Gastgeber diagnostizierte bei vier der fünf Gäste einen schweren Befall der Schamhaare mit Filzlausnissen. Ein Gast (vermutlich einer, der Intimrasur betrieb) hatte neun Filzläuse im Kopfhaar (!) und drei in den Wimpern. Doktor

Abdullah, ein Mann mit Forschergeist, fragte sich, wie sich die Läuse so schnell hatten verbreiten können. Bei der Lösung des Rätsels kam dem Sarong eine Hauptrolle zu: Eine sorgfältige Inspektion des Tuches ergab eine hübsche Filzlauspopulation: 45 Männchen, 27 Weibchen und 72 unerwachsene Exemplare. Auch auf der Matratze, die sich die Gäste geteilt hatten, entdeckte der Gastgeber hilflos umherkriechende Filzläuse – 81, um genau zu sein. Ein toller Junggesellenabend muss das bei Doktor Abdullah gewesen sein.

2011 veröffentlichte *Türkiye Parazitoloji Dergisi* einen Fall, der nachdenklich stimmt: Bei einem 21-jährigen Studenten aus der türkischen Stadt Küthaya wurden Filzläuse in der Unterschenkelbehaarung festgestellt. Geschlechtsverkehr hatte es nicht gegeben (so der Student), die Herkunft der Läuse konnte also nur im Zusammenhang mit kürzlich erworbenen Gebrauchtmöbeln stehen.

ABHOLZUNG

Zurück zu Armstrong und Wilson und in das Jahr 2007: Beide Wissenschaftler machten die Ursache für das Verschwinden der Filzlaus in Leeds fest an übermäßiger Intimrasur, einem Trend, der auf den Britischen Inseln seit dem Jahr 2000 existiert und nach wie vor gang und gäbe ist. Obwohl die Überschrift ihres Berichts („Did the ‚Brazilian' kill the pubic louse?") anderes vermuten lässt, schoben die neugierigen Wissenschaftler nicht den Brasilianern die Schuld in die Schuhe, sondern der Intimrasurmethode bei Frauen, die „Brazilian" genannt wird und offenbar in Brasilien erfunden worden ist. Dabei – ich habe mir die Methode bis ins Detail erklären lassen – wird das Haar zwischen Anus und Venushügel mit einer klebrigen Paste eingeschmiert und mit einem Ruck entfernt – bis in die kleinsten, lästigsten Winkel und Ritzen – oft mit Ausnahme eines schmalen senkrechten Streifens kurzen Schamhaars, den man „landing strip" (Landebahn) taufte. Mit ein wenig Glück bleibt die Muschi so vier bis sechs Wochen kahl. Intimrasur ist Ihnen bestimmt von Sexualpartnern, aus Sexfilmen oder aus Männerzeitschriften bekannt – oder vielleicht auch von Ihrem eigenen

Körper. Wenn nicht, wird es höchste Zeit, Ihre Vorstellung vom weiblichen Intimbereich zu korrigieren. Vielleicht sind Sie – wie ich – mit der Muschi der Schauspielerin Sylvia Kristel vor ihrem geistigen Auge großgeworden: üppig und schwarz behaart, vergleichbar mit der Mutter aller Vaginas, die Gustave Courbet 1866 so trefflich darstellte. Dieses schamlose Ölgemälde mit dem vielsagenden Titel *L'origine du monde* hängt heute übrigens im Pariser Musée d'Orsay.

Allerdings blieb die Beliebtheit der Intimrasur nicht auf das Vereinigte Königreich beschränkt, wo der Trend seine europäische Premiere feierte und der kahle Intimbereich heute ganz normal ist. Auch in Deutschland und andernorts in Europa sowie in Nordamerika und Australien hat der üppige Wuschelkopf im Intimbereich seine Blütezeit längst hinter sich, vor allem bei Frauen und Männern mit aktivem Sexualleben. Jugendliche geben den ersten Härchen erst gar keine Chance, sich zu entwickeln. Vanessa Schick, Brandi Rima und Sarah Calabrese von der George Washington University sahen diesen Modetrend bereits voraus, nachdem sie die 647 Centerfolds, die im Zeitraum 1953 bis 2007 das amerikanische heterosexuelle Männerblatt *Playboy Magazine* schmückten, genauestens studiert hatten. Obwohl die Schamregion erst 1999 die Erotikfotografie erreicht hatte, war diese in mehr als 61 Prozent aller Fälle kahl und in weniger als 20 Prozent nur spärlich behaart. Sie nannten dieses Phänomen das „Barbie-Ideal". Auch bei Männern ist die Intimrasur inzwischen sehr verbreitet. Eine 2017 ausgeführte Studie unter 7570 Amerikanern ergab, dass 85 Prozent aller Frauen und 66 Prozent aller Männer ihr Schamhaar entfernten.

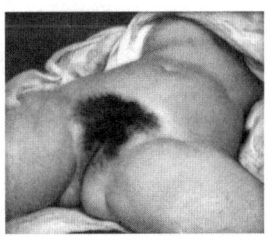

L'origine du monde, Ölgemälde von Gustave Courbet von 1866. (Musée d'Orsay)

Sollten auch Sie zu jener Gruppe von Menschen zählen, die sich der Filzlausbiotopzerstörung schuldig macht, dann empfiehlt es sich, einen genauen Blick auf die Nachteile zu werfen, die mit einer Intimrasur einhergehen können. 2006 zeigte Jonathan Trager sie in seinem Werk *Pubic Hair Removal – Pearls and Pitfalls*, heute ein Klassiker, detailliert auf. Auch in einer aktuelleren Studie aus dem Jahr 2017 wird festgehalten, dass 25 Prozent aller Teilnehmer sich schon mal mit dem Rasiermesser oder mit der Schere verletzt haben. Zum Glück halten sich die Verletzungen in der Regel in Grenzen und mussten sich weniger als 1,5 Prozent der Betroffenen anschließend in ärztliche Behandlung begeben.

Den alarmierenden Bericht von Armstrong und Wilson aufgreifend, stürzten sich Ärzte und Epidemiologen des Milton Keynes General Hospital in England ebenfalls auf die Filzlaus-Schamhaar-Sache. Fast 4000 ausgefüllte Fragebogen („Entfernen Sie Ihr Schamhaar oder haben Sie das schon mal gemacht, und wenn ja, wie oft?") und klinische Daten über Filzlausinfektionen ergaben im Zeitraum von 2003 bis 2013 einen Schatz an Informationen, der in der Fachzeitschrift *Sexually Transmitted Diseases* (nicht identisch mit *Sexually Transmitted Infections*, der Zeitschrift, in der Armstrong und Wilson die Alarmglocken läuteten) veröffentlicht wurde. So zeigte sich, dass die Zahl derer, die von Filzläusen befallen waren, von 453 (1,8 Prozent) im Jahr 2003 auf 17 (0,07 Prozent) im Jahr 2013 zurückging. Im gleichen Zeitraum berichteten immer mehr Teilnehmer, dass auch sie Intimrasur betrieben: Waren es 2003 noch 127 (33 Prozent) wuchs die Zahl bis 2013 auf 335 (87 Prozent) an. Alles deutet darauf hin, dass die Intimrasur epidemische Züge angenommen hat. Damit ist der natürliche Lebensraum der Filzlaus bedroht und auch das Überleben dieser Art. Die Populationen werden dezimiert werden und die Filzlaus wird (zumindest gebietsweise) aussterben. Der Filzlaus ergeht es also nicht anders als dem Großen Panda (*Ailuropoda melanoleuca*): Mit der Abholzung der Bambuswälder vor 50 Jahren wurde diese Tierart, die in anderen Wäldern nicht überleben kann, fast vollständig ausgerottet.

DIE LETZTE FILZLAUS?

Für mich als Konservator war der Artikel von Armstrong und Wilson über den örtlichen Rückgang der Filzlaus 2007 Anlass, Filzläuse für die Sammlung des Naturhistorischen Museums von Rotterdam zusammenzutragen. Obwohl die Museumssammlung inzwischen aus mindestens 100.000 Schmetterlingen und Faltern, Käfern, Bienen, Wespen, Ameisen und anderen kleinen Gliederfüßern besteht, fehlte dieser winzige Parasit noch. Und die Erfahrung zeigt, dass bei Arten, deren Bestand stark schrumpft, schnelles Handeln gefragt ist. Vor 30 Jahren wäre niemand auf die Idee gekommen, einen toten Sperling auch nur eines Blickes zu würdigen, heute gibt es ihn mancherorts gar nicht mehr.

Ich scheue anstrengende Feldarbeit keineswegs, aber das Sammeln von Filzläusen geht mit erheblichen Problemen persönlicher, praktischer und ethischer Art einher. Aus dem Grund wandte ich mich mit einem Aufruf, dem Museum Filzläuse zu schenken, an Ärzte, Polikliniken, Dermatologen und Venerologen und später auch an die Öffentlichkeit. Der erste Arzt, der mich kontaktierte, war Eric van der Snoek, Dermatologe und Venerologe des Erasmus-Universitätsklinikums von Rotterdam. Er erzählte, dass in seiner Klinik schon seit Jahren keine Filzläuse mehr gesichtet worden seien und Patienten mit Filzlausbefall mehrheitlich mit ihren Beschwerden den Hausarzt aufsuchten. Nur leider fiel die Ausbeute bei Hausärzten genauso mager aus. „Nein, denn die sehen wir hier gar nicht mehr", lautete die Antwort auf meine Frage, ob man für mich Filzläuse sammeln und aufbewahren könne. Sogare Seeleute, die der Filzlaus einst durch ihren häufigen Kontakt mit Prostituierten zu einem weltweiten Siegeszug verholfen hatten, gelten heutzutage als filzlausfrei: Da sich Prostituierte derzeit rasieren, ist eine bedeutende Quelle versiegt. Auch Henk Veldhuizen (der Hafenarzt von Rotterdam mit 35 Jahren Praxiserfahrung) begegnen keine Filzläuse mehr: „Früher waren manche Seeleute mit Filzläusen nur so übersät, das gibt es heute nicht mehr." Keine guten Nachrichten. Und so hatte ich meine Versuche, die letzte Filzlaus für unser Museum sicherzustellen, beinahe schon eingestellt.

FILZLAUSHYPE

Aber dann griffen mir die Medien unter die Arme. Tom Tates, Korrespondent der niederländischen Tageszeitung *Algemeen Dagblad*, rief mich an:

„Gerade lese ich hier in der *Gay Krant*, dass der Konservator des Naturhistorischen Museums auf der Suche ist nach Filzläusen. Sind Sie das etwa?" Die Frage konnte ich nicht verneinen und so erzählte ich dem begeisterten Journalisten von meinen fruchtlosen Versuchen, Filzläuse für das Museum zu beschaffen. Wie sich herausstellte, hatte Dr. Eric van der Snoek, der erste Anrufer, eine feste Kolumne in der *Gay Krant*, in der er von seinen Erfahrungen während der Schwulensprechstunde in der Poliklinik für Geschlechtskrankheiten berichtete. Als er eines Tages auch einen Artikel über meinen nicht alltäglichen „Spendenaufruf" veröffentlichte, kam die Kugel ins Rollen. Am 16. Oktober 2007 erschien das *Algemeen Dagblad* in seiner landesweiten Ausgabe mit folgender Schlagzeile: „Museum in Rotterdam sucht seltene Filzlaus". In einer Zeit, in der Schüler, die einander erstachen die Schlagzeilen in den Niederlanden und in Belgien beherrschten, war derart leichte Kost offenbar eine willkommene Abwechslung: Der Bericht löste einen wahren Filzlaushype aus, der auch der internationalen Presseagentur Associated Press (AP) nicht entging. Am 19. Oktober titelten weltweit zahlreiche englischsprachige Zeitungen und Nachrichtensites: „Dutch museum hunts elusive crab lice" (Niederländisches Museum jagt schwer zu fangende Filzläuse). Ende November zog auch die *FAZ* nach: „Ein Hilferuf aus Rotterdam: Filzläuse abliefern".

DER ERTRAG: FÜNF ALTE UND 20 FRISCHE FILZLÄUSE

Einige Monate später, im Frühjahr 2008, war das Museum dank der großen Aufmerksamkeit in den Medien um sieben Filzlausproben reicher: ein altes Präparat aus dem Jahr 1949 und sechs Stück mit aktuellerem Material, das in den Niederlanden gesammelt worden war – insgesamt 25 Filzläuse. Die erste, erlösende, Spende erhielt ich von Nico Elfferich (1927–2018), der 1949 als angehender Insektensammler alles gesammelt hatte, auch Filzläuse. Damals war eine Freundin seiner Ehefrau als Pflegerin in Maasoord tätig, der damaligen „Klapsmühle" unweit von Rotterdam. Bei Patienten, die bei der Erstaufnahme einer gründlichen Wäsche unterzogen wurde, fand sie regelmäßig Filzläuse, von denen sie einige auf Anfrage hin für Elfferich sammelte. Elfferich konservierte fünf Stück auf einem Objektträger. Das fast 60 Jahre alte Präparat habe ich selbstverständlich mit großer Dankbarkeit in Empfang genommen. Nur: Wo blieben die frischen Filzläuse?

Die erste kam von Anne de Vries, der Ärztin, die bei dem kommunalen Gesundheitsdienst GGD Kennemerland in Haarlem für die Bekämpfung von Infektionskrankheiten verantwortlich war. In ihre Sprechstunde war ein Mann gekommen, der über Juckreiz in der Schamregion klagte. Als sie einen Befall mit den kriechenden Insekten festgestellt hatte, bat sie den Patienten, einige zu sammeln. Es gelang ihm, zwei einzufangen, die anschließend in Alkohol konserviert wurden. Ein Blick durch das Mikroskop bestätigte: Es handelte sich tatsächlich um Filzläuse. Leider ging die erste Sendung nach Rotterdam verloren, da der Umschlag aufgerissen worden war, aber der zweite Versuch war zum Glück erfolgreich.

Die zweite Spende hatte das Museum der Poliklinik für Geschlechtskrankheiten des Amsterdamer Gesundheitsdienstes GGD zu verdanken. Dabei handelte es sich um ein hübsches erwachsenes Exemplar, das in der Leistengegend einer Frau entdeckt worden war. Bei einem männlichen Patienten spürten die Dermatologen Mente Bousema und Johan Toonstra des medischen Zentrums Meander in Amersfoort eine Filzlaus „knapp oberhalb des Nabels" auf und sammelten sie ein. Von diesem lebenden Exemplar, das an einem Bauchhaar baumelte, machten sie Fotos und ein Video, das sie auf YouTube[2] veröffentlichten. Das Museum erreichte die Filzlaus zwar leblos, aber gut konserviert.

Das regionale Zentrum für Geschlechtskrankheiten in Den Haag wartete gleich mit acht Filzläusen auf, die ausnahmslos bei einer einzigen Frau entdeckt worden waren. Einen erheblichen Beitrag lieferte auch die Intensivstation des medizinischen Zentrums der Uni Utrecht, mit acht Exemplaren, die man bei einem männlichen Patienten angetroffen hatte.

Am 2. April 2008 erreichte uns auch die erste private Spende: Entdeckt worden war die Filzlaus auf dem Oberschenkel von Arthur Oosterbaan,

---

[2] In YouTube „Schaamluis zoekt laatste Strohalm (schaamhaar)" eingeben und auf die Blutmahlzeit achten.

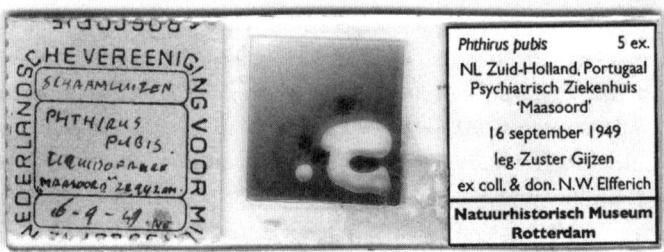

Phthirus pubis   5 ex.
NL Zuid-Holland, Portugaal
Psychiatrisch Ziekenhuis
'Maasoord'
16 september 1949
leg. Zuster Gijzen
ex coll. & don. N.W. Elfferich
**Natuurhistorisch Museum
Rotterdam**

Ein 1949 angefertigtes Präparat mit fünf Filzläusen aus der
Sammlung von Nico Elfferich. (Jaap van Leeuwen)

dem Konservator von Ecomare, dem Naturkundemuseum der westfriesischen Insel Texel. Wie es einem guten Konservator gebührt, zögerte er keinen Moment und sammelte das Exemplar ein, konservierte es und schickte es nach Rotterdam. Wie und woher der werte Kollege die Filzlaus bekommen hat, war ihm ein Rätsel.

Mit diesen insgesamt sieben Spenden eröffnete das Naturhistorische Museum von Rotterdam 2008 „Die große Filzlaus-Ausstellung". Der Ausstellungsraum: eine winzige Vitrine. Die ebenfalls winzige Ausstellung erwies sich nicht als Kassenschlager, aber die Museumsbesucher blickten mit höflichem Interesse in die Vitrine.

Seit 2013 sind „die letzte Filzlaus" und ein Stückchen sichergestellter Lebensraum Bestandteil der Dauerausstellung „Tote Tiere mit einer Geschichte". Dabei ist die Analogie zwischen Abholzung und Intimrasur ein subtiler Fingerzeig auf die voranschreitende Biotopzerstörung und den Rückgang der weltweiten Biodiversität. Wer interessiert sich denn heute noch für die Geschichte des Riesenpandas, der durch die Abholzung der Bambuswälder beinahe ausgestorben ist. Bei der Filzlaus dagegen sind Jung und Alt aufmerksam: Jung aus Neugier, da sie die Filzlaus nicht kennen, Alt aus Gründen der Nostalgie.

Die Filzlaussammlung des Museums wächst langsam, aber stetig weiter an. Bis zur Jahresmitte 2018 belief sich die Gesamtzahl der Spenden auf 18, davon fünf aus privater Hand. Damit ist diese Sammlung gewiss die weltweit größte mit kürzlich erworbenen Exponaten.

—

KÖNIGLICHE FILZLAUS

Schon seit Menschengedenken sind Kopflaus wie Filzlaus treue Begleiter des Menschen, jede in ihrem eigenen Biotop: die Kopflaus im Kopfhaar, die Filzlaus im Schamhaar. Die weltweit ältesten Filzlausreste wurden auf einer 2000 Jahre alten chilenischen Mumie und in einer römischen Müllgrube in England entdeckt. Beinahe 10.000 Jahre alte

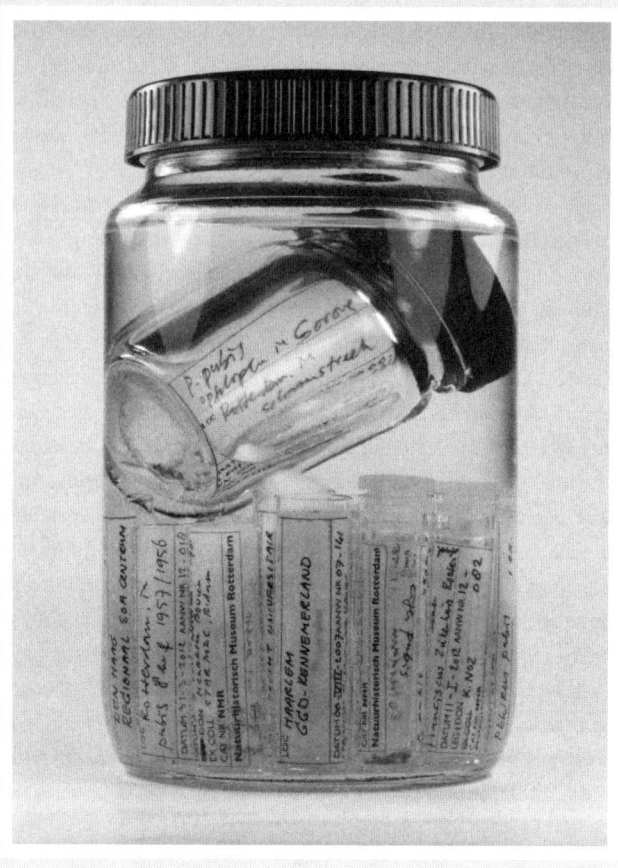

Die zwischen 2007 und 2018 zusammengetragene
Filzlaussammlung des Naturhistorischen Museums von
Rotterdam besteht aus 17 noch relativ frischen Proben, die in
Alkohol konserviert wurden. (KM)

Überreste von Kopfläusen stöberten Wissenschaftler in Brasilien und Israel auf. Alles deutet also darauf hin, dass beide parasitierenden Insekten die Erde bereits seit Jahrtausenden besiedeln.

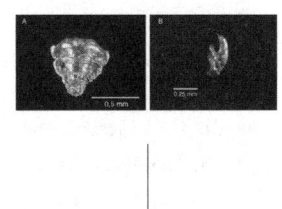

Teile der Bauchregion (A) und eine Klaue (B) einer Laus, die man beim Kleinen Ferdinand gefunden hat. (Memorias Inst. Oswaldo Cruz)

Es stellt sich aber die Frage, wen die Filzläuse in früheren Zeiten befielen? Ein besonderer Fund auf Sizilien brachte ans Licht, dass auch höhere gesellschaftliche Schichten sich einem Filzlausbefall keineswegs entziehen konnten. So wurde bekannt, dass König Ferdinand II. von Neapel (1467–1496), besser bekannt als „Ferrandino", der „Kleine Ferdinand", gleich beiden Läusearten als Wirt diente. Entdeckt wurde dies, als man von seiner Mumie, die in der Basilika San Domenico Maggiore in Neapel aufbewahrt wird, eine Kopfhaarlocke und einige lose Schamhaare untersuchte. Ddie Locke enthielt Reste einer Kopflaus (von Bauch und Klaue), während man im Schamhaar die Nisse einer Filzlaus antraf. Übrigens bemerkte man im königlichen Haar auch eine hohe Quecksilberkonzentration – den Stoff, mit dem der Kleine Ferdinand die Kopfläuse zu bekämpfen versucht hatte.

—

UR-FILZLAUS

Die Filzlaussammlung des (Smithsonian) National Museum of Natural History in Washington DC war leider nur eingeschränkt zugänglich. Aber zum Glück gewährte mir der dortige Insektenkonservator David Furth Zugang zum riesigen Depot weit außerhalb der Stadt – dort, wohin man nach den Anschlägen vom 11. September 2001 die komplett in Alkohol konservierte Tiersammlung aus Angst vor Explosionen und Erschütterungen verlegt hatte. Auch verweste Exponate, die zu keiner Untersuchung gedient haben, bewahrt man dort auf. Zwischen einigen Hunderten Kartons mit auf Objektträgern montierten Läusen fand ich im Schrank mit „saugenden Tierläusen" auch drei Stück mit Filzlauspräparaten. Die Sammlung umfasste insgesamt 200 Filzläuse, die im Zeitraum 1893–1975, überwiegend aus den USA, aber auch aus anderen, teils exotischen Teilen der Welt stammten. Sie ist die größte in ihrer Art, die ich kenne.

Die Exemplare aus Afrika sind ein echter Höhepunkt. Zusammengetragen wurden sie vom legendären Läusekenner Kary Cadmus Emerson (1918–1993), der einen Teil seiner riesigen Sammlung dem Smithsonian überließ. Zwischen den Exponaten aus dem Kongo, gesammelt im Zeitraum 1962 bis 1965, fand ich außer einer Filzlaus auch ein Präparat mit einer Art, die auf Gorillas spezialisiert ist: die Gorillalaus (*Pthirus gorillae*), eine etwas größere Filzlausart, die ausschließlich im Haar von Gorillas vorkommt. Genau diese Laus war es, die vor mehr als drei Millionen Jahren auf den Menschen übersprang und sich auf ihm zur Filzlaus (*Pthirus pubis*) entwickelte. Übrigens nicht über Sexualkontakt, sondern vermutlich aufgrund der Tatsache, dass der Mensch Gorillas verzehrte und/oder in deren Nestern schlief.

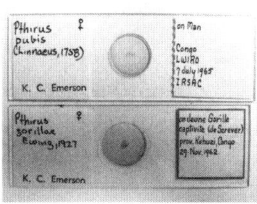

Filzlaus (oben) und Gorillalaus (unten), beide auf Einwohnern des Kongo zwischen 1962 und 1965 gefunden; Sammlung National Museum of Natural History (Smithsonian), Washington. (KM)

HUNDELAUS

Das neue Sammlungsdepot des Darwin Centre des Londoner naturhistorischen Museums umfasst über 17 Millionen präparierte Insekten – da hoffte ich bei meiner Suche nach konservierten Filzläusen fündig zu werden. Die Sammlung „saugende Tierläuse" besteht aus Zehntausenden von Objektgläschen mit Läusen, alle fein säuberlich nach Wirt geordnet. Die Reihe „Mensch" ist zwar gut – mit Kleider- und Kopfläusen – bestückt, aber Filzlauspräparate sind leider Mangelware: Lediglich 33 besitzt das größte naturhistorische Museum der Welt. Enttäuschend.

Die ältesten Exponate datieren von 1852, das jüngste wurde 1984 in London eingesammelt. Die Filzläuse aus dem 19. Jahrhundert stammen aus der Sammlung von Henry Denny (1803–1871), der zu jener Zeit mit Charles Darwin einen Briefwechsel über seine Läusesammlung führte. Leider enthält jene sieben Exponate zählende Sammlung kein Exemplar aus Darwins Fundus. Dennoch vermitteln sie ein schönes Bild jener Zeit: Eine Filzlaus fand man in den Wimpern eines „Samoan boy" (1925), ein anderes Exemplar bei einem „Englishman on SS Kashmir" (1914). Der absolute Höhepunkt gehörte einst zur Sammlung des Parasitologen George H. F. Nuttall (1862–1937): ein Filzlauspärchen, das 1910 am Malawisee entdeckt wurde – in der Achselhöhle eines Hundes. Und das, obwohl Filzläuse nur selten auf andere Tierarten überspringen.

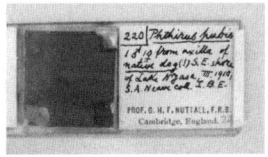

Zwei Filzläuse (links), die 1910 in der Achselhöhle eines Hundes in der Nähe des Malawisees entdeckt wurden; Sammlung The Natural History Museum, London. (KM)

DÄNISCHE FILZLÄUSE

Als Konservator ist Professor Henrik Enghoff eigentlich für Tausendfüßer (Myriapoda) zuständig, aber nebenbei betreut er noch andere Insektengruppen, darunter eben auch die beißenden und saugenden Tierläuse, die ich suchte. Er zeigte mir ein Einweckglas: „Das ist alles, was wir haben." Eine Aussage, mit der ich in nahezu jedem naturhistorischen Museum konfrontiert werde – wenn man überhaupt ein Exemplar für die Nachwelt aufbewahrt hat. Im zoologischen Museum der Universität von Kopenhagen, das auch die dänische naturhistorische Sammlung beherbergt, verhielt sich das nicht anders: Das Glas enthielt lediglich drei Röhrchen mit Filzläusen. Die Insekten, insgesamt einige Dutzend, waren in Alkohol konserviert. Dank der – winzigen – Beschriftung erhielt ich auch Informationen über die Historie dieser Exponate.

Über ein Jahrhundert alt sind die Exponate, die der bekannte deutsche Läuse-Experte Heinrich Fahrenholz (1882–1945) zuletzt studiert hat. Das Röhrchen ist mit Filzläusen aus dem Almindelig Hospital in Kopenhagen bestückt. Zwar wurde über den Fundort der Exponate in den beiden anderen Röhrchen leider nichts überliefert, aber dafür umso mehr über den Sammler und das Datum: Rasmus William Schlick (1839–1916), Gründer der dänischen entomologischen Vereinigung, am 12. März 1908 – drei schöne Reihen. Ich notierte mir die Daten und tauschte den Alkohol

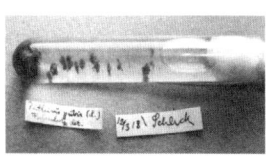

Die 100 Jahre alten Filzläuse von Rasmus Schlick werden im Zoologischen Museum der Universität von Kopenhagen aufbewahrt. (KM)

236

aus, damit die Läuse auch das kommende Jahrhundert wieder schadlos überstehen.

—

HOFFNUNG FÜR DIE FILZLAUS!

Neben der „Mona Lisa Hamburgs", einem außergewöhnlichen Narwalschädel mit zwei Zähnen aus dem Jahr 1684, vor dem die Besucher des zoologischen Museums Hamburg Schlange stehen, verwaltet das Centrum für Naturkunde (CeNak) der Universität Hamburg verborgen vor der Öffentlichkeit auch eine der größten Tiersammlungen Deutschlands, darunter mehr als zwei Millionen sorgsam präparierte Insekten. Da Hamburg eine große Hafenstadt ist, waren meine Erwartungen, hier Filzläuse anzutreffen, durchaus hoch.

Martin Husemann, Leiter der Abteilung Entomologie, empfing mich herzlich und lotste mich durch die schmalen Gänge, an Archivschränken aus Metall vorbei, zum Insektendepot. Der Katalog verriet, dass zwölf Proben bzw. 44 Exemplare vorhanden waren, die Husemann ohne langes Suchen in einer Holzkommode fand. Ich setzte mich neben ein Mikroskop und arbeitete mich durch die Hamburger Filzlaussammlung: alles schön trocken unter Deckgläschen auf Objektträgern konserviert – längliche kleine Glasplatten, links und rechts mit Etiketten versehen, auf denen Fundort und andere Informationen notiert waren. Die ältesten Filzlausproben datieren von 1892 und 1893 und stammen aus Kuba bzw. dem Alten Allgemeinen Krankenhaus in Hamburg. Aus den Weltkriegen sind ebenfalls welche erhalten: drei Stück von März 1916 aus dem Kriegsgefangenenlager Güstrow (Mecklenburg-Vorpommern) und acht von 1944 – teils fest am Schamhaar „von Soldaten" aus dem griechischen Saloniki verankert. Die jüngsten Proben, auch schon wieder über ein halbes Jahrhundert alt, sind bei-

de aus Hamburg: in einem Fall „von einem jungen Mädchen",
gefangen im August 1963, und im anderen Fall eine wunderschöne Serie von acht Stück, die im Dezember 1963 „angeblich
aus dem Abfallraum eines Kaufhauses" stammen, was meines
Erachtens ein sehr unwahrscheinlicher Fundort ist.

Der absolute Höhepunkt befindet sich jedoch in der „nas-
sen" Sammlung – den in Alkohol konservierten Filzläusen.
Dabei handelt es sich um zwei prächtige, mehr als ein Jahrhundert alte Präparate, die in kleinen Schau-Glashäfen konserviert wurden und aus der Sammlung des Bakteriologen
Rudolf Otto Neumann (1868–1952), des ehemaligen Direk-
tors des Hygienischen Staats-Instituts in Hamburg, stammen.

Die Höhepunkte der
Filzlaussammlung des Zoologischen
Museums von Hamburg: Ein mit
Filzläusen befallenes Büschel
Schamhaare von 1913 (links)
und ein Büschel Hamburger
Barthaare von 1917 inklusive
Filzlauspopulation (rechts). (KM)

Von 1913 datiert ein üppiges
Schamhaarbüschel, das einige
Filzläuse enthält. Ein Präparat
aus Hamburg von 1917 ist geradezu einmalig: Nirgendwo
sonst auf der Welt fand ich in
naturhistorischen Sammlungen
Filzläuse unterschiedlicher Ent-
wicklungsstadien in Barthaa-
ren. Der Hamburger Bart gibt
Anlass zur Hoffnung. In Gestalt
des Hipsterbarts erlebt die Ge-
sichtsbehaarung ja heute eine
weltweite Renaissance – nicht
auszuschließen, dass dieses Er-
satzbiotop ein Aussterben der
Filzlaus noch verhindern wird.

Berühmte
Sperlinge

Schau Papa, sie haben einen Spatz totgeschossen." Morgens schaut sich meine Tochter oft die Wiederholung der Kindernachrichten im Fernsehen an, und so wurde sie auch an jenem Dienstag, dem 15. November 2005, meine erste Nachrichtenquelle – mit Meldungen vom Vortag. Ich sah mir den Bericht an, in dem tatsächlich ein Haussperling (*Passer domesticus*) erlegt wurde, der es gewagt hatte, in einer Halle in Leeuwarden in der niederländischen Provinz Friesland 23.000 Dominosteine umzuwerfen. Zum Glück blieben noch fast vier Millionen Steine stehen, sodass *Domino Day*, eine Fernsehshow, in der Rekordversuche mit Dominosteinen gezeigt werden, wie geplant stattfinden konnte. Da man jedoch nicht das Risiko eingehen wollte, dass der Vogel noch mehr Steine umwarf, beschloss man, ihn zu erlegen. Anschließend erklärten die Organisatoren, sie hätten keine Wahl gehabt: Zu viel (Geld) stehe auf dem Spiel. Schließlich sollte die Show in diversen europäischen Ländern ausgestrahlt werden. Meine Tochter fand es schade um den Sperling, und das war es auch.

Im Museum angekommen, sah ich mir im Internet die aktuellen Nachrichten an und stellte verblüfft fest, dass das Erschießen des Haussperlings weltweit für Schlagzeilen sorgte: USA Today und CNN[1] räumten der

---

[1] In den USA sind Haussperlinge vogelfrei – sie zu erlegen, wird sogar angeregt.

Nachricht einen prominenten Platz auf ihrer Website ein, Kollegen und Freunde aus den USA schickten mir kritische E-Mails: *„How dare you, killing a sparrow."* Nicht weniger entsetzt reagierte man in den Niederlanden – sowohl über das Erschießen des Haussperlings als über den ganzen Zirkus, den der Fall auslöste. Für den Haussperling war bereits eine eigene Website (www.dodemus.nl) inklusive Kondolenzliste eingerichtet worden. Ein beliebter Radio-DJ versprach demjenigen eine beträchtliche Summe, der die Dominosteine vor der Fernsehübertragung der Show in Bewegung setzen würde. Aus Angst vor Repressalien forderte *Domino Day* zusätzliches Sicherheitspersonal an, und der Schütze, der den Sperling auf dem Gewissen hatte, erhielt sogar Todesdrohungen. Eine wahre Spatzenhysterie war ausgebrochen.

DOMINOSPATZ

In den Medien bekam der Sperling schnell einen Spitznamen – „Dominospatz". Als Konservator des Naturhistorischen Museums von Rotterdam fragte ich mich sofort, was wohl mit dem toten Sperling passiert war. Ich hoffte natürlich, dass man ihn nicht einfach achtlos entsorgt hatte. Denn dieser inzwischen weltberühmte Haussperling gehörte für folgende Generationen aufbewahrt und passte hervorragend in die Wall of Fame weltberühmter Sperlinge der „Großen Haussperling-Ausstellung", an der wir bereits geraume Zeit arbeiteten. Nach einigen Telefonaten fand ich heraus, welcher Betrieb für die Reinigung der Halle zuständig war. Dort teilte man mir mit, dass eine Spezialfirma mit der Erschießung des Haussperlings beauftragt worden war. Der Schütze stand mir sogar höchstpersönlich telefonisch Rede und Auskunft: „Ja, es war ein Haussperling, unverkennbar, ein Weibchen. Der Vogel wurde jedoch sofort beschlagnahmt – von einem Sonderbeauftragten des Ministeriums für Landwirtschaft, Natur und Lebensmittelqualität. Den sollten Sie kontaktieren, wenn Sie den Sperling haben wollen." Der Sonderbeauftragte bestätigte, dass sich der Sperling in seiner Obhut befände: „Er ist inzwischen tiefgefroren, lässt sich aber bestimmt noch präparieren. Aber die Sache läuft total aus dem Ruder, ich selbst habe inzwischen ein Redeverbot. Wenden Sie sich doch bitte an die Justizbehörden." Die zuständige Staatsanwaltschaft in Leeuwarden war nicht leicht zu erreichen. Erst zum Ende des Tages hin wurde mir offenbart, dass der Fall „Haussperling" (ein Verstoß gegen Artikel 9 des niederländischen Flora- und Faunagesetzes) ab sofort der für die Bekämpfung von Wirtschafts- und Umweltkriminalität zuständigen Behörde, dem nationalen „Functioneel Parket" in Den Haag, oblag. Leider gelang es mir nicht, den zuständigen Staatsanwalt, René Craemer, zu sprechen, aber am 16. November rief mich schließlich dessen Pressesprecherin an, die ich fragte, ob das Museum den toten Haussperling haben könnte. Sie erwiderte, ich müsse verstehen, dass sie dazu keine Aussage machen könne, aber ohne eine schriftliche Anfrage würde so oder so nichts laufen. Schon am nächsten Tag erhielt die Behörde unseren offiziellen Antrag zur Übergabe des „Dominospatzes," und zwar mit folgender Begründung:

Es wäre doch jammerschade, wenn dieser Haussperling, dessen unglücklicher Tod so viele Emotionen im In- und Ausland ausgelöst hat, nicht in einer Museumssammlung erhalten bliebe. Das Naturhistorische Museum von Rotterdam bietet sich an, diese Erhaltungsaufgabe wahrzunehmen, den Vogel zu konservieren und in die Sammlung ‚Tote Tiere mit einer Geschichte' und ebenfalls in die bevorstehende ‚Große Haussperling-Ausstellung' aufzunehmen. Nicht zuletzt, um der offenbar grenzenlosen Liebe der Niederländer für diese Vogelart gebührend Ausdruck zu verleihen."

Am 8. Dezember ging bei uns die schriftliche Reaktion von Staatsanwalt Craemer ein:

"

Ich halte es für eine gute Idee, den Sperling, der so viel Wirbel ausgelöst hat, für die kommenden Generationen aufzubewahren. Bevor die Übergabe des Tiers an Sie erfolgen kann, bedarf es noch einiger Formalitäten. Kontaktieren Sie dazu bitte die zuständige Behörde in Zwolle ..."

Im gleichen Antwortschreiben wird gefragt, ob wir „womöglich darüber hinaus" noch feststellen könnten, ob es sich tatsächlich um einen Haussperling handeln würde. Am nächsten Tag veröffentlichte die Staatsanwaltschaft die Nachricht von der Übergabe des „Dominospatzes" an das Museum sowie die Entscheidung, dem Schützen wegen des Verstoßes gegen das Flora- und Faunagesetz ein Bußgeld von 200 Euro bei Verzicht auf eine Anklage anzubieten. Auch diese Nachrichten schlugen hohe Wellen bis weit über die Landesgrenzen hinaus: *„Domino-busting sparrow gets spot in museum"* („Dominospatz" bekommt Platz im Museum).

Doch dann zog sich die Übergabe des Sperlings noch länger hin als gedacht. Schon die Bemühungen, die zuständige Person bei der entsprechenden Behörde in Zwolle telefonisch zu erreichen, um die Übergabe zu regeln, erwiesen sich als sehr schwierig. Schließlich erhielten wir den erlösenden Rückruf: „Alles geregelt, Sie können den zuständigen Sonderbeauftragten kontaktieren, er ist informiert." Als ich erfuhr, dass ich den „Dominospatz" in Friesland abholen konnte, funktionierte ich sofort meinen Kamerakoffer aus Aluminium für den Transport in eine veritable Kühlbox um.

DIE ÜBERGABE

Eher enttäuschend verlief anschließend der 15. Dezember, an dem ich im friesischen Örtchen Makkinga den Sperling abholen sollte. Nach all der Korrespondenz und den zahlreichen Telefonaten mit der Staatsanwaltschaft hatte ich eigentlich erwartet, dass der berühmteste Sperling der Welt in einer juristischen Hightech-Gefriertruhe liegen würde, aber das erwies sich als Trugschluss: Aufbewahrt hatte man den „Dominospatz" in einer simplen Margarinedose zwischen drei marinierten Hühnerflügeln, einer Dose mit undefinierbaren Resten und einer angebrochenen Packung Speckstreifen im Gefrierfach eines ebenfalls simplen Tischkühlschranks. Und zwar zu Hause bei dem Sonderbeauftragten, der den Sperling nach dem illegalen finalen Schuss in Gewahrsam genommen hatte. Die offizielle Übergabe fand – richtig gemütlich – am Küchentisch vor einem lodernden Schwedenofen und beim Verzehr eines großen Bechers Kaffees statt. Der Sonderbeauftragte war ein guter Gastgeber, bestand aber auf genauer Einhaltung aller Formalitäten: „Papiere, Herr Moeliker!" Zum Glück hatte ich eine Kopie des Beschlusses vom Functioneel Parket in Den Haag eingesteckt, sonst hätte ich sofort wieder den Weg nach Rotterdam antreten können – ohne Haussperling. Ein ziemlich aufdringlicher *Bild*-Fotograf musste noch schnell ein Foto vom Sperling machen (damals noch im Zeitalter ohne Wireless LAN), um dann wieder schnell nach Deutschland zurückzureisen. Die Presse Frieslands, die bei der Übergabe zahlreich vertreten war, stellte jede Menge kritische Fragen: War dies nicht ein Fall von Entwendung friesischen Naturerbes? Daraufhin zeigte ich den Beschluss der Staatsanwaltschaft vor und fügte überdies an, dass Friesland ein Teil des niederländischen Königreichs und Rotterdam zudem für alle Einwohner Frieslands in etwas mehr als zwei Stunden erreichbar sei. Anschließend eilte ich – mit tiefgefrorenem „Dominospatz" – nach Rotterdam zurück. Im Museum wurde ich von zahllosen Fotografen und Kamerateams erwartet, die den „Dominospatz" endlich aus nächster Nähe begutachten wollten. Am nächsten Tag war die Titelseite sämtlicher Zeitungen mit dem toten Haussperling geschmückt. Die überregionale Ausgabe von *Bild* titelt am 16. Dezember 2015: „Hier liegt der Spatz, der für RTL sterben musste".

HUNGRIGES JUNGES WEIBCHEN

Ein paar Tage später widmete sich Erwin Kompanje, der Hauspräparator des Museums, der Konservierung des Haussperlings. Die obligatorische Autopsie ergab, dass dem – nun aufgetauten – Sperling ein Treffer knapp

Der „Dominospatz" auf seinem kleinen Sarg, einer leeren
Margarinedose. (KM)
Auch die Presse in Deutschland interessierte sich für das
Schicksal des „Dominospatzes." (Bild-Zeitung)

oberhalb der Krümmung des rechten Flügels zum Verhängnis geworden war: Im Balg war ein kleines rundes Einschussloch zu erkennen. Die Kugel war auf der anderen Seite wieder ausgetreten („Durchschuss") und hatte einen Teil der Nackenwirbel, beinahe den gesamten Brustkorb sowie den linken Flügel zerstört – ein blitzschneller Tod. Unwillkürlich dachte ich an den Zapruder-Film, auf dem der Mord an John F. Kennedy zu sehen ist … Vom blutigen Innenleben des Vogels war nicht mehr viel übrig geblieben: Der linke Flügel hatte sich von der Haut gelöst, und befand sich leider nicht in der Margarinedose. Neugierig suchten wir das Geschlechtsorgan – der Unterleib war noch intakt – und nach etwas Gefummel hatten wir das Ovarium freigelegt. Es enthielt keine entwickelten Follikel und der Eileiter machte ebenfalls einen jungfräulichen Eindruck. Fazit: Der „Dominospatz" war ein junges Weibchen, das etwa ein halbes Jahr vor seinem unglücklichen Tod geschlüpft war.

Mit einer Mischung aus Wasser und etwas Weichspüler befreite der Präparator die Federn vom Blut. Danach föhnte er die durchweichte Haut trocken und drapierte diese um den Kunstkörper. Durch Nadel, Draht und feinfühlige Hand erhielt der Sperling langsam wieder seine ursprüngliche Form zurück. Mit dem Metalldraht, der aus den Beinen herausragte, wurde der Vogel dauerhaft mit seiner letzten Ruhestätte, einer Schachtel mit Dominosteine, verbunden und unter der Katalognummer NMR 9989-002269 in die Sammlung aufgenommen. Neben dem Balg besteht die museale Komposition aus den in Alkohol konservierten Eingeweiden, der Margarinedose und ein paar Original-Dominosteinen von *Domino Day*.

Als mit einer Schere der Spatzenmagen geöffnet wurde, verriet der bescheidene Inhalt unter der Lupe, dass der Vogel keine anständige letzte Mahlzeit zu sich genommen hatte: vier dunkelbraune Samen (aus einer Scheibe Vollkornbrot), ein Splitter eines

Der ausgestopfte „Dominospatz"
(NMR 9989-002269) in der
Sammlung des Naturhistorischen
Museums von Rotterdam. (KM)

Schneckenhäuschens und etwas Kieselstaub, um genau zu sein. Nicht auszuschließen, dass der Sperling schon länger in der Halle in Leeuwarden eingesperrt gewesen war und der Hunger ihn nach unten zu den Dominosteinen getrieben hatte, in der Hoffnung, dort ein paar Brotkrümel zu finden.

CLARENCE

Um zu vermeiden, dass der „Dominospatz" die einzige Berühmtheit in „Der Großen Haussperling-Ausstellung" sein würde, machte ich mich auf die Suche nach anderen berühmten Artgenossen. Der erste, der mir einfiel, war Clarence: 1940 als Nestjunges, sprich kahl und blind, von Clare Kipps auf dem Gehsteig vor ihrer Wohnung in London gefunden. Frau Kipps hatte den Spatz mit der Hand aufgezogen – in den Kriegsjahren spendeten Spatzen, während man im Luftschutzkeller ausharrte, oftmals Trost und Freude. Clarence lernte Pfeifen, während

Die englische Originalausgabe des Buches über den Haussperling Clarence; hier die 13. Ausgabe von 1958. (KM)

Wildsperlinge normal lediglich zwitschern, und in Ermangelung eines Weibchens fing er an, seinem Frauchen den Hof zu machen. Am 23. August 1952, nach einem Leben, das zwölf Jahre, sieben Wochen und vier Tage gewährt hatte, starb Clarence an Altersschwäche. Seine sterblichen Überreste wurden in einem kleinen Sarkophag beigesetzt, dessen Verbleib ich leider nicht mehr herausfinden konnte. Erhalten geblieben ist aber Clarences Lebensgeschichte *Sold for a farthing*, die Clare Kipps 1953 verfasst hat. Nachdem in England mehr als 100.000 Exemplare des Buches verkauft worden waren, erschien 1956 die deutsche Übersetzung *Clarence der Wunderspatz* – ein Buch, das der Verhaltensbiologe und spätere Nobelpreisträger Konrad Lorenz höchstpersönlich empfahl: „Meiner Meinung nach kann über diesen Spatz nicht überschwänglich genug geschrieben werden." Berühmter geht fast nicht, aber darüber hinaus fehlten mir noch weitere berühmte konservierte Haussperlinge.

KRICKETBALLSPERLING

Jehangir Kahn (1910–1988) war ein legendärer Kricketspieler – nicht nur wegen seiner beeindruckenden Erfolge auf dem Spielfeld und der Tatsache, dass er eine ganze Riege pakistanischer Topspieler zeugte. Berühmt wurde er vor allem damit, dass er in der langen Geschichte dieses Rasensports als Einziger mit einem Wurf einen Sperling erlegt hat. Der Fall ereignete sich am 3. Juli 1936, als der damals 25-jährige Kahn im renommierten Kricketstadion Lord's in London für die Cambridge University (wo er studierte) ein Spiel gegen den Marylebone Kricket Club (MCC) bestritt. Bei dem fatalen Wurf, der einen tief fliegenden Haussperling traf und tötete, stand Kahn als Werfer der Schlagmann Tom Pearce von der Heimmannschaft gegenüber. Im Spielbericht in der *Times* unterstellte man dem Sperling Selbstmordabsichten und pries den unglücklichen Vogel für dessen Uneigennützigkeit, da durch seinen Tod dem MCC eine noch größere Niederlage erspart geblieben war. Aus Dankbarkeit ließ der Verein den Sperling ausstopfen und räumte ihm einen Ehrenplatz im Vereinsmuseum ein – herrlich theatralisch auf jenem Ball, den sein Tod herbeigeführt hatte. Offenbar lieben Sportclubs derart gefiederte Trophäen: Auch die Lachmöwe, die Eddy Treytel, der Torhüter des niederländischen Erstligavereins Feijenoord Rotterdam am 15. November 1970 vom Himmel holte, erhielt einen prominenten Platz in der reich bestückten Vitrine des Clubs.

Unter Kricketfans hat der Sperling es zu großem Ruhm gebracht, Vogelbeobachtern blieb er jedoch weitestgehend unbekannt – bis 1963, als J. D. Summers-Smith, der damals größte Spatzenkenner der Welt, in seiner Monografie *The House Sparrow* ein Bild des Haussperlings mit der emotionslosen Unterschrift „Junger Haussperling und dessen Todesursache" veröffentlichte.

Der „Kricketballsperling" von 1936 wird in der Sammlung des
Marylebone Cricket Club Museum in London aufbewahrt.
(Sarah Lee)

Das Museum des Marylebone Kricket Club existiert nach wie vor – es ist sogar das älteste Museum der Welt, das ausschließlich dem Sport gewidmet ist. Zu den bedeutendsten Exponaten zählt auch heute noch der Sperling, neben der legendären *ashes urn*, der Urne, in der sich seit der dramatischen Niederlage gegen Australien 1882 die Asche des (tot gesagten) englischen Krickets befindet. Ich ging davon aus, dass ein Museum mit so viel Gefühl für Tradition und Humor der Aufnahme ihrer Trophäe in die Rotterdamer Wall of Fame der berühmtesten Sperlinge etwas Positives abgewinnen würde. Also richtete ich einen offiziellen Leihgabenantrag an den Kricketclub, der vom Vereinsvorstand tatsächlich positiv beschieden wurde: Zum ersten Mal in seiner 70-jährigen Existenz als Museumsexponat durfte der ausgestopfte Haussperling die Lord's-Kricketanlage verlassen. Einzige Voraussetzung: Der Transport nach Rotterdam musste von einem Experten eigenhändig durchgeführt werden.

Nur wenige Tage vor der Eröffnung der „Großen Haussperling-Ausstellung" flog ich daher nach London – mit einem extra für diesen Zweck umgebauten Werkzeugkoffer als Handgepäck. Das Kricket-Mekka betrat ich, wie es sich gehört, durch die berühmten Grace Gates. Das Museum liegt etwas versteckt neben einem viktorianischen Pavillon, der 1889 errichteten Ehrentribüne. Beim Betreten des Raums erkannte ich den ausgestopften Haussperling sofort, der in einer eigenen Vitrine auf mich wartete. Allerdings war ich etwas enttäuscht, da der Vogel in den 70 Jahren seines Aufenthalts im taghellen Museum seine Farbe völlig verloren hatte. Dennoch erwies sich die Komposition mit dem Haussperling, der mit ausgebreiteten Flügeln über dem roten, auf einem kleinen, mit grünem Filz verkleideten Nussbaumsockel montierten Kricketball schwebt, als herrliches Beispiel britischer Taxidermie. Der zuständige Kon-

Die Kricketanlage Lord's im Jahr 2006 und der umgebaute Werkzeugkoffer, in dem der „Kricketballsperling" nach Rotterdam transportiert wurde. (KM)

Jaynia Tarnawski und der „Freedom Sparrow" von 1981.
(Australian Museum)

servator Neil Robinson demontierte die Vitrine und überreichte mir förmlich einen Cutter, mit dem ich den Schaumstoffboden der Transportkiste genau passend zurechtschneiden konnte, damit Ball und Sperling dort stabilen Halt fanden. Auf meinen besonderen Wunsch hin wurde mir die Gelegenheit gegeben, den Rasen zu betreten und den Ort zu besichtigen, an dem der Spatz sein Leben gelassen hatte. Die Anlage erwies sich als sehr weitläufig, und das Gras war grüner als grün. Vorsichtig stellte ich den Koffer mit dem Spatz auf dem kurz geschnittenen Rasen ab und öffnete den Deckel. Das matte Licht der Herbstsonne fiel auf das Präparat, Frischluft umströmte die muffig riechenden Federn. Alle Anwesenden warteten gespannt, aber das Wunder blieb aus.

FREEDOM SPARROW

Nach meiner Anfrage, ob ihre Sammlung womöglich auch einen berühmten Haussperling umfasste, machte sich Jaynia Tarnawski von der Vogelabteilung des Australian Museum in Sydney sofort auf die Suche. Und tatsächlich entdeckte sie ein Exemplar, das als Symbol für das Freiheitsstreben und den Freiheitsdrang dieser Art dienen kann. Es handelte sich um Katalognummer AM O.55172, einen sehr jungen Haussperling mit dem Spitznamen „Freedom Sparrow," der am 4. Juli 1981 (Unabhängigkeitstag in den USA) mit dem Flug PanAm 811 von Los Angeles nach Sydney gereist war. Reise und Leben des Spatzes fanden ein abruptes Ende im Hoheitsgebiet der australischen Quarantäne- und Aufsichtsbehörde, die peinlich genau darüber wacht, dass Pflanzen und Tiere aus dem Ausland nicht ins Land gelangen. So ging für den „Freedom Sparrow" ein 25-jähriges Dasein als anonymes Exponat zu Ende und kam die Leihgabe als Postpaket für die Wall of Fame in Rotterdam an – in Begleitung einiger erwachsener australischer Haussperlinge, unter denen Pinokkio (AM O.6030), ein Exemplar mit einem riesigen Oberschnabel, für die Vitrine mit missgebildeten Haussperlingen geradezu prädestiniert war.

Paul Sweet mit dem ersten noch erhalten gebliebenen
Haussperling Amerikas (von 1875) in der Sammlung des
American Museum of Natural History. (KM)

Die Vergangenheit des Haussperlings in der Neuen Welt ist eine Geschichte voller Höhepunkte und Tiefschläge. Eingeführt wurde der Sperling einst von Kolonisten aus Europa, denen das fröhliche Gezwitscher abgegangen war. Den Anfang machte Nicolas Pike, Direktor des Brooklyn Institute, der im zeitigen Frühjahr 1851 acht Haussperlingspärchen aus England in Brooklyn, New York, in die Freiheit entließ, die sich jedoch nicht vermehrten. Ein Jahr später, 1852, gründete er ein Komitee zur Einführung des Haussperlings und kaufte sich mit einem Budget von 200 Dollar eine „große Partie" Haussperlinge aus Liverpool, die mit dem Dampfer „Europa" in New York eintrafen. Kurz nach Ankunft wurden 50 Stück bei den Narrows, der Meeresenge zwischen Staten Island und Brooklyn, freigelassen, während die übrigen Vögel bis zu ihrer Freilassung im Frühjahr 1853 im Turm der Greenwood-Friedhofskapelle in Brooklyn Unterschlupf fanden. Diese Immigranten schienen sich wohlzufühlen und pflanzten sich fort, vielleicht auch deshalb, weil man extra für sie einen Aufpasser engagiert hatte.

Kein halbes Jahrhundert später waren alle amerikanischen Bundesstaaten von Ost nach West kolonisiert und entwickelten sich die Haussperlinge zu einer Plage. Offenbar war man sich damals bei der Einführung nicht wirklich aller Konsequenzen dieses Schrittes bewusst gewesen. Am 15. März 1875 sammelte Edgar Mearns ein in der Nähe des Hudson-Flusses in New York umgekommenes Sperlingsmännchen ein und nahm es in seine Sammlung präparierter

Pilgerstätte für Spatzenfans: Die Kapelle des Greenwood-Friedhofs in New York, wo sich die ersten 1852 aus England importierten Haussperlinge vermehrten, um von dort aus die Neue Welt zu erobern. (KM)

amerikanischer Vögel auf, ohne sich im Klaren darüber zu sein, dass er der Erste war, der so etwas tat. Alle anderen Haussperlinge, die in nordamerikanischen Sammlungen aufbewahrt werden, stammen aus späteren Jahren. Mearns stiftete seine Vogelsammlung dem American Museum of Natural History in New York. Auf meine Anfrage hin, ob es womöglich berühmte Haussperlinge in seiner Sammlung gab, entdeckte Paul Sweet, der Verwalter einer der größten Vogelsammlungen der Welt, Mearns ersten (erhalten gebliebenen) amerikanischen Haussperling zwischen Hunderten von vergessenen konservierten Artgenossen. Da seine Vorgesetzten das Exponat für zu bedeutend hielten, durfte Sweet es nicht einfach mal so als Leihgabe außer Haus geben. Wie bei dem „Kricketballsperling" musste ich daher höchstpersönlich den Transport von AMNH 52616 übernehmen – in einem völlig überdimensionierten Karton und mit einer stattlichen Summe von 10.000 US-Dollar versichert.

Als ich in New York angekommen war, um den Haussperling abzuholen, nutzte ich die Gelegenheit, dem Greenwood-Friedhof einen Besuch abzustatten – dem Ort, von wo aus sich die ersten Haussperling-Kolonisten auf den Weg gemacht hatten, um die Neue Welt zu besiedeln. Spatzen gab

es hier überall, und die sehenswerte Kapelle, in der sie vor mehr als 150 Jahren einige Zeit untergebracht worden waren, existierte nach wie vor. Im reich verzierten Friedhofstor befanden sich zudem zahlreiche Nester des Mönchssittichs (*Myiopsitta monachus*), eines USA-Kolonisten aus jüngerer Zeit.

PAPST-SPERLING

Bei meiner Suche stellte sich heraus, dass es auch einen päpstlichen Sperling gegeben hat. Eugenio Pacelli, Papst Pius XII., der das Heilige Amt von 1939 bis zu seinem Tod 1958 bekleidete, ist nicht nur als vermeintlicher Antisemit bekannt, sondern auch als passionierter Naturliebhaber. Letzteres wusste auch sein Gärtner. Als dieser einen verletzten Italiensperling (*Passer italiae*) fand, wurde dem hilflosen Vogel die göttliche Fürsorge durch den Papst zuteil. Pacelli war von dem Sperling so fasziniert, dass er den Vogel mit großer Hingabe pflegte, ihn auf den Namen „Gretel" taufte und sein Gezwitscher in den päpstlichen Gemachen regelrecht genoss. Da sich die Spuren des Papst-Sperlings im Vatikan verlieren und keine sterblichen Überreste aufbewahrt wurden, ist der Papst-Sperling in der Wall of Fame der „Großen Haussperling-Ausstellung" leider nicht zu bewundern.

—

HOMOSEXUELLE NEULINGE

Im Mai 2013 schrieben vier Kapverdensperlinge (*Passer iagoensis*) Geschichte, da sie an Bord eines Expeditionsschiffes mit Vogelbeobachtern die Reise von der kapverdischen Insel Razo in die Niederlande unternahmen. Sie überlebten die lange Seereise lediglich mit etwas Wasser und Brot. Als das Schiff „Plancius" am 19. Mai in seinen Heimathafen in der niederländischen Provinz Zeeland einlief, kamen erstmals Kapverdensperlinge nach Europa. Für alle, die den Unterschied noch nicht registriert haben: Es handelte sich hierbei nicht um unseren Haussperling (*Passer domesticus*).

Nicht nur aus Liebe zum Sperling, sondern auch aus Interesse für historische Ereignisse war ich an dem Tag bereits früh vor Ort, um die Kolonisten willkommen zu heißen. An Bord des Schiffes traf ich zwei Männchen und zwei Weibchen an – alle handzahm und passiv. Eines der beiden Männchen, das in der Kabine umherflog und immer wieder gegen das Fenster stieß, konnte ich einfangen und auf Deck freilassen. Nur wenige Sekunden nachdem ich den schwankenden Sperling neben ein Stück Brot gestellt hatte, tauchte plötzlich das andere Männchen auf. Vor meinen Augen und denen der Weibchen enwickelte sich eine Rauferei, die in einem Paarungsversuch kulminierte. Bezeichnend, dass ausgerechnet ich wieder Augenzeuge dieses Spektakels wurde: Das Erste, was die ersten zwei Kapverdensperlinge in den Niederlanden zeigten, war … homosexuelles Verhalten!

In den Tagen danach wurden die Kapverdensperlinge von Vogelbeobachtern immer wieder an Bord oder in der Nähe des Schiffes gesichtet. Daher kam die Frage auf, welches Schicksal diese vier Exoten wohl erwarten würde. Konnten sie hier überhaupt überleben und wie würden die Behörden reagieren? Denn streng genommen handelte es sich dabei um den illegalen Import einer exotischen Tierart. Kurz darauf machten sogar Gerüchte die Runde, an Bord des Schiffes seine „Männer mit Fangnetzen" gesehen worden.

Auf Anfrage wurde mir aus gut informierten Kreisen bestätigt, dass das Wirtschaftsministerium veranlasst hatte, die Vögel aus dem Verkehr zu ziehen: So wurde am 26. Mai 2013 erst ein Männchen und ein Weibchen an Bord des Schiffes eingefangen und andernorts unter Quarantäne gestellt. Seitdem fehlt von ihnen jede Spur. Auch von dem anderen Pärchen hat man nichts mehr vernommen. Die „Plancius" legte auf jeden Fall – mit oder ohne Kapverdensperlingen – wieder ab für die Weiterreise nach Spitzbergen.

Kapverdensperlinge (a) auf der Brücke des Expeditionsschiffs „Plancius"; (b) Männchen an Deck; (c) die gleichen Männchen kämpfend und (d) bei der Paarung. (KM)

ALDI-SPATZ

Das erste Mal, dass ein Haussperling (*Passer domesticus*) beim Öffnen einer automatischen Schiebetür erwischt wurde, war am 29. Dezember 1990 im Busbahnhof der neuseeländischen Stadt Hamilton. Zwei Männchen hatten entdeckt, dass sich der Sensor aktivieren ließ, wenn man nah daran vorbeiflog. Manchmal landeten sie sogar auf dem Sensor und beugten sich weit nach vorne, bis sich die Türen öffneten. Waren sie erst einmal im Inneren, flogen die Sperlinge schnurstracks zur Cafeteria, wo Reisende die beiden dann fütterten. 1995 war es ein weiteres Mal so weit, wieder in Neuseeland, wieder ein Männchen. Diesmal hatte sich der Sperling Zugang zum Foyer der Dowse Museum and Art Gallery in Lower Hutt verschafft, indem er die Sensoren zweier (!) automatischer Türen aktivierte. Das Museumpersonal taufte den Sperling auf den Namen „Nigel." Fünf Jahre lang ging Nigel seiner Tätigkeit als Türöffner nach.

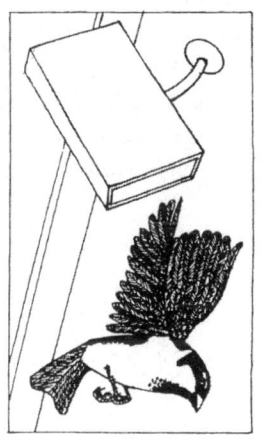

In der Vogelliteratur finden sich nach Nigel keine weiteren Belege dafür, dass Haussperlinge Türen öffnen – wie es scheint, bleibt dieses Verhalten vorerst ausschließlich neuseeländischen Haussperlingen vorbehalten. Dennoch hat sich der Haussperling überall auf der Welt an ein Leben in Gebäuden

Haussperling Nigel aktiviert den Türsensor. (Notornis)

gewöhnt, vorzugsweise in Einkaufs- und Gartenzentren. Etwas befremdend ist deshalb der ganze Wirbel, den ein Haussperling 2011 um die Jahresmitte herum auslöste, als dieser eine Aldi-Niederlassung im niederländischen Zeewolde (Flevoland) besiedelte und mit lautem Gezwitscher versuchte, ein Weibchen zu sich zu locken. Da der Sperling in dem Supermarkt ausdrücklich unerwünscht war, wurde er nach Angaben der niederländischen Lebensmittelzeitung *Levensmiddelenkrant* Ende Januar 2010 mit behördlicher Genehmigung eingefangen und „in die freie Natur" entlassen.

—

FEDERN AUS CHINA

In den Wohnzimmern hierzulande ist er längst ausgestorben, der fachmännisch ausgestopfte Vogel. Dagegen ist ein anderer Vogel auf dem Vormarsch, der künstliche Vogel. Die im Großhandel für Schaufensterdekoration und in Geschenkeläden erhältlichen Vögel sind inzwischen sehr beliebt, vor allem die weißen Eulen für unter dem Weihnachtsbaum. Dabei handelt es sich um Vogelfiguren aus Styropor, die mit echten (gefärbten) Federn von Enten, Gänsen, Hühnern und anderem Geflügel verkleidet werden. Zahlreiche Vogelarten wie Papageien und Kolibris sind vertreten und die Größen variieren sehr. Gemeinsam ist ihnen allen eines: Sie sind echter Kitsch „made in China". Lukrative Produkte, mit denen es auf jeden Fall keinen Ärger mit irgendwelchen Naturschutzbehörden geben kann.

Künstlich hergestellter Sperling mit echten Feldsperlingsflügeln. (KM)

Anders jedoch mit dem Sperlingsimitat, das ich kürzlich geschenkt bekam. Zwar bestehen Brust und Bauch aus Entenfedern und wurde der Kopf mit Federn eines Hühnervogels beklebt, aber Flügel und Schwanz sind unverkennbar original – und stammen in diesem Fall von einem Feldsperling (*Passer montanus*). Offenbar handelt es sich hier um eine Art Wiederverwendung: In China werden Sperlinge nämlich gefangen, gerupft und gegessen und die Federn für die Produktion von künstlichen Vögeln verwendet. Somit ist der Import solcher Produkte eigentlich verboten. 1993 wurde in Rotterdam ein Container mit fast zwei Millionen gerupften Feldsperlingen beschlagnahmt – die tiefgefrorenen Vogelleichen hatten als Bestimmungsort Italien, wo sie gegessen werden.

—

Die durchgeknallte Amsel

Im Juni 2004 erfuhr ich, dass sich im Rotterdamer Stadtteil Schiebroek eine Amsel (*Turdus merula*) herumtrieb, bei der es offenbar piepte. „Sie fliegt den ganzen Tag gegen das Fenster. Was kann ich denn dagegen unternehmen?", fragte mich Kees Meijer. Da ich vermutete, dass der Vogel sein Spiegelbild attackierte, empfahl ich, die betreffende Fensterscheibe abzukleben. Das war in dem Fall nicht so ganz einfach, da die Amsel ihre Rivalin über die ganze Fensterfront hinweg bekämpfte. Wie die Sache ausgegangen ist, habe ich leider zunächst einmal nicht erfahren. Ende November rief mich dann Linda Olieman an: „Schon seit ein paar Monaten haben wir eine Amsel im Garten, die ständig mit Getöse gegen unsere Glasschiebetür fliegt." Erstaunt fragte ich sie, ob sie vielleicht einen Herrn Meijer kenne. Das sei ihr Nachbar, erwiderte Linda.

Aus reiner Neugier begab ich mich am 4. Dezember 2004 zu Linda und Mak Olieman und trank Tee mit ihnen. Sie bewohnten ein komfortables Haus in grüner Umgebung, die große Schiebetür zur gepflasterten Terrasse bot Aussicht auf den großen Garten, der von einer Thujenhecke, Rhododendronsträuchern und englischem Rasen geprägt war – ein wahres Amselparadies. Noch bevor ich einen Schluck hatte nehmen können, zeigte sich schon die durchgeknallte Amsel – ein schönes erwachsenes Männchen mit rußschwarzem Gefieder und orangefarbenem Schnabel. Es setzte sich auf den Rand eines großen Blumentopfes etwa vier Meter von der

Der Irre Ivo sieht aus wie ein ganz normales Amselmännchen.
(Mak Olieman)

Fassade entfernt – sein üblicher Startpunkt. Von dort aus stieg es schräg nach oben auf und flog mit einem dumpfen Schlag gegen das Fenster. Anschließend landete der Vogel auf der Terrasse und hüpfte zum Blumentopf zurück. Diese Attacken, die in der Regel genau auf eine bestimmte Stelle in der Mitte der Fensterscheibe abzielten, führte er etwa alle zehn Sekunden aus. Ab und zu steuerte er ein anderes Ziel auf der Glasscheibe an und manchmal landete er auch auf dem oberen Fensterrahmen, auf dem er dann mit den Flügeln schlagend herumbalancierte. Nach zehn Minuten und Dutzenden dumpfen Zusammenstößen setzte er sich auf den Rasen, um dort nach Regenwürmern zu suchen. „So geht das den ganzen Tag", sagte Mak, während er ein Schälchen mit Marzipan auf den Tisch stellte. Ich hatte in meinem Leben schon viel außergewöhnliches Tierverhalten gesehen, aber das hier toppte alles.

An einigen Stellen war die Glasscheibe der Schiebetür ordentlich mit Dreck verschmiert. Linda – nicht der Typ Frau, der täglich mit Begeisterung Fenster putzt – hatte den Fensterputzer bereits gebeten, öfter vorbeizukommen. Wenn die Sicht nach draußen allzu sehr beeinträchtigt war, nahm Mak auch selbst mal Schwamm und Fensterleder in die Hand. Sogar die Fensterrahmen waren bereits von den scharfen Amselkrallen in Mitleidenschaft gezogen worden. Mak zeigte mir die angegriffenen Stellen mit sorgenvoller Miene, und auch die dicke Kotschicht, die die Amsel auf dem Blumentopf hinterlassen hatte: „In der Holunderzeit ist der Dreck am schlimmsten."

SPIEGELBILD

Mit meiner Vermutung, die Amsel würde ihr Spiegelbild angreifen, um eine Rivalin aus ihrem Revier zu vertreiben, lag ich richtig. Da sich der ganze Garten im Glas der Schiebetür spiegelte, sah die Amsel vom Blumentopf aus stets eine „zweite" Amsel. Startete die Amsel ihren Angriff, kam das Spiegelbild immer näher und der „Kontakt" folgte, sobald die Amsel das Glas der Schiebetür berührte.

Linda und Mak Olieman kannten die Amsel inzwischen gut, auch wenn sie bei den Nachbarn – gleicher Haustyp, gleiche Fassade – mit ihrem

Ivos Kampfbühne mit dem Blumentopf (links), seinem festen
Startpunkt. (KM)
Der Irre Ivo im Kampf gegen die Schiebetür. (Mak Olieman)

Verhalten angefangen hatte. Als Linda das erste Mal auf die Amsel aufmerksam geworden war, dachte sie noch, ihr Nachbar Kees würde irgendetwas festtackern. Erst einige Zeit später war klar, dass die Amsel die Quelle des stetig wiederkehrenden, nervigen Geräusches war. Nachdem die Katze der Oliemans gestorben war, zog die Amsel samt Revier um und traktierte die Schiebetür von Linda und Mak mit ihren ständigen Scheinkämpfen. Mit der Zeit gehörte die Amsel zur Familie und wurde auf den Namen „irrer Ivo" getauft. Setzte der Irre Ivo seine Aktivitäten mal einen Tag aus, machte sich die Familie sofort Sorgen. Herbst, Winter und das zeitige Frühjahr waren die Zeiten, in denen die „Revierverteidigung" am häufigsten stattfand. Dazwischen standen Ivos Fortpflanzungsbemühungen und die Aufzucht des Nachwuchses im Vordergrund. Außerdem war die Terrasse in den Sommermonaten ständig von den Bewohnern des Hauses belegt, sodass Ivo sich in dieser Zeit notgedrungen zurückhalten musste.

Allmählich entstand auch zwischen Familie Olieman und mir ein besonderes Verhältnis. Denn ich besuchte sie regelmäßig, um den Irren Ivo bei seiner „Arbeit" zu beobachten und herauszufinden, ob und inwiefern die Jahreszeiten die Spiegelung im Glas der Schiebetür und somit die Frequenz der Scheinkämpfe beeinträchtigten. Per E-Mail wurde ich auf dem Laufenden gehalten, wobei vor allem Linda sich mit ihrem scharfen Blick für Details als gute Beobachterin entpuppte:

Bericht vom 15. März 2007: „Hier ein kurzes Ivo-Update. Ivo ist unvermindert aktiv. Letzten Samstag hat der Fensterputzer wieder mal das Fenster zur großen Freude von Ivo schön sauber geputzt. Seitdem fliegt er mit noch mehr Begeisterung dagegen. Manchmal nimmt er sogar Anlauf und benutzt die Terrasse im hinteren Bereich des Gartens (wo im Winter der Gartentisch steht) als Startbahn, um dann mit unverkennbarem Stolz die Fensterscheibe zu traktieren. Gestern Vormittag erwischte ich ihn übrigens in flagranti auf unserem Gartentisch in Liebespose auf seiner Freundin. Kurzum: Dem irren Ivo geht es bestens!"

Bericht vom 13. Januar 2008: „Wie ich dir im September schon geschrieben habe, haben wir Ivo eine Weile nicht zu Gesicht bekommen. Leichte Verschmutzungen an der Fensterscheibe verrieten aber, dass er ab und an

Ivo in Aktion: Standbilder aus Videoaufnahmen. (Mak Olieman)

da gewesen sein muss. Inzwischen fürchte ich, dass Ivo weg oder schlimmer noch tot ist. Er kommt nicht mehr. Ich hatte gehofft, er würde eines Tages einfach wieder auftauchen, aber leider ist das bis heute nicht der Fall."

Bericht vom 29. April 2008: „Gestern fing Ivo wieder an, sein Spiegelbild zu attackieren, allerdings noch etwas zaghaft. Heute ist er schon fast der Alte (siehe Film)."

FERNSEHPREMIERE

Die Videos, die Mak vom Irren Ivo drehte, sind für mich wertvolles Anschauungsmaterial. So entdeckte ich, als ich die Filme in Zeitlupe ansah, unter anderem, dass die Amsel nicht frontal mit dem Kopf voran gegen die Glasscheibe stieß, sondern kurz vor dem Aufprall ihre Beine nach vorne ausstreckte. Das erklärte natürlich auch, weshalb die Scheibe voller Dreck war. Die Dauer der Attacken variierte von einigen Minuten bis zu mehr als einer Stunde, manchmal sogar noch länger. Der Zeitraum zwischen den jeweiligen Zusammenstößen betrug minimal sieben Sekunden und maximal 56 Sekunden, jedoch durchschnittlich 13,8 Sekunden. Oder anders gesagt: Flog die Amsel zehn Minuten lang Angriffe auf das Spiegelbild, stieg sie über 40 Mal hintereinander auf.

Maks schönstes Video von Ivo stammt vom 11. Dezember 2004. Es dauert zwar nur 73 Sekunden, aber darin fliegt der Vogel fünf Mal nacheinander mit lautem Knall an die Glasscheibe. Im Hintergrund sind leise Kirchengesänge zu hören und unmittelbar nach dem Knall des vierten Angriffs beginnt die Predigt. Es spricht Pastor Carel ter Linden im Rahmen der Totenmesse zu Ehren von Prinz Bernhard (dem Gemahl der damaligen Königin der Niederlande) in der Kirche Nieuwe Kerk in Delft. Wärend Mak filmte, lief im Wohnzimmer offenbar gerade der Fernseher. Die Kirchengesänge, die salbungsvolle Stimme des Predigers und Ivos Angriffsgeräusche sind eine gelungene Kombination.

Um zu zeigen, was mich „seit der Ente" beschäftigt, zeigte ich das Video im Oktober 2006 während einer Ig-Nobelpreis-Lesung im Massachusetts Institute of Technology. Als Steve Hartman, der Berichterstatter für

CBS News, Interesse an dem Kurzfilm offenbarte, beschloss ich, ihm die Fernsehpremiere[1] für den Film vom Irren Ivo zu gönnen. Die Bilder der durchgeknallten Amsel in Aktion – leider ohne der Stimme von Pastor Ter Linden – gingen um die Welt. Das hatte zur Folge, dass weitere aufmerksame Personen sich meldeten, die ein ähnliches Verhalten wahrgenommen hatten. In den meisten Fällen handelte es sich um Wanderdrosseln (*Turdus migratorius*) in den USA, die, wie es schien, auch ihr Spiegelbild bekämpften, aber weniger intensiv, häufig und ausdauernd als Ivo. Beachtlich war auch ein Amselmännchen in der Nähe der neuseeländischen Hauptstadt Wellington, das erstmals im Frühjahr 2006 im Garten von Steve Falloon anfing, regelmäßig gegen die Scheibe eines Arbeitszimmerfensters zu fliegen, und seine Aktivität erst am 5. Dezember des gleichen Jahres wieder einstellte. Ihre persönliche Bestleistung erzielte diese Amsel am 18. November 2006, als sie im Zeitraum von 5.45 bis 18.05 Uhr 15 Angriffsstaffeln mit insgesamt 155 Zusammenstößen flog.

Aus den Niederlanden erreichten mich noch zwei Meldungen von Amseln, die mehr oder weniger regelmäßig gegen Fenster prallten. Im Frühjahr 2005 übte sich in einem Garten im Rotterdamer Stadtteil Lombardijen eine Amsel „den lieben langen Tag" darin, von einem Ast aus – immer dem gleichen – gegen das Wohnzimmerfenster zu fliegen und dabei jedes Mal – laut den Beobachtern – einen Fettfleck zu hinterlassen. Zwischenzeitlich war der Vogel verschwunden, aber im Herbst des Jahres 2007 war wieder eine Amsel da, die sich genauso verhielt. Der Hausbewohner beobachtete das Geschehen genauestens und dokumentierte es auch. Aus seiner ausführlichen Berichterstattung zitiere ich folgende Passage: „Den ganzen Vormittag und Nachmittag (von Sonnenaufgang bis Sonnenuntergang) stieg das Tier in einem 60-Grad-Winkel schräg nach oben auf, immer von der gleichen Startposition aus – einem längeren Ast, 50 Zentimeter von der Fensterscheibe entfernt – und peilte mit großer Regelmäßigkeit die gleiche Stelle auf der Scheibe an, knapp unterhalb des oberen Rahmens. Fast ohne Unterbrechung und mit einer Frequenz von

---

[1] Siehe: Wacky Science Winners – https://www.youtube.com/watch?v=jwmV8ZT3PKw

drei bis fünf Mal pro Minute ging das so – tagein, tagaus, zwei Wochen lang." Am 19. Oktober 2007 wurde die Zahl der Zusammenstöße zwischen 14 und 15 Uhr mit einer Stoppuhr registriert: Alle 15 Sekunden flog die Amsel ans Fenster.

SCHATTENBOXEN

In der Vogelliteratur wird ein Verhalten wie das von Ivo als „Schattenboxen" bezeichnet: der Angriff auf das eigene Spiegelbild, das als Eindringling in das eigene Revier betrachtet wird. Da eine Form der Selbsterkennung bislang nur bei Elstern (*Pica pica*) nachgewiesen wurde, kann im Prinzip jede Vogelart, die ein festes Revier hat, ein Opfer von Schattenboxen werden. In der Fachzeitschrift *Ornithological Observations* aus dem Jahr 2013 wurden 78 Arten aufgelistet, bei denen dieses Verhalten bislang beobachtet worden ist – von Kolibris bis hin zu Kranichen. Und die Liste wächst weiter, auch weil immer mehr Vogelarten sich in Siedlungen aufhalten und dort mit spiegelndem Glas und anderen glänzenden, glatten Oberflächen konfrontiert werden.

Über den ersten Fall von Schattenboxen berichtete die *Daily Times* von Watertown (New York) in ihrer Ausgabe vom 24. Mai 1879. Dabei handelte es sich um eine Wanderdrossel (*Turdus migratorius*), die tagsüber „wiederholt an einen Fensterrahmen hochflattert und kräftig an die Glasscheibe klopft". Dieser Vogel war im Nu sehr bekannt und stiftete große Verwirrung. Sein Verhalten wurde als Hexerei und unheimlich bezeichnet und auf eine Art von Trauerbewältigung (um einen verlorenen Partner) zurückgeführt. In *The Auk* erschien 1934 ein interessanter Bericht über eine Braunrücken-Grundammer (*Melozone fusca*) unter der vielsagenden Überschrift „Is the poor bird demented?" (Ist der arme Vogel dement?). 1944 bezichtigte das ansonsten sehr seriöse Blatt *Nature* einen schattenboxenden Haussperling der „geistigen Unangepasstheit". Es mag ja sein, dass der Anblick von Vögeln, die wiederholt und mit voller Kraft gegen Fensterscheiben prallen, das nahelegt, aber verrückt sind die Tiere nicht. Sie machen das bei klarem Verstand.

Schattenboxende Amseln sind in der Vogelliteratur eher eine Rarität. Den ersten Fall beschrieb Charles B. Moffat 1903 unter dem Titel „The spring rivalry of birds" in *The Irish Naturalist*. Dabei handelte es sich um ein Exemplar, das im Zeitraum von 1898 bis 1900 drei Brutsaisons nacheinander das gleiche Küchenfenster ins Visier nahm. Moffat, ein Naturforscher, wie er im Buche steht, hatte den Vogel schnell durchschaut: „Als ich diese sonderbare Amsel beobachtete, entdeckte ich, dass ihre Bewegungen genau die gleichen waren wie die von kämpfenden Männchen. Sie kämpfte gegen ihr eigenes Spiegelbild im Fensterglas. Sie attackierte immer das gleiche Fenster, und zwar im März und dem größten Teil des Monats April. Soweit mir bekannt ist, hat sie das nie an anderen Fenstern gemacht – sie richtete all ihre Energie auf das eine Küchenfenster. Es muss wohl nicht eigens erwähnt werden, dass es sich um ein Männchen handelte, und in einer Entfernung von etwa neun Metern zu der Stelle, an der die Scheinkämpfe stattfanden, befand sich ein Amselnest." Nummer drei präsentierte sich am 24. April 1957 im niedersächsischen Gifhorn. Dort berichtete Otto Niebuhr noch im gleichen Jahr in der Zeitschrift *Ornithologische Mitteilungen* von dem Fall und introduzierte den Begriff „Spiegelfechterei": „Als ich gegen 11 Uhr zufällig in den Keller ging, wurde ich durch den Lärm darauf aufmerksam, dass das Männchen dieses Paares sein Spiegelbild im Kellerfenster bekämpfte. Mehrfach durch den Hund verjagt, kehrte es trotzdem immer wieder zum Fenster zurück." Bewohner des nahegelegenen Ortes Wienhausen meldeten Niebuhr einen ähnlichen Fall: „Auch hier war das Spiegelbild des Amselhahns im Kellerfenster Ursache der Attacken, die den ganzen Tag über anhielten und schließlich zum Zerspringen des Fensters führten."

In Neuseeland, am anderen Ende der Welt, hatte ein Amselweibchen es auf den Parkplatz des Ministeriums für wissenschaftliche und industrielle Forschung in Lower Hutt abgesehen. Da bekämpfte es in der Zeit von 20. August bis 15. September 1969 tagtäglich ihr Spiegelbild in den verchromten Scheinwerfern und manchmal auch in den damals noch verchromten Stoßstangen und Kühlergrills der dort geparkten Autos. Die Angriffe, welche die Amsel von der Stoßstange aus auf die glänzenden Scheinwerfer flog, dauerten nicht selten bis zu fünf Stunden an – ohne Unterlass. Kein Wunder, dass das Gefieder des Vogels im Laufe der Zeit zerzaust war und sich auf den Stoßstangen der Kot häufte. Allerdings hörte das sonderbare Verhalten plötzlich wieder auf, wahrscheinlich deshalb, weil eine andere Aufgabe nun wichtiger war: nisten. Damit sind zwar alle Fälle aus der wissenschaftlichen Literatur erschöpfend behandelt, noch nicht aber aus der Belletristik. Auch dort hat es eine schattenboxende Amsel geschafft, erwähnt zu werden. Zwischen Ausführungen über schwul-erotische Eskapaden, Fressorgien in Sternerestaurants und Alltäglichem ließ sich der Vogelkenner, Dichter und Literaturkritiker Hans Warren (1921–2001) in seinem *Geheim Dagboek – Tiende Deel, 1973–1975* über eine Amsel aus, die ihn schließlich zu einer Verzweiflungstat anstiftete:

"

22. Mai [1975] – 15.15 Uhr. – *Endlich ist es mir gelungen, Jan Frederik, den Vogel, den ich am meisten gehasst habe, zu erlegen. Es war ein Amselmännchen, das zwar schön sang – und seinen Spitznamen einem lang anhaltenden Ton verdankte –, jedoch die unangenehme Angewohnheit besaß, sein Spiegelbild in der Fensterscheibe meines Arbeitszimmers zu bekämpfen. Auch die Fenster im Wohnzimmer und beim Eingang waren vor ihm nicht sicher. Immer wieder dieser harte Knall, der einen aufschrecken ließ. War niemand da, um ihn zu verjagen, wiederholte sich das Ganze 20, 30 Mal nacheinander.*

Hatte es geregnet, waren die Fenster anschließend voller Dreck von seinen Krallen. Manchmal begann er schon in aller Herrgottsfrühe und weckte mich auf. Sieben Jahre lang hielt er durch. Es war bereits ein Kopfgeld von 15 Gulden (7 Euro) auf ihn ausgesetzt, das Gideon kassierte, zu Unrecht allerdings, da sich herausstellte, dass er die falsche Amsel erlegt hatte. Ich selbst habe auch regelmäßig versucht, ihn aufs Korn zu nehmen, jedoch vergeblich.

Dieses Jahr nistete Jan Frederik in der Clematis zwischen den Fenstern meines Arbeitszimmers. Solange das Weibchen brütete und die Jungen noch klein waren, hatte Jan Frederik keine Zeit, seine Scheinkämpfe abzuhalten. Aber als sein Nachwuchs flügge geworden war, war es wieder nicht zum Aushalten. Ich habe wirklich alles versucht – schwarze Drähte angebracht, Bäume und Sträucher gefällt, von wo aus er womöglich sein Spiegelbild in den Fenstern sehen konnte, nichts half. Da dachte ich mir eine List aus und brachte ein bodennahes, in der Erde verankertes Fangnetz mit nur einer Öffnung an, unter dem ich Futter deponierte. Anschließend legte ich mich auf die Lauer. Bei seinem zweiten Besuch – ich hatte jede Menge zu tun, damit nicht andere Amseln und auch Drosseln in meine Falle gingen – kroch er hinein. Schnell rannte ich hin, trat, bevor er mir wieder entwischen würde, mit meinem Fuß auf ihn, sodass seine Eingeweihe herausquollen. Danach die Fenster geputzt – endlich Ruhe."

AGGRESSION UND SUCHT

Beide Amseln, Warrens Exemplar und auch der Irre Ivo waren Rekordhalter unter den schattenboxenden Vögeln. Doch was bringt Amseln wie Ivo, Jan Frederik und andere Artgenossen dazu, ein solches ausdauerndes Verhalten an den Tag zu legen? In erster Linie Aggression. Amseln haben ein ausgeprägtes Revierverhalten: Männchen wie Weibchen dulden keine anderen Amseln in ihrem Territorium. Revierkämpfe zwischen Männchen finden meistens dort statt, wo zwei Reviere aneinandergrenzen. Solche Grenzstreitigkeiten beginnen oft mit Imponiergehabe und können durchaus in mehr als 20 Minuten andauernde, unter Umständen auch heftige (Luft)Kämpfe ausarten, bei denen die Rivalen sich gegenseitig treten und picken. Solche Revierkämpfe wiederholen sich oft täglich an genau der gleichen Stelle. Wie verbittert es dabei zugehen kann, zeigten zwei kämpfende Amselmännchen 1963 in Yorkshire. Eines der beiden legte sich so ins Zeug und war so aufgeregt, dass seine Hauptschlagader riss und es sofort starb. Was aber nicht zwangsläufig das Ende des aggressiven Verhaltens bedeuten muss. Denn es wurden bereits Amseln dabei beobachtet, wie sie nach dem Tod des Rivalen dessen leblosen Körper weiterhin übel traktierten. Aggression kann auch in Fortpflanzungstrieb umschlagen, aber bei Amseln wurde noch kein Fall von Nekrophilie festgehalten.

Für das Verhalten von Ivo gibt es eine Erklärung. Wie bei den anderen schattenboxenden Vögeln fehlte ihm eine mentale Kategorie für das Phänomen Glas und andere glatte Oberflächen. Erblickte er sein Spiegelbild in einer Glasscheibe, war für ihn klar, dass es sich um einen Eindringling handelte, den er angreifen musste. Der Zusammenstoß mit dem Glas war für ihn wie ein Zusammenstoß mit einem (stärkeren) Gegner, der nicht weichen wollte. Das erklärt, wieso Ivo seine Angriffe wiederholte. Nur: warum so oft und ausdauernd? Meines Erachtens zeigte der Irre Ivo mit seinem Verhalten Anzeichen von Sucht. Die Zusammenstöße puschten ihn auf, womöglich dadurch verstärkt, dass bei jedem Aufprall etwas Endorphine oder ein anderer anregender Stoff in seinem Körper freigesetzt wurde. Wie im Rausch setzte er seine völlig sinnlosen Angriffe deshalb einfach fort. Wiederholt wurde beobachtet, dass Ivo seine Angriffe manchmal bereits im hinteren Bereich des Gartens startete – von wo aus er kein Spiegelbild erkennen konnte – und schnurstracks in Richtung Schiebetür flog, Das beweist, dass er für sein Angriffsverhalten keinen visuellen Reiz mehr brauchte. Er *wusste*, dass der unbesiegbare Gegner wieder vor ihm auftauchen würde.

BRONZENER EINDRINGLING

Im Sommer des Jahres 2008 war der Irre Ivo plötzlich verschwunden. Als mutmaßliche Ursache wurde eine tiefgreifende Änderung in seinem Revier ausgemacht – die Aufstellung eines Kunstwerks im Garten: eine bronzene Amsel auf einem Pfosten vor der Schiebetür. So ein lebensechter, unerschütterlicher Eindringling in seinem Habitat wurde ihm womöglich zu viel. Am 9. November 2009 kehrte er jedoch auf einmal wieder zurück – allerdings nur kurzzeitig – und machte sich mit einigen heftigen

Dieser bronzene Eindringling hat Ivo womöglich verjagt. (KM)

Zusammenstößen mit dem Fensterglas bemerkbar. Anschließend wurde es wieder eine Weile still um Ivo, bis er 2010 in der ersten Maiwoche fünf Tage nacheinander dauerhaft die Schiebetür attackierte. Danach war endgültig Schluss. Amseln können ein Alter von etwa 20 Jahren erreichen, rein theoretisch hat Ivo also, als ich diese Zeilen schreibe (April 2018), noch ein paar Jahre vor sich. Nicht auszuschließen, dass er sein Tätigkeitsfeld verlegt hat, aber ich hoffe für ihn, dass er seine wohlverdiente Ruhe gefunden hat.

—

DER AUTOSCHWAN

An einer der Rotterdamer Grachten nistete ein Höckerschwanpärchen. Das Weibchen saß völlig ungeschützt auf seinem Nest und brütete sein Gelege inmitten eines Grasstreifens am Ufer aus. Während es brütete, schob das Männchen Wache, so war die Aufgabenteilung. Niemand und nichts duldete das Männchen in der Nähe des Nestes: Arglose Passanten, auch in größerer Entfernung, wurden gnadenlos attackiert, Hunde verfolgte er schnaubend und mit gespreizten Flügeln. Als ich mich jenseits der Gracht am Wasser aufstellte, um das Pärchen zu beobachten, trieb mich der imposante Vogel zurück in Richtung Gehsteig. Der Vogel war wahrlich einschüchternd. Schwäne haben wie Amseln ein ausgeprägtes Revierverhalten, das nicht selten in exzessives Abwehrverhalten ausartet. Im letzten Jahr ertrank in Chicago sogar ein Mann, nachdem ein Schwan sein Kajak zum Kentern gebracht hatte.

Tote hat es an der Rotterdamer Gracht zwar keine gegeben, aber der Schwan traf die Anwohner immer mal wieder an deren empfindlichster Stelle: dem geparkten Auto. Vor allem auf blaue, auf Hochglanz polierte Modelle, die unweit des Nestes abgestellt wurden, hatte er es abgesehen: Der aggressive Schwan sah darin sein eigenes Spiegelbild, den Eindringling, der keinen Schritt weichen wollte, und stand fauchend und pickend Auge in Auge

Höckerschwan Auge in Auge mit
seinem imaginären Widersacher
(Dinie Martens)

mit seinem imaginären Kontra-
henten. Augenzeugen berichteten mir, „dass das Ganze locker
mal eine halbe Stunde dauert"
und der Lack der betroffenen
Autos mit Kratzern und Dellen
übersät war. Bei der Stadtver-
waltung häuften sich daher die
Beschwerden.

Das Problem (für Vogel und
Autobesitzer gleichermaßen)
war zum Glück vorübergehender
Natur. Als die Jungen geschlüpft

waren, verlor der Schwan sein Interesse an den polierten Autos
und richtete seine ganze Aufmerksamkeit nur noch auf den Nachwuchs. Er machte sogar kleine Ausflüge, von denen ihm jedoch
einer zum Verhängnis wurde: Am 29. April 2013 touchierte er im
Flug eine Ampel und wurde verletzt in die örtliche Vogelstation
eingeliefert, wo man den Bruchpiloten an seiner Ringnummer
(EA 98) wiedererkannte. Diesmal war seine zertrümmerte Schulter nicht mehr reparabel: Der Autoschwan wurde eingeschläfert
und erhielt einen Platz in der Sammlung „Tote Tiere mit einer
Geschichte" im Naturhistorischen Museum von Rotterdam. Dort
trägt EA 98 die Nummer NMR 9989-003395.

—

BLÄSSHUHN IM AUGE

Manchmal stoßen Vögel mit Menschen zusammen. Der dra-
matischste Fall, der mir bekannt ist, ereignete sich am Oster-
sonntag 2015 im niederländischen Friesland. Dort kam es
zwischen (dem Jeep von) Henk Wolf und einem Blässhuhn
(*Fulica atra*) zu einem Zusammenstoß. Der Wasservogel flog

durch die Frontscheibe und traf Wolf mitten im Gesicht. Bei der anschließenden Notoperation wurden dem 42-jährigen Sprachwissenschaftler kleine Federn aus dem Augapfel entfernt, was darauf hindeutete, dass das Auge vom Schnabel des Blässhuhns durchbohrt worden war. Angesichts eines Lochs im Augapfel, einer zertrümmerten Linse und einer beschädigten Netzhaut fürchteten die Ärzte um Wolfs Sehvermögen des rechten Auges. Zum Glück ging alles gut aus. In seinem Buch *Een meerkoet in mijn oog* (Ein Blässhuhn in meinem Auge) erzählt Wolf seine faszinierende Geschichte mit trockenen Humor – ab dem Moment des Knalls auf der Frontscheibe bis zum späteren medizinischen Wunder – inklusive Kochrezept für „langsam, aber schmerzvoll verstorbene Blässhühner".

Wolfs Augenblässhuhn ist einmalig. Zwar meldeten die *Klinischen Monatsblätter für Augenheilkunde* für den Zeitraum 1875–1970 nicht weniger als 16 Fälle, in denen Zusammenstöße zwischen Vögeln – Eulen, Hühnern, Amseln, Stelzenläufern, Rohrdommeln – und Menschen zu Augenverletzungen bei Letzteren geführt haben, aber Blässhühner tauchten in der Liste nicht auf. Auch anderswo fehlen Beschreibungen von Blässhühnern, die es auf Menschen oder deren Augen abgesehen hätten. Schon aus dem Grund ist Wolfs Buch eine wertvolle medizinische Fallbeschreibung, der nur ein kleiner Makel anhaftet: Vom Blässhuhn, das Wolfs Auge durchbohrt hat, blieb leider nichts, nicht mal eine einzige Feder, erhalten.

Am Dead Duck Day 2017 zeigte der Autor (links), wie ein Blässhuhn Henk Wolfs Auge durchbohrte. (Maarten Laupman)

Sportopfer

Während des Golfturniers *The Dutch Futures* traf ein vom niederländischen Golftalent Joost Luiten geschlagener Ball am 29. September 2007 eine Möwe im Flug. Presseberichten zufolge war der Vogel auf der Stelle tot und fiel „senkrecht vom Himmel". Da dieses Golfopfer für die stetig anwachsende Sammlung „Tote Tiere mit einer Geschichte" des Naturhistorischen Museums von Rotterdam prädestiniert gewesen wäre, fragte ich beim veranstaltenden Golfclub nach, ob man mir den Kadaver zur Verfügung stellen würde. Daraufhin widersprach der Caddy-Master der Darstellung in der Presse und ließ erklären: „Der Vogel wurde zwar getroffen, flog aber weiter." Golfballmöwe ade.

Absolut tödlich dagegen erwies sich der Golfball, mit dem der Schauspieler Rob Lowe im Juni 2007 auf dem Golfplatz des Glen Oaks Country Club in West Des Moines im US-Bundesstaat Iowa einen Goldzeisig (*Carduelis tristis*) abschoss. Der damals 43-jährige Schauspieler, unter anderem aus der Fernsehserie *Im Zentrum der Macht* bekannt, war zum ersten Mal in Iowa und rief, nachdem er den leblosen Körper des jungen Singvogels vom Green aufgehoben hatte: „This is my birdie. Unglaublich! Da kommt

**Der Schauspieler Rob Lowe mit seinem Golfballopfer, einem
Goldzeisig. (Tim Hudspeth)**

man zum ersten Mal hierher und ermordet gleich den *State Bird*[1], das kann doch nur mir passieren."

Die Wahrscheinlichkeit, dass ein Vogel im Flug mit einem Golfball kollidiert, ist in der Tat äußerst gering. Mir sind nur zwei undatierte, mit Videos dokumentierte Fälle bekannt, bei denen jeweils ein Vogel – allerdings aus nächster Nähe – ungewollt von einem Golfball getötet wurde: in dem einen Fall eine Möwe, im anderen ein nicht näher zu bestimmender brauner Vogel. Die Sportart Tennis hat mindestens zwei offizielle Vogelopfer zu beklagen: einen Vertreter einer unbekannten Art, der während eines Herrendoppels bei den Australian Open 1992 über das Netz flog, sowie eine Bachstelze (*Motacilla alba*). Letztere wurde im Mai 2007 in der Nähe von Rotterdam erst tödlich getroffen und mir anschließend vom Täter höchstpersönlich – perfekt tiefgefroren – für die Sammlung des Naturhistorischen Museums von Rotterdam überreicht.

Baseball reiht sich mit zwei dramatischen Flugunfällen in die Liste ein: eine Möwe und eine Taube. Die Möwe ließ ihr Leben am 4. August 1983 in Toronto, als Dave Winfield von den New York Yankees sie traf. Unmittelbar nach dem Spiel bekam er von der Polizei ein Bußgeld über 500 US-Dollar wegen „Grausamkeiten gegen Tiere" aufgebrummt. Erst 18 Jahre später gab es das nächste (und vorläufig letzte) Baseballopfer: Am 24. März 2001 traf der Ball des Werfers Randy Johnson der Arizona Diamondbacks eine Taube, vermutlich eine gewöhnliche Stadttaube, die – wie das Video im Internet zeigt – in einer dichten Wolke aus Federn zu Tode kam. Leider sind

Der legendäre Wurf des Baseballspielers Randy Johnson am 24. März 2001, bei dem er eine Taube traf. (YouTube)

---

[1] Jeder US-Bundesstaat hat einen für den betreffenden Staat charakteristischen Vogel als Staatsvogel; in Iowa ist das seit 1933 der Goldzeisig. In zahlreichen Nationen der Welt wurde Anfang der 1960er-Jahren ein sogenannter Nationalvogel bestimmt: In Deutschland ist das seit Menschengedenken der Steinadler, in Österreich seit 1964 der Silberreiher, während die Schweizer ebenfalls den Steinadler auserkoren haben.

nur zwei Ballsportopfer als Museumsexponat bewahrt geblieben: die Lachmöwe, die 1970 einem Abstoß des damaligen Feijenoord-Torwarts Eddy Treytel im Spiel gegen den Rotterdamer Rivalen Sparta zum Opfer fiel, und der (bereits erwähnte) Haussperling, der 1936 während eines Kricketspiels in London getötet wurde.

Der Glen Oaks Country Club hatte die große Chance, Geschichte zu schreiben – mit dem konservierten Goldzeisig als dem ersten dokumentierten Opfer eines Golfballs –, aber leider deutet nichts darauf hin, dass der Vogelleichnam aufbewahrt wurde. Gut möglich, dass die Clubleitung meine Anfrage für unseriös gehalten hat, denn eine Antwort auf meine simple Frage, ob man den Goldzeisig aufgehoben habe, blieb leider – trotz telefonischem Kontakt und wiederholter Nachfrage – aus. Schließlich gab ich David Brenzel, meinem Konservator-Kollegen vom Iowa Museum of Natural History, den goldenen Hinweis und wies ihn darauf hin, dass wir in Rotterdam der Menschheit und (vor allem) uns selbst mit der Ausstellung des ausgestopften „Dominospatzes" einen ausgezeichneten Dienst erwiesen hatten. Da er es als sehr unwahrscheinlich erachtete, dass man den Vogel aufbewahrt hatte, reagierte er amüsiert: „Ich fürchte, dass Golfen in Iowa – auch wenn Berühmtheiten involviert sind – nicht so viele Menschen vom Hocker reißt wie bei euch das Umwerfen von Dominosteinen." Verpasste Chance, dachte ich nur.

2013 wurde Joost Luiten, damals (und vielleicht auch heute noch) der beste Golfer der Niederlande, Botschafter der Initiative „Committed to Birds", die gemeinsam vom niederländischen Vogelschutzbund und dem niederländischen Golfverband ins Leben gerufen worden ist. Ziel: die Aufmerksamkeit für den Schutz von Vögeln zu vergrößern, nicht nur auf und neben den Golfplätzen, sondern auch innerhalb der Golfclubs und unter den Spielern. Während einer Late-Night-Talkshow im Januar 2015 rief Schauspieler Rob Lowe seinen „Birdie" in Erinnerung und erzählte, dass der unglückliche Tod des *State Bird* von Iowa ihn dazu gebracht hatte, den Golfsport an den Nagel zu hängen.

Am 18. Juni 2010 war es eine Taube, die im todlangweiligen WM-Spiel zwischen England und Algerien in Kapstadt für die nötige Unterhaltung sorgte – indem sie sich auf das Tor der algerischen Mannschaft setzte. Aus fußballhistorischen Gründen möchte ich an dieser Stelle erwähnen, dass es sich dabei um eine Guineataube der Unterart *Columba guinea phaeonotus* handelte – einen Vogel, der im südlichen Afrika zunehmend in die Städte vordringt. Aus den groben, haarähnlichen Daunenresten am Kopf ließ sich ableiten, dass es ein gerade flugfähiger Jungvogel war. Sein Versuch, die Partie zu beleben, war allerdings nicht ganz ohne Risiko: Die Wahrscheinlichkeit, während Fußballspielen zu Tode zu kommen, ist bei Vögeln deutlich erhöht. Außer der bereits erwähnten „Möwe von Treytel" gibt es einen zweiten gut dokumentierten Fall eines Fußballopfers: Im Dezember 2008 traf Gastón Aguirre, der argentinische Verteidiger von San Lorenzo, im Ligaspiel gegen Tigre eine Stadttaube in vollem Flug. Davor, am 10. September 2008, hatte der Kapitän der australischen Nationalmannschaft Lucas Neill im WM-Qualifikationsspiel seiner Mannschaft gegen Usbekistan eine Elster getroffen. Was mit dem Vogel aus der Familie der Rabenvögel passiert ist, blieb leider unklar. Die WM-Taube hatte dagegen keinen einzigen Ballkontakt und verließ das Stadion, so hieß es, wohlbehalten. Anschließend lebte sie fort auf Bechern und T-Shirts.

STADIONEULE

Am 12. November 2011 war es wiederum ein Vogel, der die Zuschauer eines Fußballspiels in seinen Bann zog. Mit feinem Gespür für Timing ließ sich eine Schleiereule (*Tyto alba*) 2014 in der Pause des WM-Qualifikationsspiels zwischen Kolumbien und

Die Guineataube, die am 18. Juni 2010 im WM-Spiel gegen England auf dem Tor der algerischen Mannschaft landete. (YouTube)

Venezuela auf der Latte eines der beiden Tore nieder, in ihren Klauen eine Ratte. Nach einem kurzen Moment nahm die Eule ihr Beute in den Schnabel und fing an, ihre Mahlzeit zu vertilgen. Dabei verlor sie ihr Gleichgewicht, rutschte ab, hob ab und drehte anschließend eine Runde durch das berühmte Estadio Metropolitano Roberto Meléndez in der kolumbianischen Stadt Barranquilla. Fernsehkameras zeichneten nicht nur den eleganten Flug auf, sondern auch den Moment, als die Eule die tote Ratte verlor.

Schleiereulen sind in jenem Stadion eine nahezu alltägliche Erscheinung. Es wurde sogar vermutet, dass unter dem Dach ein Pärchen nistete. Aus diesem Grund haben Anhänger des Clubs Atlético Junior die Schleiereule zum Maskottchen auserkoren: Lässt sich eine Schleiereule während eines Spiels blicken, ist „Junior" der Sieg sicher. So war die Wut groß, als Luis Moreno, der Verteidiger des Erzrivalen Deportivo Pereira, am 27. Februar 2011 eine Schleiereule, die kurz zuvor leicht von einem Ball getroffen worden war und noch etwas benommen am Rasen lag, brutal aus dem Feld kickte. Die Eule starb am nächsten Tag an inneren Verletzungen. Einem Bericht in der kolumbianischen Zeitung *El Heraldo* zufolge wollte der Verein die Eule ausstopfen lassen, musste aber von der Idee abrücken, als klar wurde, dass man die Eule während der Autopsie in Stücke geschnitten hatte. Gegen Eulenmörder Moreno verhängte man zwei Spiele Sperre.

Schleiereule mit Beute auf dem Tor im Fußballstadion Estadio Metropolitano Roberto Meléndez in Barranquilla, Kolumbien, am 12. November 2011. (Caracol TV)

WM-HEUSCHRECKE

Während der Fußballweltmeisterschaft 2014 in Brasilien erhielt der kolumbianische Star James Rodríguez am 4. Juli während des Spiels gegen Brasilien im Stadion Castelão in Fortaleza Gesellschaft von einem großen, grünen Insekt. Kurz nachdem er zehn Minuten vor Schluss per Foulelfmeter den Anschlusstreffer für Kolumbien erzielt hatte, flog das Tier auf ihn zu und landete auf seinem rechten Oberarm. Dem Fußballer entging das Ereignis, aber aufmerksame Fernsehzuschauer twitterten es gleich in die Welt hinein: „Anyone else notice that giant green insect on Rodríguez' arm?" Die wahre Identität des Insekts festzustellen, war nicht einfach. Zweifelsohne zählte es zu den Orthoptera (Heuschrecken) und angesichts seiner kurzen Fühler war es ein Vertreter der Caelifera, der Kurzfühlerschrecken, von denen in Brasilien 344 Arten beheimatet sind. Ohne allzu viel Wissen über tropische Insekten fällt mir spontan die Riesenheuschrecke *Tropidacris violaceus* ein.

RONALDOS MOTTE

Beim Finale der Fußballeuropameisterschaft am 10. Juli 2016 (Portugal – Frankreich) im Stade de France in Paris wurden Zuschauer und Spieler gleichermaßen von Millionen Motten geplagt. Die Ursache war schnell geklärt: Aus Sicherheitsgründen hatte man die Nacht davor das Flutlicht im Stadion brennen lassen und so die Nachtfalter massenhaft angezogen. Einer dieser Nachtfalter, eine Gammaeule (*Autographa gamma*), wurde sogar weltberühmt, als er sich in der 17. Minute auf das schmerzverzerrte, von Tränen überströmte Gesicht von Fußballsuperstar Cristiano Ronaldo setzte und, wie es scheint, von dessen Augenflüssigkeit trank. Kurz davor hatte sich der Spieler schwer verletzt und wurde dann auf einer Trage liegend vom Feld gebracht. Dass der Erwerb der Original-Ronaldo-Motte ein Ding der Unmöglichkeit war, wusste ich, und so bemühte ich mich sofort nach dem Spiel, ein paar Artgenossen des berühmten Falters für das europäische Naturerbe und für die Ausstellung „Tote Tiere mit einer Geschichte" sicherzustellen. Trotz meiner guten Beziehungen zur Sportwelt blieb dieser Versuch leider völlig erfolglos. Der zweite Versuch, einige Falter aus dem Stade de France zu ergattern, wo auch am Tag nach dem Endspiel noch zahlreiche vorhanden waren, war ebenfalls vergeblich. Die Stadiondirektion legte offenbar großen Wert darauf, den Vorfall mit den Nachtfaltern so schnell wie möglich vergessen zu machen, und sah deshalb von einer Kooperation ab.

Riesenheuschrecke auf der Schulter von James Rodríguez, dem
Mittelfeldspieler der kolumbianischen Nationalelf, im WM-Spiel
gegen Brasilien am 4. Juli 2014. (YouTube)
Im EM-Endspiel zwischen Portugal und Frankreich am 10.
Juli 2016 wird Cristiano Ronaldo von Gammaeulen belästigt.
(picture alliance / Augenklick)

FRÜHSTÜCKSFLEDERMAUS

Nachdem in den Niederlanden eine neugeborene Hausmaus tot in einer Tüte Salzgebäck gefunden worden war und einen Platz in der Sammlung des Naturhistorischen Museums von Rotterdam bekommen hatte, wurde Deutschland im Oktober 2012 von einem anderen grausigen Fund erschüttert: In Stuttgart befand sich in einer Packung Mini-Zimties Weizenvollkornflakes eine tote Fledermaus, ein Vertreter der Zwergfledermäuse (*Pipistrellus pipistrellus*). Obwohl die verblüfften Verbraucher zuerst an einen Halloween-Scherz dachten, beschlossen sie doch, das örtliche Chemische und Veterinäruntersuchungsamt (CVUA) einzuschalten. Unter dem Motto „Gesundheit geht vor" nahm das Amt sich des Falls sofort an.

Folgen Sie mir auf der Reise durch den Endbericht des CVUA: Die Fledermaus war vollkommen intakt, makellos mumifiziert und wog nur noch zwei Gramm (frischtote Fledermäuse wiegen durchschnittlich sechs Gramm). Auf Nachfrage erfuhr das CVUA, dass die Packung bereits im August gekauft und geöffnet worden war und seitdem offen im Küchenregal gestanden hatte. Der bedeutendste Fund zwischen den Frühstücksflocken waren „Kotbröckchen", von denen ich, aufgrund meiner bescheidenen Deutschkenntnisse, für einen Moment annahm, es handelte sich dabei um ein anderes Frühstücksprodukt. Aus den Kotbröckchen ließ sich jedoch ableiten, dass die arme Fledermaus nicht bereits bei der Herstellung der Flocken, sondern erst beim Verbraucher zu Hause in die Packung geraten und dort gestorben war.

Um sie neben dem Haussperling in die Sammlung des Naturhistorischen Museums aufnehmen zu können, richtete ich eine offizielle Anfrage an das CVUA, in der ich um Übergabe der Frühstücksfledermaus bat. Als ich nach etwas mehr als einer Woche noch keine Reaktion erhalten hatte, ging ich davon aus, dass sie mich für einen Irren hielten und die Fledermaus stattdessen dem Staatlichen Museum für Naturkunde in Stuttgart überlassen hatten.

Daher war ich sehr erstaunt und erfreut, als ich am 29. November 2012 schließlich doch noch die beantragte Fledermausmumie und eine Probe der Original-Frühstücksflocken mit den Kotbröckchen erhielt – einfach so per Post. Das Ensemble erhielt die Katalognummer NMR 9990-003109 und die Bezeichnung „Frühstücksfledermaus". Der Neuzugang bekam einen prominenten Platz in der Ausstellung „Tote Tiere mit einer Geschichte" und wurde später von der *Stuttgarter Zeitung* zum „Sommerloch-Tier" des Jahres gekürt.

Mumifizierte Zwergfledermaus (NMR 9990-003109) zwischen Frühstücksflocken; die Kapsel enthält Kotbröckchen. (KM)

Danksagung

Der Entenmann wäre ich nie geworden ohne Erwin Kompanje. Sechs Jahre lang hat er mich mit lobenswerter Beharrlichkeit dazu ermutigt, „The first case of homosexual necrophilia in the mallard" zu veröffentlichen. Dafür gebührt dir, mein lieber Freund, mein aufrechter Dank, denn ohne diese Veröffentlichung würde ich mich heute vermutlich noch mit der Vermessung von Monarchen-Schwanzfedern beschäftigen. Sinnvoll, das schon, aber weniger aufregend. Erwin stand auch immer Gewehr bei Fuß, wenn es darum ging, die Überreste der in diesem Buch beschriebenen Vögel und Säugetiere für die Sammlung des Naturhistorischen Museums von Rotterdam zu präparieren. Sein scharfer Blick für besondere anatomische Details war immer sehr hilfreich.

Marc Abrahams von Improbable Research und sein *Ig Nobel Board of Governors* möchte ich dafür danken, dass sie mich mit dem Ig-Nobelpreis ausgezeichnet haben. Es hat mir nicht nur viel Freude bereitet, sondern auch viele neue Freundschaften

beschert. Mein Dank gilt auch denjenigen, die für meine Nominierung verantwortlich sind – allerdings unbekannterweise, da ich sie leider nach wie vor nicht kenne.

Rob Biersma war der erste Redakteur der niederländischen Tageszeitung *NRC Handelsblad*, der es mir ermöglicht hat, einen Artikel zu veröffentlichen (1999, „Kwakken in Rotterdam" [„Nachtreiher von Rotterdam"]). Meine unverblümten Beschreibungen von außergewöhnlichem Tierverhalten hat er unverändert abgedruckt. Auch seine Nachfolger – (in chronologischer Reihenfolge) Arjen Ribbens, Ward Wijndelts, Markus Meulmeester, Sabeth Snijders und Monique Snoeijen – räumten mir immer einen Platz für meine Geschichten und Fotos ein und tun das nach wie vor. Danke dafür. Das hat meinen Drang zu schreiben sehr beflügelt.

Ohne die Hilfe und Beiträge zahlreicher Personen wäre dieses Buch niemals zustande gekommen. Manch eine(r) brachte mir einen toten Vogel oder eine Filzlaus, andere schickten mir bizarre Artikel, Fotos oder berichteten mir von außergewöhnlichen Beobachtungen. Unmöglich, all diesen in diesem Buch die Rolle zukommen zu lassen, die sie verdient hätten. Deshalb möchte ich diejenigen, die mir in irgendeiner Art und Weise geholfen haben, an dieser Stelle erwähnen (in Klammern das jeweils betreffende Kapital): Gabriëlle Anceaux (9), Chris Anderson (2), Ruby Arguilla (2), Nicola Armstrong (12), André de Baerdemaeker (8), Garry Bakker (6, 8), David Beadle (3), Semâ Bekirović (5), Mark Benecke (1), Mike Benveniste, Jaco Berveling (14), Bild-Zeitung (13), Tim Birkhead (3), Carin Bondar (1), Tjeerd Boorsma (12), Mente Bousema (12), Patricia Brennan (3), David Brenzel (15), Andries Brinkhorst (14), Paul Brown (12), Cor van Brug (5), Gerard de Bruin (5), Bas Bruning (1), Michael Bull (1), Sara Bungener (12), Stephen Butler (1), Steven Campbell (8), Howard Cannon (2), Frank De Cap (1), Maria Fernanda Cardoso (3), Jasper Coenders (1), Jeanette Conrad (1), René Craemer (13), Robert Croll (1), Arthur Decae (8), Midas Dekkers (1), Bob Dickerman (†) (1), Gary Dryfoos (2), James Duncan Davidson (2), Wim van Egmond (12), Nico Elfferich (†) (12), Ben Elfring (5), Alexey Eliseev (2), Henrik Enghoff (12), Martin Epe (7), Steve Falloon (14), Ignacio Fernandez (1), Matthias Feuersenger (1), David Furth (12), Walter Getreuer (8), Daniel Gillingwater (2), Antje Girndt (1), Darryl Gwynne (1), Enes Hajdarbegovic (12), Leander van den Ham (12), Kees Heij (13), Florentijn Hofman (4), Gábor Horváth (2), Wilson Hsu (1), Tim Hudspeth (15), Yasuko Iwami (1), Ferry van Jaarsveld (3), Sharon Jansa (1), Sierd de Jong (13), Lincoln Karim (6), Ben de Keijzer (6), Daniel Klem (4), Yolande de Kok (7), Jan de Koning (10), Thijs Kuiken (1), Denise Kupferschmidt (1), Adrie van der Laan (9), Bram Langeveld (1), Lydia Lansink (5), Maarten Laupman (2), Sarah Lee (13), Jaap van Leeuwen (7), Eva Lemaier (4), Bertil Lenderink (1), Dinie Martens (14), Kathy Molina (1), Guy Morrison (1), Musée d'Orsay (12), Noëmi Nijsten (12), Anneke Nunn (9), Lisa Oberzaucher (2), Linda und Mak Olieman (14), Arthur Oosterbaan (12), Cor Oppers (1), Scott Paschal (1), Mark Prinsen (1), Milo Puhan (2), Radboud UMC (12), Sarah Redmond (2), Manja Remmerswaal (1), David Rentz (1), Christian Richters (1), Neil Robinson (13), Herbert Rödder (1), Domingos de Jesus Rodrigues (1), Jan Rodts (1), Douglas Russell (1), Harald Schmidt (7), Karl Schwärzler (2), Sint-Franciscus Gasthuis (12), Claire Skinner (13), Ruben Slagter (15), Marcel Slokkers (12), Eric van der Snoek (12), Earl Spamer (2), Jos van Splunder (14), Toby Sterling (12), Jörg Stürmer (9), Koos Stuster (7), Dennis Summers-Smith (13), Paul Sweet (13), Jaynia Tarnawski (13), Tom Tates (12), Frank Thadeusz (1), Naoki Tomita (9), Johan Toonstra (12), Hans Treurniet (6), John Troyer (1), Wilco Tuinman (9), Uitgeverij Bert Bakker (14), Liesbeth Vasen (12), Vatikan (13), Eva van der Veer (4), Henk Veldhuizen (12), Ruud Vlek (7), Vogelklas Karel Schot (14), Anne de Vries (12), Eveline van Wanrooij (8), Kees van Wijk (†) (9), Ronald Willemsen (1), Glenys Williams (13), Henk Wolf (14), Sandra Wolvenkamp (1) und Niels de Zwarte (6).

Bibliotheken waren ebenfalls für den Inhalt dieses Buches von großer Bedeutung. Zunächst, da quasi um die Ecke gelegen, die Rotterdamer Zentralbibliothek. Auch die herausragende Naturhistorische Bibliothek des Museum Naturalis in Leiden erwies sich als eine wahre Goldgrube in Sachen obskure Wissenschaftsliteratur. Vielen Dank Marianne van der Wal für den unermüdlichen Einsatz beim Suchen, Finden und bei der postalischen Übermittlung. Petra Lennig des Berliner Medizinhistorischen Museums der Charité war mir bei der Suche nach in Vergessenheit geratener deutscher Filzlausliteratur behilflich. Gleiches gilt für Gabriele Börner und Dieter Vieljans von der Medizinischen Bibliothek der Berliner Charité.

Meine Kollegen des Naturhistorischen Museums von Rotterdam, von denen einige inzwischen untrügliche Anzeichen von Entenermüdung zeigen, haben mich und meine Macke zum Glück immer toleriert und mich auf unterschiedlichste Weise sehr unterstützt. Dank euch allen, im Besonderen Jelle Reumer, der mich einfach machen ließ, und auch Bram Langeveld, meinem Nachfolger als Konservator des Museums, der sich schnell von mir anstecken ließ. Dank meiner Kollegen der Museumsabteilung „Büro Stadtnatur" (André, Garry, Niels [2 ×], Remko, Rens, Wouter) handelt dieses Buch nicht ausschließlich von toten Tieren. Sie sorgten dafür, dass ich die lebende Natur nicht aus den Augen verlor, und tun das nach wie vor.

Extra für diese deutschsprachige Ausgabe habe ich im Zoologischen Museum von Hamburg Ausschau nach Filzläusen gehalten. Dort hat mir Martin Husemann sehr gut

geholfen. Vor Ort, umgeben von – gefühlt – Trilliarden von Insekten, gab mir Ilona Rehmann irgendwann ein Rätsel auf, das mein Denkvermögen stark beanspruchte: „Welches Insekt kann am schnellsten eine Geschlechtsumwandlung vollziehen?"*

Danken möchte ich auch Henk ter Borg und Pieter de Bruijn Kops von meinem niederländischen Verlag Nieuw Amsterdam, die meinem Buch *De eendenman* zu großem Erfolg verhalfen. In Deutschland habe ich es mit Edel Books, mit Marten Brandt und Lisa Ebelt (Redaktion) und Nadja Schreiber (Presse/PR) ebenfalls sehr gut getroffen. Ich schätze mich glücklich, dass ihr mich beim Entstehen von *Der Entenmann* eng eingebunden habt. Meine niederländischen Texte übertrug Gerrit ten Bloemendal mit Sorgfalt und Sinn für Humor ins Deutsche. Dabei erwies sich Gerrit nicht nur als ausgezeichneter Übersetzer, sondern auch als Naturfreund und Faktenchecker: die ideale Kombination für seine Arbeit an diesem Buch.

Last, but not least danke ich meiner inzwischen erwachsenen Tochter Sezen, die alles, was ich schreibe, liest und beurteilt, sowie den beiden Kleinen Emma Zoë und Anna Inez, die inzwischen einen scharfen Blick für die Natur entwickelt haben (und hoffentlich behalten werden), und meiner Frau Dennis, die mir (zu) viel häuslichen Kram abgenommen und so ermöglicht hat, *De eendenman* zu schreiben. Gracias, mi amor!

Rotterdam, im Juli 2018

---

* **Antwort: Die Filzlaus.**

Anmerkungen
und Quellenangaben

Wenn im Text nicht klar ersichtlich ist, auf welche Quelle ich mich an betreffender Stelle gestützt habe, finden sich die entsprechenden Verweise kapitelweise in den nachfolgenden Anmerkungen. Außerdem erhalten Leser, die etwas mehr zu einem Thema erfahren möchten, dort auch nützliche Hinweise.

1 NEKROPHILIE IM TIERREICH

Die wissenschaftliche Entenpublikation, für die ich 2003 mit dem Ig-Nobelpreis ausgezeichnet wurde, ist Moeliker (2001a), während die journalistische Beschreibung des Falles unter Moeliker (2001b) nachzulesen ist. Für die Beschreibung der Laute von Stockenten-Erpeln habe ich mich von Lorenz (1941) und Krauss (2017) inspirieren lassen. Der Begriff „reihen" für die Verfolgungsjagd bei Stockenten wurde von Geyr von Schweppenburg (1953, 1955) eingeführt und beschrieben. Die auf höchstens eine Minute geschätzte Paarungsdauer basiert auf eigenen Beobachtungen und auf der von Weid-

mann (1956). Nekrophilie bei Menschen wurde ausführlich beschrieben und erklärt von Rosman & Resnik (1989) und Aggrawal (2009); auch Troyers Ausführungen (2008) sind sehr erhellend. Informationen über die rechtlichen Aspekte von Nekrophilie in Deutschland erhielt ich am 31. Dezember 2017 von Mark Benecke. Die Korrespondenz mit Yasuko Iwami über den japanischen Nekrophilie-Fall bei Uferschwalben (Tomita & Iwami 2016) fand im März 2016 statt. Über den Truthuhn-Fall in den USA berichtete mir der Augenzeuge Scott Paschal am 10. Juni 2009 per E-Mail. Mit Herbert Rödder, der den Rackelhahn-Film gedreht hat, kam ich dank Denise Kupferschmidt im März 2015 in Kontakt. Über weniger gewaltsames Verhalten von Rackelhähnen habe ich in Porkert et al. (1997) gelesen. Der erste Nekrophilie-Fall bei Goldhähnchen wurde mir von der Redaktion der Radio- und Fernsehsendung *Vroege Vogels* (Anonymus 2016a, 2016b) übermittelt. Die Augenzeugen Heidi und Frank De Cap erzählten mir ihre Geschichte höchstpersönlich am 21. Juni 2016 im Naturhistorischen Museum von Rotterdam. Um über seine Beobachtungen der Mannheimer Rabenkrähe zu berichten, besuchte mich Matthias Feuersenger am 7. Oktober 2016 höchstpersönlich im Museum und reichte im April 2018 weitere Informationen nach. In der E-Mail-Korrespondenz mit Robert Dickerman, die am 24. März und am 5. April 2009 stattfand, gab dieser zu, dass weder der Limerick („There once was a miner called Dave [...]") noch der Begriff („Davian Behavior") glücklich gewählt waren. Um die Bedeutung der Sterbe- und Paarungsposition zu betonen, würde er für das nekrophile Verhalten im Tierreich fortan den Begriff „Titian Behavior" wählen, nach dem venezianischen Maler Tizian (Tiziano Vecellio) aus dem 16. Jahrhundert, der auf folgendem Limerick beruht: „Titian while mixing rose-madder, poised his model on the steps of a ladder. Her position to Titian suggested coition, so he climbed the ladder and had 'er" – „Würde", denn so weit kam es nicht, da Dickerman im April 2015 verstarb. Für seine Nekrologie siehe Johnson (2016). Die von mir genannten Nekrophilie-Fälle bei Seeottern wurden von Staedler & Riedman (1993) und Harris et al. (2010) beschrieben. Über seine Beobachtung von Nekrophilie bei Wildkaninchen berichtete Robert Croll per E-Mail am 6. Februar 2016 inklusive Videos und Fotos. Die Autopsie, die Erwin Kompanje an der frisch aufgetauten Tier vornahm, fand am 12. April 2016 statt. Meine Beschreibungen von Paarungsstellungen bei Fröschen und Kröten basieren auf Eibl-Eibesfeldt (1950) und Willaert et al. (2016). Bas Bruning veröffentlichte seine Beobachtungen vom Paarungsgriff der Riesenkröte in Bruning et al. (2010). Die Beschreibung der sexuellen Eskapaden der Seebären habe ich De Bruyn et al. (2008) und Haddad et al. (2015) entnommen. Didier (1952) beschreibt den Penisknochen des Seebären. Der Kurzfilm über den Schimpansen und die Riesenkröte findet sich leicht im Internet anhand des Suchbegriffs „Chimp & Frog"; die von Marcus (2007) hochgeladene Version ist die beste. Die Beobachtungen von Nekrophilie bei Strumpfbandnattern entdeckte ich in Shine et al. (2000). Den Begriff „evolutionäre Falle" habe ich dankenswerterweise von Schlaepfer et al. (2002) übernommen. Die Paarungsexperimente mit Truthühnern sind in Schein & Hale (1957, 1965) ausführlich dargestellt. Die Geschichte des Kiebitzes und seines Grasbüschels wurde Gronstøl et al. (1999) entnommen, die des Bootschwanzgrackels und des Tennisballs Post (1994). Mehr über die sich mit Bierflaschen paarenden Käfer findet sich in Gwynne & Rentz (1983). Meine Gedanken über das Fehlen von Nekrophilie bei Affen wurden inspiriert von Anderson et al. (2010), Fashing et al. (2011), Rowlands (2012), De Waal (2015) und Gunst et al. (2018). Ausführlich beschrieben wurde der Fall von nützlicher Nekrophilie bei einer Krötenart in Brasilien von Izzo et al. (2012). Den Begriff „Dickerman-Verhalten" verwendete ich erstmals in Moeliker (2016).

[Tierverhalten] Informationen über das Leben von Niko Tinbergen und dessen freundschaftliche Beziehung zu Konrad Lorenz fand ich in Kruuk (2003). In der Forschungsarbeit von Antje Girndt in Seewiesen ging es um die Länge von Spermazellen des Haussperlings, wie ausführlich beschrieben in Girndt et al. (2017).

[Homosexuelle Papageien] Kathy C. Molina bestätigte, dass es in der UCLA-Dickey-Vogelsammlung in Los Angeles zwei Elfenbeinsittiche gab. Entsprechende Belegfotos erhielt ich von ihr am 1. Oktober 2013.

[Umklammerung] Das Spermaschaumnest des Schaumnestlaubfrosches *(Chiromantis xerampelina)* wurde beschrieben und erklärt von Byrne & Whiting (2011).

[Froschstellung Nr. 8] Die Klassifizierung der Paarungsstellungen bei Fröschen und Kröten stammt von Willaert et al. (2016). Die Fotos von Frosch und Schildkröte und Informationen dazu übermittelte mir Bertil Lenderink am 18. Februar 2016.

[Osteophilie] Der Kurzfilm von der lärmenden Vierzehenschildkröte stammt von Butler (2014). Die Lebensgeschichte über die einsame Galapagos-Riesenschildkröte „Onan" habe ich Cayot (1991) entnommen. Die (biblische) Geschichte über Onanie basiert auf Laqueur (2003).

Aggrawal, A.: A new classification of necrophilia, *Journal of Legal and Forensic Medicine* 16(6), 2009, S. 316–320

Ainley, D. G.: Activity patterns and social behavior of non-breeding Adélie penguins, *The Condor* 80, 1978, S. 138–146

Amaral, A.: Contribuição a biologia dos ophidios do Brasil. IV. Sobre um caso de necrophilia heterologa na jararaca *(Bothrops jararaca)*, *Mem. Inst. Butantan* 7, 1932, S. 93–94

Anderson, J. R., Gillies, A. & Lock, L. C.: *Pan* thanatology, *Current Biology* 20(8), 2010, R349–R351

Anonymus: Necrofilie bij goudhaantjes – Vroege Vogels TV, 19. April 2016 (a), [http://vroegevogels.vara.nl/media/356181]

Anonymus: Necrofilie bij goudhaantjes. www.vroegevogels.nl, 22. April 2016 (b), [http://vroegevogels.vara.nl/nieuws/necrofilie-bij-goudhaantjes-22-04-2016]

Bagemihl, B.: *Biological Exuberance: Animal Homosexuality and Natural Diversity*, Profile Books, London 1999

Bagshawe, T. W.: Notes on the habits of the Gentoo and Ringed or Antarctic penguins, *The Transactions of the Zoological Society of London* 24(3), 1938, S. 185–307

Brooklyncomics: Dead pigeon's fucking, 2008 [https://www.youtube.com/watch?v=i6byR4vNgaE]

Brown, D. H.: Further observations on the pilot whale in captivity, *Zoologica* 47, 1962, S. 59–64

Bruning, B., Phillips, B. L. & Shine, R.: Turgid female toads give males the slip: a new mechanism of female mate choice in the Anura, *Biology Letters* 6, 2010, S. 322–324

Buchanan, O. M.: Homosexual behavior in wild Orange-fronted Parakeets, *The Condor* 68(4), 1966, S. 399–400

Butler, S.: Spur-thiged tortorse, 2014 [https://www.youtube.com/watch?v=X2yBgcVMjN8&feature=youtu.be]

Byrne, P. G. & Whiting, M. J.: Effects of simultaneous polyandry on offspring fitness in an African tree frog, *Behavioral Ecology* 22(2), 2011, S. 385–391

Caldeira Costa, H., Teixeira da Silva, E., Silva Campos, P., da Cunha Oliveira, M. P., Valle Nunes, A. & da Silva Santos, P.: The Corpse Bride: a case of Davian Behaviour in the Green Ameiva *(Ameiva ameiva)* in southeastern Brazil, *Herpetology Notes* 3, 2010, S. 79–83

Cayot, L. J.: The passing of two beloved reptiles: Onan and Chiquita, *Notícias de Galápagos* 50, 1991, S. 5–7

Dale, S.: Necrophilic behaviour, corpses as nuclei of resting flock formation, and road-kills of Sand Martins *Riparia riparia*, *Ardea* 89(3), 2001, S. 545–547

De Bruyn, P. J. N., Tosh, C. A. & Bester, M. N.: Sexual harassment of a king penguin by an Antarctic fur seal, *Journal of Ethology* 26, 2008, S. 295–297

Delmee, E.: Un moineau domestique mâle *(Passer domesticus)* s'accouple avec … une balle pelote!, *Aves* 8, 1971, S. 27

De Waal, F.: *Der Mensch, der Bonobo und die Zehn Gebote. Moral ist älter als Religion,* Klett-Cotta Verlag, Stuttgart 2015

Dickerman, R. W.: *Davian Behavior Complex* in Ground Squirrels, *Journal of Mammalogy* 41(3), 1960, S. 403–404

Didier, R.: Note sur les os peniens de pinnipedes rapportes par M. Patrice Paulian de la mission australe française aux les Isles Kerguelen, *Mammalia* 16, 1952, S. 228–239

Eibl-Eibesfeldt, I.: Ein Beitrag zur Paarungsbiologie der Erdkröte *(Bufo bufo* L.), *Behaviour* 2, 1950, S. 217–236

Fashing, P. J., Nguyen, N., Barry, T. S., Goodale, C. B., Burke, R. J., Jones, S. C., Kerby, J. T., Lee, L. M., Nurmi, N. O. & Venkataraman, V. V.: Death among geladas *(Theropithecus gelada)*: a broader perspective on mummified infants and primate thanatology, *American Journal of Primatolology* 73(5), 2011, S. 405–409

Geyr von Schweppenburg, H.: Zum Reihen der Enten, *Journal für Ornithologie* 94, 1953, S. 117–127

Geyr von Schweppenburg, H.: Und nochmals: Vom Reihen, *Journal für Ornithologie* 96, 1955, S. 371–377

Girndt, A., Cockburn, G., Sanchez-Tojar, A., Løvlie, H., & Schroeder, J.: Method matters: Experimental evidence for shorter avian sperm in faecal compared to abdominal massage samples, *PLoS ONE* 12(8), 2017, e0182853

Griffin, D. N.: Apparent homosexual behaviour between Brown-headed Cowbird and House Sparrow, *The Auk* 76, 1959, S. 238–239

Gronstøl, G. B., Byrkjedal, I., Hafsmo, J. E. & Lislevand, T.: Northern Lapwing *Vanellus vanellus* copulating with a grass turf, *Ornis Norvegica* 22, 1999, S. 60–62

Gunst, N., Vasey, P. L. & Leca, J-B.: Deer mates: A quantitative study of heterospecific sexual behaviors performed by Japanese Macaques toward Sika Deer, *Archives of Sexual Behavior* 47(4), 2018, S. 847–856

Gwynne, D. T. & Rentz, D. C. F.: Beetles on the bottle: male buprestids mistake stubbies for females (Coleoptera), *Australian Journal of Entomology* 22(1), 1983, S. 79–80

Haddad, W. A., Reisinger, R. R., Scott, T., Bester, M. N. & de Bruyn, P. J. N.: Multiple occurrences of king penguin *(Aptenodytes patagonicus)* sexual harassment by Antarctic fur seals *(Arctocephalus gazella)*, *Polar Biology* 38(5), 2015, S. 741–746

Harris, H. S., Oates, S. C., Staedler, M. M., Tinker, M. T., Jessup, D. A., Harvey, J. T. & Miller, M. A.: Lesions and behavior associated with forced copulation of juvenile Pacific Harbor Seals *(Phoca vitulina richardsi)* by Southern Sea Otters *(Enhydra lutris nereis)*, *Aquatic Mammals* 36(4), 2010, S. 331–336

Hilton Jr, B.: Black Vulture Demise. This week at the Hilton Pond (1–7 February 2006), 2006, [www.hiltonpond.org/This Week060201.html]

How, T. L. & Bull, C. M.: *Tiliqua rugosa* (sleepy lizard). Mating behavior and necrophilia, *Herpetological Review* 29, 1997, S. 240

Howell, T. R. & Bartholomew, G. A.: Experiments on the mating behavior of the Brewer blackbird, *The Condor* 52, 1952, S. 140–151

Hsu, W.: In memory of a barn swallow, 2006, [http://oldlady.idv.tw/old/2006/love_2006/04_bird/042_swallowsong/birdlove02.html]

Izzo, T. J., Rodrigues, D. J., Menin, M., Lima, A. P. & Magnusson, W. E.: Functional necrophilia: a profitable anuran reproductive strategy?, *Journal of Natural History* 46(47–48), 2012, S. 2961–2967

Johnson, A. B.: In memoriam: Robert W. Dickerman, 1926–2015, *The Auk* 133, 2016, S. 322–323

Klauber, L. M.: *Rattlesnakes: Their Habits, Life Histories, and Influence on Mankind*, Volume 1. University of California Press, 1972

Krauss, P.: *Singt der Vogel, ruft er oder schlägt er?. Handwörterbuch der Vogellaute*, Naturkunden Bd. 033, Matthes & Seits, Berlin 2017

Kruuk, H.: *Niko's Nature: A Life of Niko Tinbergen and his Science of Animal Behaviour*, Oxford University Press, 2003

Laqueur, T. W.: *Solitary Sex: A Cultural History of Masturbation*, Zone Books, New York 2003

Lebret, T.: The pair formation in the annual cycle of the mallard, *Anas platyrhynchos* L., *Ardea* 49, 1961, S. 97–158

Lehner, P. N.: Avian Davian Behavior, *The Wilson Bulletin* 100(2), 1988, S. 293–294

Levick, G. M.: *Antarctic Penguins: A Study of Their Social Habits*, William Heinemann, London 1914

Levick, G. M.: *The Sexual Habits of the Adélie Penguin*, British Museum (Natural History), Unpublished pamphlet, 1915, S. 1–4

Lewis, M.: *Cane Toads: An Unnatural History*, Film Australia, 1988 [https://www.youtube.com/watch?v=azQnClq--RU]

Libois, R. M.: Observation d'une hirondelle *(Hirundo rustica)* necrophile, *Aves* 21(1), 1984, S. 57

Lorenz, K.: *Vergleichende Bewegungsstudien an Anatinen*, Journal für Ornithologie 89, 1941, S. 194–294

Lorenz, K.: *Er redete mit dem Vieh, den Vögeln und den Fischen*, Verlag Dr. G. Borotha-Schoeler, Wien 1949

Marcus, P.: The chimp and the frog, 2007 [https://www.youtube.com/watch?v=PI4xVeRjunk]

McCarthy, E. M.: *Handbook of Avian Hybrids of the World*, Oxford University Press, 2006

Medsger, O. P.: The hog-nosed snake or puff adder, *Copeia* 160, 1927, S. 180–181

Meshaka, W. E.: Anuran Davian behavior: a Darwinian dilemma, *Florida Scientist* 59(2), 1996, S. 74–75

„metteurenscene": The chimp and the frog, 2007 [http://www.youtube.com/watch?v=PI4xVeRjunk]

„milkenmee": Ape and toad, 2006 [http://www.youtube.com/watch?v=SX0C7K3wxIc]

Moeliker, C. W.: The first case of homosexual necrophilia in the mallard *Anas platyrhynchos* (Aves: Anatidae), *Deinsea* 8, 2001a, S. 243–247

Moeliker, K.: Een leerzame verkrachting, *NRC Handelsblad*, 6. November 2001, 2001b

Moeliker, K.: *De kloten van de mus*. Nieuw Amsterdam Uitgevers, Amsterdam 2016

Myers, J. P.: The promiscuous Pectoral Sandpiper, *American Birds* 36(2), 1982, S. 119–122

Noguera, A. & Bingham, M. (Red.): *The Carnival of the Grotesque. Freaks, Fouls and Foulness Culled from the Pages of FHM*, Emap élan Network Ltd.

Pack, A. A., Salden, D. R., Ferrari, M. J., Glockner-Ferrari, D. A., Herman, L. M., Stubbs, H. A. & Straley, J. M.: Male humpback whale dies in competitive group, *Marine Mammal Science* 14(4), 1998, S. 861–873

Pearman, M.: Bank Swallows gone wild!, *Bill of the Birds*, 26. Januar 2006 [http://www.birdwatchersdigest.com/blog/2006/01/bank-swallows-gone-wild.html]

Porkert, J., Solheim, R. & Flor, A.: Behaviour of hybrid male *Tetrao tetrix* (male) x *T. urogallus* (female) on black grouse leks, *Wildlife Biology* 3(3/4), 1997, S. 169–176

Post, J. N. J. & Kompanje, E. J. O.: Uitwendige geslachtsverandering bij vrouwtje Wilde Eend, *Dutch Birding* 14, 1992, S. 131–134

Post, W.: Redirected copulation by male Boat-tailed Grackles, *The Wilson Bulletin* 106(4), 1994, S. 770–771

Rödder, H.: Der Rackelhahn – ein unfruchtbarer Bastard, HR Studio, 2004 [https://www.youtube.com/watch?v=1LNUCEcPS40]

Rodts, J.: Eendenverdriet – Ook dieren treuren om verlies van partner, *Mens & Vogel* 47(3), 2009, S. 44–47

Rosman, J. P. & Resnick, P. J.: Sexual attraction to corpses: a psychiatric review of necrophilia, *Bull Am Acad Psychiatry Law* 17(2), 1989, S. 153–63

Rowlands, M.: *Can Animals Be Moral?*, Oxford University Press, 2012

Russell, D. G. D., Sladen, W. J. L. & Ainley, D. G.: Dr. George Murray Levick (1876–1956): unpublished notes on the sexual habits of the Adélie penguin, *Polar Record* 48(4), 2012, S. 387–393

Sazima, I.: Corpse bride irresistible: a dead female tegu lizard *(Salvator merianae)* courted by males for two days at an urban park in South-eastern Brazil, *Herpetology Notes* 8, 2015, S. 15–18

Schein, M. W. & Hale, E. B.: The head as a stimulus for orientation and arousal of sexual behaviour of male turkeys, *Anatomical Record* 128, 1957, S. 617–618

Schein, M. W. & Hale, E. B.: Stimuli eliciting sexual behavior, in: Beach, F. A.: (Ed.): *Sex and Behavior*. Wiley, New York 1965, S. 440–482

Schlaepfer, M. A., Runge, M. C. & Sherman, P. W.: Ecological and evolutionary traps, *Trends in Ecology and Evolution* 17(10), 2002, S. 478–480

Sharrad, R. D., King, D. R. & Cairney, P. T.: Necrophilia in *Tiliqua rugosa*: a dead end in evolution?, *Western Australian Naturalist* 20, 1995, S. 33–35

Shine, R., O'Connor, D. & Mason, R. T.: Sexual conflict in the snake den, *Behav Ecol Sociobiol* 48, 2000, S. 392–401

Simmons, K. E. L.: Bizarre behaviour and death of male House Sparrow, *British Birds* 78(5), 1985, S. 243–244

Slavid, E. R. & Yalor, J. E.: Feral Rock Dove displaying to and attempting to copulate with the corpse of an other, *British Birds* 80(10), 1987, S. 497

Staedler, M., & Riedman, M.: Fatal mating injuries in female sea otters *(Enhydra lutris nereis)*, *Mammalia* 57, 1993, S. 135–139

„strawberrikisses": Pigeons humping dead pigeon, 2007 [http://www.youtube.com/watch?v=1m5OYuuV__E]

Swift, K.: Putting the „crow" in necrophilia. *Corvid Research*, 16. Juli 2018 [https://corvidresearch.blog/2018/07/16/putting-the-crow-in-necrophilia/]

Swift, K. & Marzluff, J.M.: Occurrence and variability of tactile interactions between wild American crows and dead conspecifics. *Phil. Trans. R. Soc.*, 2018, B 373: 20170259.

Tomita, N. & Iwami, Y.: What raises the male sex drive? Homosexual necrophilia in the Sand Martin *Riparia riparia*, *Ornithological Science* 15, 2016, S. 95–98

Troyer, J.: Abuse of a corpse: A brief history and re-theorization of necrophilia laws in the USA, *Mortality* 13(2), 2008, S. 132–152

Vitt, L. J.: Life versus sex: the ultimate choice, in: Pianka, E. R. & Vitt, L. J. (Eds.): *Lizards: Windows to the Evolution of Diversity*, University of California Press, Berkeley, Los Angeles 2003, S. 103

Weidmann, U.: Verhaltensstudien an der Stockente (*Anas platyrhynchos* L.) I. Das Aktionssystem, *Zeitschrift für Tierpsychologie* 13(2), 1956, S. 208–271

Wilhoft, D. C.: *An unusual act of amplexus in* Bufo marinus, *North Queensland Naturalist* 29 (126), 1960, S. 14

Willaert, B., Suyesh, R., Garg, S., Giri, V. B., Bee, M. A. & Biju, S. D.: A unique mating strategy without physical contact during fertilization in Bombay Night Frogs *(Nyctibatrachus humayuni)* with the description of a new form of amplexus and female call, *PeerJ*, 2016, 4:e2117

Wilson, G. J.: Hooker's sea lions in southern New Zealand, *New Zealand Journal of Marine and Freshwater Research* 13(3), 1979, S. 373–375

2 SIND SIE DER ENTENMANN?

Tiefschürfende, aber dennoch sehr lesbare Betrachtungen über „Improbable Research" und die Ig-Nobelpreise liefert Abrahams (1999, 2014). Meine Erlebnisse während der Ig-Nobelpreiszeremonie 2003 sind eine Zusammenfassung von Moeliker (2003). Veröffentlichungen, die in der gleichen Zeit wie mein Entenartikel mit einem Ig-Nobelpreis ausgezeichnet wurden, sind unter anderem Harvey et al. (2002), Spark (2003), Ghirlanda et al. (2002), Trinkaus (1991, 1993, 1994) sowie Caprara et al. (1997). Das Schicksal der ausgestopften „Ig Duck" wurde auch von Carioli (2013) aufgezeichnet. Die Geschichte des European Bureau von Improbable Research wurde De Jongste (2006) und Vuijst (2006) entnommen. Mein TED-Talk (Moeliker 2013) fand am 28. Februar 2013 im kalifornischen Long Beach statt und ist nach wie vor, mit Untertiteln in 31 Sprachen, zu sehen. Arnd Leikes Dankesrede nach dem Gewinn des Ig-Nobelpreises wurde aus Kaswell (2003a) übernommen. Mein Gespräch mit Karl Schwärzler fand am 16. April 2018 statt. Die preisgekrönte Pinguinkot-Studie stammt aus Meyer-Rochow & Gal (2003). Die Schweizer Auffassung in Sachen Pflanzenwürde ist in Willemsen (2008) nachzulesen. Wer mehr über die Schlagkraft von vollen und leeren Bierflaschen erfahren möchte, dem empfehle ich Bolliger et al. (2009). Der Beweis, dass das Gähnen bei Köhlerschildkröten nicht ansteckend ist, steht in Wilkinson et al. (2011). Über das Verhalten von Hunden beim Koten in Zusammenhang mit dem Magnetfeld der Erde berichten Hart et al. (2013). Ob Mulay Ismael tatsächlich 888 Söhne zeugte, verraten Oberzaucher & Grammer (2014). Von Lisa Oberzaucher erhielt ich die deutsche Übersetzung ihrer Rede anlässlich des Gewinns des Ig-Nobelpreises am 16. April 2018. 2016 wurden folgende deutsch-schweizerische Publikation mit einem Ig-Nobelpreis ausgezeichnet: Helmchen et al. (2013), Horváth et al. (2007) und Horváth et al. (2010). Die schweizerische Didgeridoo-Studie ist Puhan et al. (2006) entnommen, während die Staubläuse mit vertauschten Geschlechtsorganen in Yoshizawa et al. (2014) zu bewundern sind.

[Heidelibellen] Die Heidelibellen, die magisch von glänzenden schwarzen Grabsteinen angezogen werden, wurden in Horvath et al. (2007) beschrieben, die Untersuchung

zu weißen Pferden und Bremsen stammt von Horvath et al. (2010).

[Okamuras preisgekrönte Mini-Evolution] Die von mir beschriebenen Funde von Okamura wurden ausnahmslos in Okamura (1977, 1980, 1983) publiziert. Der einzig echte Okamura-Kenner ist Earl A. Spamer, der seine Erkenntnisse in Spamer (1995, 2000) veröffentlichte. Okamura wurde 1901 geboren, wann er verstarb, ist nicht bekannt.

[Shafiks Rat] Die mit dem Ig-Nobelpreis ausgezeichnete Studie von Ahmed Shafik findet sich in Shafik (1993). Sein Todesjahr habe ich Amin (2007) entnommen.

[Studie über den Geschmack von Kaulquappen] Wie Kaulquappen schmecken, hat Wassersug (1971) köstlich beschrieben.

Abrahams, M.: *Der Einfluß von Erdnußbutter auf die Erdrotation*, Birkhäuser Verlag, Basel 1999

Abrahams, M.: *Warum denken wehtun kann: und andere unfassbare Erkenntnisse der Wissenschaft*, Bastei Lübbe, Köln 2014

Abrahams, M.: *This is Improbable Too: Synchronized Cows, Speedy Brain Extractors and More WTF Research*, One World Publications, London 2014

Amin, T.: Gross negligence behind Ahmed Shafik's death; A friend: „What happened was a Crime", *Almasry Today*, 3. November 2007 [http://today.almasryalyoum.com/article2.aspx?ArticleID=81716]

Bolliger, S. A., Ross, S., Oesterhelweg, L., Thali, M. J. & Kneubuehl, B. P.: Are full or empty beer bottles sturdier and does their fracture-threshold suffice to break the human skull?, *Journal of Forensic and Legal Medicine* 16(3), 2009, S. 138–142.

Caprara, G. V., Barbaranelli, C. & Zimbardo, P.: Politicians' uniquely simple personalities, *Nature* 385, 1997, S. 493

Carioli, C.: Happy dead duck day: The long, strange trip of Kees Moeliker's very strange bird, Radio BCD Blog, *Boston.com*, 5. Juni 2013

De Jongste, W. O.: The European Bureau is open, *Annals of Improbable Research* 12(4), 2006, S. 14–16

Ghirlanda, S., Jansson, L. & Enquist, M.: Chickens prefer beautiful humans, *Human Nature* 13(3), 2002, S. 383–389

Hart, V., Nováková, P., Malkemper, E. P., Begall, S., Hanzal, V., Ježek, M., Kušta, T., Němcová, V., Adámková, J., Benediktová, K., Červený, J., & Burda, H.: Dogs are sensitive to small variations of the earth's magnetic field, *Frontiers of Zoology* 10, 2013, S. 80

Harvey, J., Culvenor, J., Payne, W., Cowley, S., Lawrence, M., Stuart, W. & Williams, R.: An analysis of the forces required to drag sheep over various surfaces, *Applied Ergonomics* 33(6), 2002, S. 523–531

Helmchen, C., Palzer, C., Münte, T. F., Anders, S. & Sprenger, A.: Itch relief by mirror scratching. A psychophysical study, *PLoS ONE* 8(12), 2013, e82756

Horváth, G., Malik, P., Kriska, G. & Wildermuth, H.: Ecological traps for dragonflies in a cemetery: the attraction of Sympetrum species (Odonata: Libellulidae) by horizontally polarizing black gravestones, *Freshwater Biology* 52, 2007, S. 1700–1709

Horváth, G., Blahó, M., Kriska, G., Hegedüs, R., Gerics, B., Farkas, R. & Akesson, S.: An unexpected advantage of whiteness in horses: the most horsefly-proof horse has a depolarizing white coat, *Proceedings of the Royal Society B* 277(1688), 2010, S. 1643–1650

Kaswell, A. S.: The acceptance speeches, *Annals of Improbable Research* 9(1), 2003a, S. 8–13

Kaswell, A. S.: Trinkaus – An informal look, *Annals of Improbable Research* 9(3), 2003b, S. 34–41

Leike, A.: Demonstration of the exponential decay law using beer froth, *European Journal of Physics* 23, 2002, S. 21–26

Maguire, E., Gadian, D., Johnsrude, I., Good, C., Ashburner, J., Frackowiak, R. & Frith, C.: Navigation-related structural change in the hippocampi of taxi drivers, *PNAS* 97(8), 2000, S. 4398–4403

Meyer-Rochow, V. B. & Gal, J.: Pressures produced when penguins pooh – calculations on avian defaecation, *Polar Biology* 27(1), 2003, S. 56–58

Moeliker, K.: Dagboek Ig Nobel, *Straatgras* 15(3/4), 2003, S. 27–31

Moeliker, K.: How a dead duck changed my life (TED 2013), *TED.com*, 2013 [https://www.ted.com/talks/kees_moeliker_how_a_dead_duck_changed_my_life]

Oberzaucher, E. & Grammer, K.: The case of Moulay Ismael – fact or fancy?, *PLoS ONE* 2014, e85292

Okamura, C.: *Archaeoanas japonica,* in: *Original Report of the Okamura Fossil Laboratory* 13 (Nagoya), 1977, S. 157–163

Okamura, C.: Period of the far eastern minicreatures, *Original Report of the Okamura Fossil Laboratory* 14 (Nagoya), 1980

Okamura, C.: New facts: *Homo* and all vertebrata were born simultaneously in the former paleozoic in Japan, *Original Report of the Okamura Fossil Laboratory* 15 (Nagoya), 1983

Puhan, M. A., Suarez, A., Lo Cascio, C., Zahn, A., Heitz, M., & Braendli, O.: Didgeridoo playing as alternative treatment for obstructive sleep apnoea syndrome: randomised controlled trial, *BMJ* 332(7536), 2006, S. 266–270

Roach, M.: *Bonk. Alles über Sex – von der Wissenschaft erforscht.* Fischer Taschenbuch Verlag, Frankfurt am Main 2009

Shafik, A.: Effect of different types of textiles on sexual activity, *European Urology* 24, 1993, S. 375–380

Shafik, A.: Contraceptive efficacy of polyester-induced azoospermia in normal men, *Contraception* 45, 2009, S. 439–451

Spamer, E. A.: The Okamura Fossil Laboratory, *Annals of Improbable Research* 1(4), 1995, S. 2–7

Spamer, E. A.: Chonosuke Okamura, visionary, *Annals of Improbable Research* 6(6), 2000, S. 10–11

Spark, N. T.: The fastest man on earth, *Annals of Improbable Research* 9(5), 2003, S. 10–12

Spark, N. T.: *A History of Murphy's Law*, Los Angeles 2006

Trinkaus, J.: The attaché case combination lock: An informal look, *Perceptual and Motor Skills* 72, 1991, S. 466

Trinkaus, J.: Compliance with the item limit of the food supermarket express checkout lane: An informal look, *Psychological Reports* 73(1), 1993, S. 105–106

Trinkaus, J.: Wearing baseball-type caps: An informal look, *Psychological Reports* 74(2), 1994, S. 585–586

Vuijst, Ch.: European Bureau of Improbable Research vestigt zich in het Natuurhistorisch Museum Rotterdam, *Straatgras* 18(2), 2006, S. 29–31

Wassersug, R.: On the comparative palatability of some dry-season tadpoles from Costa Rica, *The American Midland Naturalist* 86(1), 1971, S. 101–109

Wilkinson, A., Sebanz, N., Mandl, I. & Huber, L.: No evidence of contagious yawning in the red-footed tortoise *Geochelone carbonaria*, *Current Zoology* 57(4), 2011, S. 477–484

Willemsen, A. (Red.): *Die Würde der Kreatur bei Pflanzen. Die moralische Berücksichtigung von Pflanzen um ihrer selbst willen*, Eidgenössische Ethikkommission für die Biotechnologie im Ausserhumanbereich EKAH, Bern 2008

Yoshizawa, K., Ferreira, R. L., Kamimura & Lienhard, C.: Female penis, male vagina, and their correlated evolution in a cave insect, *Current Biology* 24(9), 2014, S. 1006–1010

3 DER ERPEL UND SEIN GLIED

Eine fundierte Einführung in das Phänomen Vergewaltigung im Allgemeinen verfassten Thornhill & Palmer (2000). Mein Wissen über die Bedeutung von Gruppenvergewaltigungen bei Stockenten habe ich Coker et al. (2002), McKinney & Evarts (1997), McKinney et al. (1983) sowie Denk & Kempenaers (2005) zu verdanken. Dass nur drei Prozent aller Vogelarten einen Penis besitzen, weiß ich dank Briskie & Montgomerie (1997). Fesselnden Lesestoff über Form und Funktion eines Entenglieds liefern McCracken (2000) und McCracken et al. (2001). Das bahnbrechende Werk in Sachen Entenvagina wurde von Brennan et al. (2007, 2008) veröffentlicht. Ergebnisse einer Studie über die Schnabelfarbe als Indikator für die Fitness eines Erpels zeichneten Rowe et al. (2011) auf. Und jedem, der mehr über die sonderbare Welt der Geschlechtsorgane wissen will, kann ich Schilthuizen (2016) empfehlen.

[Pseudopenis] Als Erster brachte Bentz (1983) den Pseudopenis des Büffelwebers gut ins Bild. Birkhead et al. (1993) und Winterbottom et al. (1999) stellten fest, dass jenes Organ bei diesem Vogel einen Orgasmus auslösen kann.

[Ententestikel] Die weisen Worte von Oskar Heinroth entstammen Heinroth (1910). Statistiken über Größe und Gewicht von Ententestikeln finden sich in Johnson (1961a, 1961b) sowie Denk & Kempenaers (2005).

[Das Museum für Paarungsorgane] Maria Fernanda Cardoso zeigt ihr Werk auf www.maria fernandacardoso.com. Den „Phalloblaster" hat Matthews erfunden und beschrieben (1998).

Bentz, G. D.: Myology and histology of the phalloid organ of the buffalo weaver *(Bubalornis albirostris), The Auk* 100(2), 1983, S. 501–504

Birkhead, T. R., Stanback, M. T. & Simmons, R. E.: The phalloid organ of buffalo weavers *Bubalornis, Ibis* 135(3), 1993, S. 326–331

Brennan, P. L., Prum, R. O., McCracken, K. G., Sorenson, M. D. & Wilson, R. E.: Coevolu

tion of male and female genital morphology in waterfowl, *PLoS ONE* 2(5), 2007, e418 [doi:10.1371/journal.pone.0000418]

Brennan, P. R., Birkhead, T. R., Zyskowski, K., van der Waag, J. & Prum, R. O.: Independent evolutionary reductions of the phallus in basal birds, *Journal of Avian Biolology* 39, 2008, S. 487–492

Briskie, J. V. & Montgomerie, R.: Sexual selection and the intromittent organ of birds, *Journal of Avian Biology* 28(1), 1997, S. 73

Coker, C. R., McKinney, F., Hays, H., Briggs, S. & Cheng, K. M.: Intromittent organ morphology and testis size in relation to mating system in waterfowl, *The Auk* 119, 2002, S. 403–413

Denk, A. G. & Kempenaers, B.: Testosterone and testes size in mallards *(Anas platyrhynchos), Journal für Ornithologie* 147, 2005, S. 436–440

Heinroth, O.: *Beiträge zur Biologie, namentlich Ethologie und Psychologie der Anatinen, Verhandlungen des 5. Internationalen Ornithologen-Kongresses Berlin*, 1910, S. 589–702

Johnson, O. W.: Reproductive cycle of the mallard duck, *The Condor* 63, 1961a, S. 351–364

Johnson, O. W.: Quantitative features of spermatogenesis in the mallard *(Anas platyrhynchos), The Auk* 83, 1961b, S. 233–239

Matthews, M.: The csiro vesica everter: a new apparatus to inflate and harden eversible and other weakly sclerotised structures in insect genitalia, *Journal of Natural History* 32, 1998, S. 317–327

McCracken, K. G.: The 20-cm spiny penis of the Argentine Lake Duck *(Oxyura vittata), The Auk* 117, 2000, S. 820–825

McCracken, K. G., Wilson, R. E., McCracken P. J. & Johnson, K.: Sexual selection: Are ducks impressed by drakes' display?, *Nature* 413(6852), 2001, S. 128

McKinney, F., Derrickson, S. R. & Mineau, P.: Forced copulation in waterfowl, *Behaviour* 86, 1983, S. 250–294

McKinney, F. & Evarts, S.: Sexual coercion in waterfowl and other birds, *Ornithological Monographs* 49, 1997, S. 163–195

Rowe, M., Árpád Czirják, G., McGraw, K. J. & Giraudeau, M.: Sexual ornamentation reflects antibacterial activity of ejaculates in mallards, *Biology Letters* 7, 2011, S. 740–742 [doi:10.1098/rsbl.2011.0276]

Schilthuizen, M.: *Darwins Peep Show. Was tierische Fortpflanzungsmethoden über das Leben und die Evolution enthüllen*, dtv Verlagsgesellschaft, München 2016

Thornhill, R. & Palmer, C. T.: *A Natural History of Rape*, The MIT Press, Cambridge, Massachusetts 2000

Winterbottom, M., Burke, T. & Birkhead, T. R.: A stimulatory phalloid organ in a weaver bird, *Nature* 399, 1999, S. 28

Veröffentlichungen von Daniel Klem über Zusammenstöße von Vögeln mit Glas sind Klem (1990, 2006), Klem et al. (2004, 2009) und Veltri & Klem (2005). Martin (2012) publizierte einen fesselnden Bericht über das Sehvermögen von Vögeln. Loss et al. (2014) enthält eine ziemlich aktuelle, fundierte Schätzung über die Anzahl der Fensteropfer unter Vögeln in Nordamerika. Hager et al. (2017) zeigen, dass hohe Gebäude mehr Opfer fordern als niedrige. Zu den ältesten niederländischen Studien über den Zusammenhang zwischen Glasfenstern und toten Amseln zählt die Arbeit von Mörzer Bruyns & Stwerka (1961).

[Entenabsturz] Wie gefährlich herabfallende Kokosnüsse sein können, erfuhr ich von Peter Barss (1984); 2001 wurde er für diese Studie mit dem Ig-Nobelpreis für Medizin ausgezeichnet. Den Fall eines Hechts, der eine Hirnschädigung auslöste, hat McCabe et al. (1978) beschrieben. Ausschnitte aus dem Dokumentarfilm „Animalicious" (Lewis, 1999) sind im Internet zu sehen.

Barss, P.: Injuries due to falling coconuts, *Journal of Trauma* 24(11), 1984, S. 990–999

Bromley, F. C.: Carrion Crow killing Wood Pigeon, *British Birds* 40, 1947, S. 114

Damery, R.: Prédation particulière de la corneille noire *Corvus corone* sur le pigeon ramier *Columba palumbus*, *Alauda* 72, 2004, S. 160–162

Geogehan, D. P. & Fileman, M. H.: Carrion Crow attacking Wood Pigeon, *British Birds* 43, 1950, S. 368

Geyer, C.: Une corneille noire poursuit et tue un pigeon ramier, *Aves* 22, 1985, S. 53–54

4 DIE TAUBE UND DIE KRÄHE

Die erste Beschreibung einer Krähe, die eine Ringeltaube attackierte und anschließend tötete, stammt von Bromley (1947). Über den zweiten Fall berichteten Geogehan & Fileman (1950). Die Ringeltaube, die in letzter Sekunde einer Krähe entwischte, beschrieb Oliver (1985). Die Enthauptung einer Taube in Belgien machte Geyer (1985) bekannt. Simmons (1968) verdanke ich mein Wissen über das Futterversteckverhalten von Krähen. Bedeutende

Hager, S. B. et al. [63 Autoren]: Continent-wide analysis of how urbanization affects bird-window collision mortality in North America, *Biological Conservation* 212, 2017, S. 209–215

Klem, D.: Collisions between birds and windows: mortality and prevention, *Journal of Field Ornithology* 61, 1990, S. 120–128

Klem, D., Keck, D. C., Marty, K. L., Miller Ball, A. J., Niciu, E. E. & Platt, C. T.: Effects of window angling, feeder placement and scavengers on avian mortality at plate glass, *The Wilson Bulletin* 116, 2004, S. 69–73

Klem, D.: Glass: A deadly conservation issue for birds, *Bird Observer* 34, 2006, S. 73–81

Klem, D., Farmer, C. J., Delacretaz, N., Gelb, Y. & Saenger, P. G.: Architectural and landscape risk factors associated with bird-glass collisions in an urban environment, *The Wilson Journal of Ornithology* 121(1), 2009, S. 126–134

Lewis, M.: Animalicious, 1999 [https://vimeo.com/129519128; http://www.mlrp.net/html/Film_Animalious.html]

Loss, S.R., Will, T., Loss, S.R. & Marra, P.P.: Bird-building collisions in the United States: Estimates of annual mortality and species vulnerability. *The Condor* 116, 2014, S. 8–23

Martin, G. R.: Through birds' eyes: insights into avian sensory ecology, *Journal of Ornithology* 153, 2012, S. 23–48

McCabe, M. J., Hammon, W. M., Halstead, B. W. & Newton, T. H.: A fatal brain injury caused by a needlefish, *Neuroradiology* 15(3), 1978, S. 137–139

Mörzer Bruyns, M. F. & Stwerka, L. J.: Het doodvliegen van vogels tegen ramen, *De Levende Natuur* 64, 1961, S. 253–257

Oliver, P. J.: Wood Pigeon alighting on water apparently to avoid Carrion Crow, *British Birds* 78, 1985, S. 351

Simmons, K. E. L.: Food-hiding by rooks and other crows, *British Birds* 61, 1968, S. 228–229

Veltri, C. D. & Klem, D.: Comparison of fatal bird injuries from collisions with towers and windows, *Journal of Field Ornithology* 76, 2005, S. 127–133

5 FLEISSIGE NESTBAUER

Das eiserne Taubennest habe ich ausführlich in Moeliker (1997) beschrieben; das Bauwerk zählt nach wie vor zu den Höhepunkten in der Sammlung des Museums und ist gegenwärtig ein Exponat in der großen Stadtnaturausstellung „Pure Veerkracht" („Reine Spannkraft") im Naturhistorischen Museum von Rotterdam. Mehr Beispiele solcher der örtlichen Situation besonders angepasster Vogelnester sind in Reumer (2014) zu bewundern. Schilthuizen (2018) empfiehlt sich für Menschen, die mehr über den Einfluss von Städten auf die Evolution wissen wollen. Für das theoretische Wissen über Nester von Blässhühnern habe ich in Glutz von Blotzheim (1994) nachgeschlagen. Das Blässhuhn-Werk von Semâ Bekirović wurde in Bekirović (2007) veröffentlicht.

[Knopfvögel] Informationen zum Vorkommen des Glattnackenrapps in jüngster Vergangenheit erhielt ich von Manry (1985). Die Entdeckung der Knöpfe bei den Rappennestern hat Milstein (1973, 1974) veröffentlicht.

[Das Leid des Blässhuhns] Der Abstand zwischen Blässhuhnnestern in Rotterdam basiert auf eigenen Beobachtungen. Für die Brutdauer bei Blässhühnern habe ich bei Bezzel (1967) und Taylor (1998) nachgelesen.

Bekirović, S.: *Koet*. Veenman Publishers, Rotterdam 2007

Bezzel, E.: Über Gelegegröße und Legebeginn beim Blässhuhn *(Fulica atra)*, *Anzeiger der Ornithologischen Gesellschaft in Bayern* 8, 1967, S. 183–185

Glutz von Blotzheim, U. N.: *Handbuch der Vögel Mitteleuropas*, Bd. 5: *Galliformes und Gruiformes*, Aula-Verlag, Wiesbaden 1994

Manry, D. E.: Distribution, abundance and conservation of the bald ibis *Geronticus calvus* in Southern Africa, *Biological Conservation* 33(4), 1985, S. 351–362

Milstein, P. le S.: Buttons and bald ibises, *Bokmakierie* 25, 1973, S. 57–60

Milstein, P. le S.: More bald ibis buttons, *Bokmakierie* 26, 1974, S. 88

Moeliker, K.: Een ijzeren duivennest, *Straatgras* 9(2), 1997, S. 1–3

Reumer, J.: *Wildlife in Rotterdam – Nature in the City*, Naturhistorisches Museum von Rotterdam 2014

Schilthuizen, M.: *Kojoten, die an Ampeln warten. Die unglaubliche Veränderung von Tieren und Pflanzen im Großstadtdschungel*, dtv Verlagsgesellschaft, München 2018

Taylor, B.: *Rails: A Guide to Rails, Crakes, Gallinules and Coots of the World*, Pica Press, Sussex, 1998

6 DIE BUSSARDE VON MANHATTAN

Informationen jüngeren Datums über das Vorkommen von Rotschwanzbussarden in Manhattan habe ich Evans (2010) und MacMillan (2017) entnommen. Winn (1999) bleibt ein lesenswerter Klassiker über das Leben von Pale Male.

[Speiseplan des Wanderfalken] Das erste Auftreten eines Wanderfalken in Rotterdam beschrieb ich in Moeliker (2012). Meine Telefonate mit Taubenhaltern, deren Vögel Wanderfalken zum Opfer gefallen waren, fanden Ende Juli 2013 statt.

[Nesträuber] Die Studie über das Zusammenleben von Mohrenhabichten und Nilgänsen in Kapstadt stammt von Sumasgutner et al. (2016). Informationen über den Einfluss von Nilgänsen auf den Bruterfolg von Greifvögeln habe ich van Dijk (2000) entnommen.

[Stadteule?] Aus Wassink & Hingman (2006, 2010) und Wassink (2014) stammen die Informationen über das Vorkommen von Uhus in den Niederlanden und in Regionen im deutschen Grenzgebiet sowie deren Nahrung. Kreveld & Roerhorst (2010) haben nützliche Informationen über das Leben von Uhus in Gefangenschaft geliefert und darüber, wie oft sie erfolgreich entkommen. Meine Frage zu Uhus im Rotterdamer Zoo Diergaarde Blijdorp beantwortete Harald Schmidt per E-Mail am 17. Februar 2015.

[Bahnsteigstar] Meine ersten Beobachtungen von Staren, die am Rotterdamer Hauptbahnhof die Geräusche von abfahrenden Zügen imitieren, datieren von Mitte Oktober 2012 – dieses Verhalten zeigen sie auch heute noch. Sluiters (1958) ist das Buch, in dem die Laute, die Stare hervorbringen, am besten (im Niederländischen) erläutert werden. Ein mindestens ebenbürtiges Pendant für den deutschsprachigen Leser ist Krauss (2017).

Evans, L.: Fearless and well-fed, New York city's red-tailed hawks are flourishing, *Audubon News*, 26. November 2016, 2010 [https://www.audubon.org/news/fearless-and-well-fed-new-york-citys-red-tailed-hawks-are-flourishing]

Krauss, P.: *Singt der Vogel, ruft er oder schlägt er?. Handwörterbuch der Vogellaute*. Naturkunden Bd. 033, Matthes & Seits, Berlin 2017

Kreveld, A., van & Roerhorst, I.: Roofvogel – en uilenshows in Nederland, een inventarisatie, *Rapport Bureau Ulucus*, 2010, S. 1–44

MacMillan, T.: Manhattan hawk population is soaring, *The Wall Street Journal*, 2. April 2017 [https://www.wsj.com/articles/new-york-city-hawk-population-soars-1491165792]

Moeliker, K.: *Eenzaam ei*, in: *De bilnaad van de teek*, Nieuw Amsterdam Uitgevers, Amsterdam 2012, S. 33–34

Moeliker, K., Bakker, G. & de Baerdemaeker, A.: Een oehoe aan de Westersingel: voorbode van een opmars?, *Straatgras* 27(1–2), 2015, S. 2–4

Sluiters, J. E.: *Prisma vogelboek*. Prisma-boeken, Utrecht/Antwerpen 1958

Sumasgutner, P., Millán, J., Curtis, O., Koelsag, A. & Amar, A.: Is multiple nest building an adequate strategy to cope with inter-species nest usurpation?, *BMC Evolutionary Biology* 16, 2016, S. 97–102

Van Dijk, J.: Hoe groot is de invloed van Nijlganzen *Alopochen aegyptiacus* op het broedsucces van roofvogels?, *De Takkeling* 8(3), 2000, S. 218–220

Wassink G. J. & Hingman, W.: Der Uhu als Brutvogel im Grenzgebiet Münsterland-Niederlande, *Naturzeit* 5, 2006, S. 10–12

Wassink, G. & Hingmann, W.: Het dieet van de Oehoe in Nederland en enkele aangrenzende gebieden in Duitsland, *Limosa* 83, 2010, S. 97–108

Wassink, G.: Dispersie van jonge Oehoes in beeld gebracht met satellietzenders en GPS-loggers, *Limosa* 87, 2014, S. 91–98

Winn, M.: *Red-Tails in Love: A Wildlife Drama in Central Park*, (updated edition, ten years later), Random House, New York 1999

7 NACHTREIHER IN DER STADT

Informationen über das Vorkommen von Nachtreihern in Deutschland, Österreich und der Schweiz fand ich in Gedeon et al. (2014), Schuster (2003) sowie Knaus et al. (2011). Das Vorkommen dieser Vogelart in den Niederlanden in der Vergangenheit haben Erhart & Kurstjens (2000) fundiert beschrieben. Die Nachtreiher, die ich im April 1999 in Rotterdam sah, inspirierten mich dazu, meinen ersten Artikel für die niederländische Tageszeitung *NRC Handelsblad* zu schreiben (Moeliker [1999] und Moeliker [2017] als jüngste Fortsetzung). Über die wachsende Nachtreiherpopulation im Rotterdamer Zoo Diergaarde Blijdorp informierte mich Harald Schmidt, Leiter der Abteilung Sammlung, am 9. Februar 2017 per E-Mail. Er war es auch, der mich über frei fliegende Nachtreiher in und nahe dem Amsterdamer Zoo Artis in Kenntnis setzte.

[Das Herz der Wandertaube] Allgemeine Informationen über das Aussterben der Wandertaube und Marthas Schicksal habe ich Schorger (1955) entnommen. Den Artikel über die Anatomie der Wandertaube Martha befasste Shufeldt (1915). Einblick in das Leben und das Gedankengut von Robert Wilson Shufeldt erhielt ich dank Lambrecht (1935). Die äußerst frauenfeindlichen, rassistischen und homophoben Äußerungen des Ersteren finden sich in Shufeldt (1896), (1907) und (1917).

Erhart, F. C. & Kurstjens: G. Aantalsontwikkeling van de Kwak als broedvogel in Nederland in de twintigste eeuw, *Limosa* 73(2), 2000, S. 41–52

Gedeon, K., Grüneberg, C., Mitschke, A., Sudfeldt, C., Eikhorst, W., Fischer, S., Flade, M., Frick, S., Geiersberger, I., Koop, B., Kramer, M., Krüger, T., Roth, N., Ryslavy, T., Stübing, S., Sudmann, S. R., Steffens, R., Vökler F. & Witt, F.: *Atlas Deutscher Brutvogelarten – Atlas of German Breeding Birds,* Stiftung Vogelmonitoring Deutschland und Dachverband Deutscher Avifaunisten, Münster 2014

Knaus, P., Graf, R., Guélat, J., Keller, V., Schmid, H.& Zbinden, N.: *Historischer Brutvogelatlas. Die Verbreitung der Schweizer Brutvögel seit 1950,* Schweizerische Vogelwarte, empach 2011

Lambrecht, K.: In memoriam: Robert Wilson Shufeldt, 1850–1934, *The Auk* 52(4), 1935, S. 359–361

Moeliker, K.: Kwakken in Rotterdam, *NRC Handelsblad*, 12. Juni 1999

Moeliker, K.: Kwakken in de stad, *NRC Handelsblad*, 26. Juni 2017

Schorger, A. W.: *The Passenger Pigeon: Its Natural History and Extinction,* University of Wisconsin Press, Madison 1955

Schuster, A.: Nachtreiher (Atlas der Brutvögel Oberösterreichs), *Denisia* 7, 2003, S. 116–117

Shufeldt, R. W.: On the medico-legal aspect of impotence in women, *Medico-Legal Journal* 14, 1896, S. 289–296

Shufeldt, R. W.: *The Negro: A Menace to American Civilization,* The Gorham Press, Boston 1907

Shufeldt, R. W.: Anatomical and other notes on the Passenger Pigeon *(Ectopistes migratorius)* lately living in the Cincinnati Zoological Gardens, *The Auk* 32, 1915, S. 29–41

Shufeldt, R. W.: Biography of a passive pederast, *American Journal of Urology and Sexology* 13(10), 1917, 451–460

8 HUSCHSPINNE IM WEIHNACHTSBAUM

Als Grundlage für die Geschichte über die Huschspinne dienten Moeliker (2000) und (2001). Das Buch *The Spiders of Great Britain and Ireland* stammt von Roberts (1985), *Spinnen van Nederland* verfasste Katwijk (1976). Jüngere Spinnenliteratur, in die ich mich vertieft habe, ist die Veröffentlichung von Roberts (1997). Informationen über das Vorkommen dieser Art in Deutschland habe ich Jäger et al. (2004) entnommen.

[Aus dem Ärmel geschüttelt] All mein Wissen über die Webspinne *Segestria florentina* in Rotterdam und andernorts in den Niederlanden stammt von Decae (1993) und Helsdingen (2008). Die erste Beobachtung dieser Spinnenart in Deutschland ist Braunstein (2004) zu verdanken. Den Fund in Stuttgart hat Schlegel (2012) ausführlich beschrieben und dokumentiert. Die Wiederentdeckung in Rotterdam geht auf das Konto von Baerdemaeker & Campbell (2013).

[Containerspinnen] Mehr über die Aufregung bezüglich der Spinnen aus Südafrika, von denen Rotterdam überrannt werden würde, lässt sich in Decae & Moeliker (2013) finden. Die Folgen eines Bisses der Schwarzen Witwe wurden ausführlich beschrieben in Müller (1993).

Baerdemaeker, A. de & Campbell, S. P.: Uit de mouw geschud: de Florentijnse muurspin is terug in Rotterdam, *Straatgras* 25(2), 2013, S. 40

Braunstein, W.: Erstnachweis von *Segestria florentina* für Deutschland (Araneae: Segestriidae), *Arachnologische Mitteilungen* 8, 2004, S. 49–50

Decae, A.: De een zijn dood is de ander zijn brood, ofwel een triest geval van uitsterven in Rotterdam, *Straatgras* 5(4), 1993, S. 122–124

Decae, A. E. & Moeliker, K.: Containerverstekelingen opgenomen in de collectie, *Straatgras* 25(2), 2013, S. 35

Helsdingen, P. J. van: The distribution of *Segestria florentina* (Araneae, Segetriidae) in the Netherlands, *Nieuwsbrief Spined* 25, 2008, S. 3

Jäger, P., Kreuels, M. & Peters, C.: Spinne des Jahres 2004: Die Grüne Huschspinne *Micrommata virescens* (Clerck, 1757), *Arachnologische Gesellschaft*, 2004

[https://arages.de/arachnologie-vernetzt/spinne-des-jahres/2004-gruene-huschspinne.html]

Katwijk, W. van: *Spinnen van Nederland,* A. A. Balkema, Rotterdam 1976

Moeliker, K.: Nieuwe spin voor West-Nederland, *Straatgras* 12(4), 2000, S. 52

Moeliker, K.: Een jachtspin op Heijplaat, *NRC Handelsblad,* 8. Februar 2001

Müller, G. J.: Black and brown widow spider bites in South Africa: A series of 45 cases, *South African Medical Journal* 83, 1993, S. 399–405

Roberts, M. J.: *The Spiders of Great Britain and Ireland,* Volume 1, E. J. Brill, Leiden 1985

Roberts, M. J.: *Tirion Spinnengids* (ins Niederländische übertragen und bearbeitet von Aart Noordam), Tirion Natuur, Baarn 1997

Schlegel W.: Beobachtungen zu *Segestria florentina, Spinnen Forum Wiki,* 2012 [https://wiki.arages.de/index.php?title=Segestria_florentina/Beobachtungen/Schlegel_W]

9 DIE KIRCHENRALLE

Angaben über das Vorkommen der Zwergdommel in den Niederlanden, Deutschland und Österreich fand ich in Bijlsma et al. (2001), Anonymus (2016) und Dvorak et al. (2017). Nozeman & Houttuyn (1797) ist das erste Standardwerk über die niederländische Vogelwelt, in der allerdings die Wasserralle fehlte. Mein Zeitungsartikel über die Kirchenralle ist aufgeführt unter Moeliker (2005).

[Straßenläufer] Yolande de Kok übermittelte mir ihre Beobachtung inklusive Foto eines

Alpenstrandläufers auf der Straße am 26. August 2015 per E-Mail. Gleiches tat Anneke Nun am 1. September 2015. Mouritsen & Jensen (1992) sowie Elner et al. (2005) stellten glaubhaft fest, dass Strandläufer für ihre Nahrungssuche auf weich-feuchte Böden angewiesen sind.

Anonymus: Rote Liste der Brutvögel. Fünfte gesamtdeutsche Fassung, veröffentlicht im August 2016, *Nabu* [https://www.nabu.de/tiere-und-pflanzen/voegel/artenschutz/rote-listen/10221.html#3]

Bijlsma, R. G., Hustings, F. & Camphuysen, C. J.: *Algemene en schaarse vogels van Nederland (Avifauna van Nederland 2)*, GMB uitgeverij / KNNV Uitgeverij, Haarlem/Utrecht 2001

Dvorak, M., Landmann, A., Teufelbauer, N., Wichmann, G., Berg, G. H.-M. & Probst, R.: Erhaltungszustand und Gefährdungssituation der Brutvögel Österreichs: Rote Liste (5. Fassung) und Liste für den Vogelschutz prioritärer Arten (1. Fassung), *Egretta* 55, 2017, S. 6–42

Elner, R. W., Beninger, P. G., Jackson, D. L. & Potter, T. M.: Evidence of a new feeding mode in western sandpiper *(Calidris mauri)* and dunlin *(Calidris alpina)* based on bill and tongue morphology and ultrastructure, *Marine Biology* 146, 2005, S. 1223–1234

Moeliker, K.: De ral van Nozeman, *NRC Handelsblad*, 23. Mai 2005

Mouritsen, K. N. & Jensen, K. T.: Choice of microhabitat in tactile foraging dunlins *Calidris alpina*: the importance of sediment penetrability, *Marine Ecology Progress Series* 85, 1992, S. 1–8

Nozeman, C. & Houttuyn, M.: *Nederlandsche Vogelen; volgens hunne huishouding, aert, en eigenschappen beschreeven. Derde Deel*, J. C. Sepp en Zoon, Boekverkoopers, Amsterdam 1797

10 DIE KRÄHENDE HENNE

Angaben über das Gefieder eines Goldfasans habe ich Delacour (1977) entnommen. Nützliche Informationen über John Hunter fand ich in Qvist (1981). Forbes (2005) hat Hunters Werk in Sachen spontaner Intersexualität erhellend beschrieben. In Hunter (1780) findet sich die Beschreibung des „außergewöhnlichen Fasans". Der Bericht von William Yarrell ist nachzulesen in Yarrell (1827). Eine zusammenfassende Darlegung der äußerlichen Veränderungen im menschlichen Körper nach der Menopause findet sich in Farage & Maibach (2005) und Jones et al. (2007). Die Geschichte der Spießenten, die eine Geschlechtsumwandlung erlebten, stammt von Chiba et al. (2004). Ähnliche Fälle bei niederländischen Eiderenten wurden von Swennen (1990) dokumentiert. Post & Kompanje (1992) brachten die erstaunliche Lebensgeschichte der Stockente aus Seeland an die Öffentlichkeit. Erst nachdem ich van Oord (1949) gelesen hatte, verstand ich das Phänomen Geschlechtsumwandlung wirklich.

Chiba, A., Sakai, H., Sato, M., Honma, R., Murata, K. & Sugimori, F.: Pituitary-gonadal axis and secondary sex characters in the spontaneously masculinized pintail, *Anas acuta* (Anatidae, Aves), with special regard to the gonadotrophs, *Ge-*

neral and Comparative Endocrinology 137, 2004, S. 50–61

Delacour, J.: *The Pheasants of the World*, Second edition, Spur Publications, Hindhead 1977

Farage, M. & Maibach, H.: Lifetime changes in the vulva and vagina, *Archives of Gynecology and Obstetrics* 273(4), 2005, S. 195–202

Forbes, Th. R.: John Hunter on spontaneous intersexuality, *American Journal of Anatomy* 116, 2005, S. 269–300

Hunter, J.: Account of an extraordinary pheasant, *Philosophical Transactions* 70, 1780, S. 527–535

Jones, M. L., Eichenwald, T. & Hall, N. W.: *Menopause For Dummies*, Wiley Publishing, New York 2007

Qvist, G.: *John Hunter 1728–1793*, William Heinemann Medical Books, London 1981

Post, J. N. J. & Kompanje, E. J. O.: Uitwendige geslachtsverandering bij vrouwtje Wilde Eend, *Dutch Birding* 14, 1992, S. 131–134

Swennen, C.: Eidereenden *Somateria mollissima* met een afwijkend kleed, *Limosa* 63(3), 1990, S. 112–114

Van Oord, G. J.: *Geslachtsverandering bij gewervelde dieren*, Noordduijn's Wetenschappelijke Reeks 4. Gorinchem 1949

Yarrell, W.: On the change of the plumage of some hen-pheasants, *Philosophical Transactions* 177, 1827, S. 268–275

11 DIE KLÖTEN DES SPERLINGS

Die Pionierarbeit von Warren Keck (1934) ist sehr empfehlenswert. Gleiches gilt übrigens für das Buch, das Moore (2005) über John Hunter geschrieben hat. Hunters Studie über Spatzentestikel habe ich Hunter (1786) entnommen. Um Aristoteles' *Historia Animalium* zu verstehen, habe ich die englische Übersetzung von D'Arcy Wentworth Thompson von 1910 gelesen (siehe Aristoteles). Das Zitat über die Geilheit der Spatzen stammt aus Linné (1758). Der Haussperling, der sich als Aufreißer offenbarte, wurde von Clark (1903) beschrieben. Das deutsche Standardwerk über Spatzenklöten verfasste Etzold (1891), das französische Pendant stammt von Loisel (1900). Über das Phänomen Spermienkonkurrenz konnte ich erst mitreden, nachdem ich Møller (1988) und Birkhead (2008) gelesen hatte. Die rätselhafte Farbveränderung des Sperlingsschnabels wurde entschlüsselt von Witschi & Woods (1934). Dank Owen & Short (1995) erhielt ich Angaben über den Einfluss von Hormonen auf das Gefieder von Vögeln. Die Erkenntnisse, die Godfried Tannenberg in Sachen Spatzentestikel gesammelt hatte, schrieb er nieder in Tannenberg (1789). Die Sperlingsschnabelstudie von Emil Witschi und Roberts Wood findet sich in der unten stehenden Liste unter Witschi & Woods (1934). Am 17. März 2008 und am 23. Juni 2016 besuchte ich das Hunterian Museum in London, beide Male, um mich an den Spatzentestikeln zu ergötzen. Wer mehr über das Rektum von Thomas Thurlow, dem Erzbischof von Durham, erfahren möchte, sollte Abrahams (2010) lesen.

[Han jokker på deg] Ausführliche Fallbeschreibungen von aggressiven Auerhähnen veröffentlichten Jenkins (1962), Mylne

(1962) sowie Ferguson-Lees (1963). Die Erklärung für dieses erstaunliche Verhalten findet sich in Milonoff et al. (1992).

Abrahams, M.: Improbable research ... the bishop's rectum, *The Guardian*, 27. April 2010

Aristoteles: *Historia Animalium* [*A History of Animals*, ins Englische übertragen von D'Arcy Wentworth Thompson, Claredon Press, Oxford 1910]

Birkhead, T.: *De Wijsheid van Vogels. Een geïllustreerde geschiedenis van de ornithologie*, De Bezige Bij, Amsterdam 2008

Clark, J. H.: A much mated House Sparrow, *The Auk* 20, 1903, S. 306–307

Etzold, F.: Die Entwicklung der Testikel von *Fringilla domestica* von Winterruhe bis zum Eintritt der Brunft, *Zeitschrift für wissenschaftliche Zoologie* 52, 1891, S. 46–84

Ferguson-Lees, I. J.: Studies of aggressive Capercaillie, *British Birds* 56, 1963, S. 19–22

Hunter, J.: *Observations on Certain Parts of the Animal Œconomy*, Second Edition, London 1786

Jenkins, D.: Aggressive capercaillies, *Scottish Birds* 2(2), 1962, S. 81–82

Keck, W. N.: The control of the secondary sex characters in the English Sparrow, *Passer domesticus* (Linnaeus), *Journal of Experimental Zoology* 67, 1934, S. 315–347

Linné, C. von: *Systema naturae per regna tria naturae, secundum classes, ordines, genera, species, cum characteribus, differentiis, synonymis, locis*, Lars Salvi, Stockholm 1758

Loisel, G.: Études sur la spermatogenese chez le moineau domestique, *Journal de l'Anatomie et de la Physiologie Normales et Pathologiques de l'Homme et Animaux* 36, 1900, S. 160–185

Milonoff, M., Hissa, R. & Silverin, B.: The abnormal conduct of Capercaillies *Tetrao urogallus, Hormones and Behavior* 26, 1992, S. 556–567

Møller, A. P.: Testes size, ejaculate quality and sperm competition in birds, *Biological Journal of the Linnean Society* 33, 1988, S. 273–283

Moore, W.: *The Knife Man: Blood, Body Snatching, and the Birth of Modern Surgery*, Bantam Books, London 2005

Mylne, C. K.: Aggressive capercaillies, *Scottish Birds* 2(2), 1962, S. 82–84

Owen, I. P. F. & Short, R. V.: Hormonal basis of sexual dimorphism in birds: implications for new theories of sexual selection, *TREE* 10(1), 1995, S. 44–47

Qvist, G.: *John Hunter 1728–1793*, William Heinemann Medical Books, London 1981

Tannenberg, G. G.: *Spicilegium observatonium circa partes genitales masculas avium*, Göttingen 1789

Ray, J.: *The Ornithology of Francis Willughby*, London 1678

Witschi, E. & Woods, R. P.: The bill of the sparrow as an indicator for the male sex hormone, *Journal of Experimental Zoology* 73, 1936, S. 445–459

12 HILFE, DIE FILZLAUS STIRBT AUS!

Wer mehr über die Ikonografie, Systematik und Namensgebung von Menschen- und Tierläusen erfahren will, dem empfehle ich Nuttall (1919), Hemming (1958) und Mey

(2003). Der Artikel in *STI*, der mich auf das langsame Aussterben der Filzlaus aufmerksam machte, stammt von Armstrong & Wilson (2006). Die Pionierarbeit von Leonard Waldeyer findet sich unter Waldeyer (1900). Felix Pinkus gibt einen Überblick über das Ausmaß des Filzlausbefalls in Berlin in Pinkus (1915); mehr über diesen berühmten deutschen Dermatologen fand ich in Bading (2007). Wie und weshalb Berliner Prostituierte auf Geschlechtskrankheiten untersucht wurden, weiß ich dank Haustein (1926). Das Handbuch *The Louse* stammt von Buxton (1939). Ikeda et al. (2003) und Pakeer (2007) liefern interessante Fallbeschreibungen von Filzlausbefall in Wimpern. Vom Filzlausdrama bei japanischen Senioren konnte ich dank Eto et al. (2016) berichten. Der Filzlausbefall einer ganzen Familie im Iran wurde beschrieben von Dehghani et al. (2013), der Fall in Jerusalem von Klaus et al. (1994). Das Wissen über den britischen Soldaten, der von Kopf bis Fuß mit Filzläusen übersät war, habe ich von Nuttall (1918a). Die Filzlauszählungen, die Francis B. Greenough in Boston durchführte, sind in Greenough (1887) nachzulesen, während in Payot (1920) mehr über die Zählungen in Lausanne zu erfahren ist. Wer nicht glaubt, dass sich ein österreichischer Soldat 1893 nicht von seinen Filzläusen trennen wollte, sollte Hewitson (1894) lesen. Allgemeine Zahlen zum Pilzlausbefall fand ich in Buxton (1939) und Dholakia (2014). Imandeh (1993) dokumentierte das Vorkommen der Filzlaus bei nigerianischen Prostituierten. Die spanische Studie in Sachen Geschlechtskrankheiten, in der die Filzlaus auch eine Rolle spielte, stammt von Varela et al. (2003). Mimouni et al. (2001) berichteten von Filzläusen in der israelischen Armee. Die Studie, in der das Ausmaß des Kopflausbefalls in Brasilien auf den Grund gegangen wurde, veröffentlichten Linardi et al. (1988). Die Fleißarbeit von Leonard Landois über die Anatomie der Filzlaus ist aufgeführt unter Landois (1864a). Ebenfalls lesenswert sind seine „Historisch-kritischen Untersuchungen über die Läusesucht", die als Landois (1864b) in der unten stehenden Liste aufgenommen sind. Dass Leonard Landois in Sachen Filzlausanatomie einen gefürchteten Widersacher hatte, erweist sich in Graber (1872). Einen lesenswerten Nekrolog über Landois schrieb Rothschuh (1982), einen über Graber Jaworowski (1892). Einige Jahrzehnte später fasste George Nuttall das ganze Filzlauswissen zusammen und gab in Nuttall (1918a) als Erster den kompletten Lebenszyklus einer Filzlaus anschaulich wieder. In Nuttall (1918b) beschrieb er, dass ein Filzlausbefall nicht mit gravierenden pathologischen Folgen einhergeht. Die Experimente, die Ian Burgess und seine Kollegen im Vereinigten Königreich durchführten, sind ausführlich beschrieben in Burgess et al. (1983). Meine denkwürdige Begegnung mit ihm fand am 28. November 2017 in Quy unweit von Cambridge statt. Die Filzlausmärchen von Bruno Galli-Valerio wurden der Öffentlichkeit von Santschi (1901) präsentiert. Wan Omar et al. (1992) beschrieben den kuriosen Fall einer Filzlausverbreitung über einen Wickelrock. Einen vermeintlichen Befall aufgrund von Gebrauchtmöbeln haben Akdemir et al. (2011) publiziert. Der Einfluss des *Playboy*-Magazins auf die Schamhaartracht wurde von Schick et al. (2011) untersucht. Die Zahlen in Sachen Intimrasur bei amerikanischen Frauen und Männern habe ich aus Truesdale et al. (2017). Jonathan Tragers Klassiker über die Gefahren einer Intimrasur ist Trager (2006). Die beunruhigende britische Studie, die den Rückgang der Filzlauspopulation im Zeitraum von 2003 bis 2013 ans Licht brachte, haben Dholakia et al. (2014) publiziert. Die Kolumne des Rotterdamer Dermatologen und Venerologen Eric van der Snoek, der meine Filzlaussuche ankurbelte, ist aufgeführt unter van der Snoek (2007). Mit Hafenarzt Henk Veldhuizen hatte ich Ende 2007 einige Male Kontakt. Zeitungsartikel, in denen der Filzlaushype unterhaltsam skizziert wird, stammen von Tates (2017), Sterling (2007) und Schümer (2007). Meine ersten Abenteuer mit Filzläusen finden sich wieder in Moeliker (2007a, 2007b). Das Video über die noch lebende Filzlaus in Amersfoort ist von Mente Bousema (2007).

[Königliche Filzlaus] Die innige, weit zurückgehende Dauerbeziehung zwischen Mensch und Laus wurde in aller Ausführlichkeit beschrieben von Araújo (2000), Kenward (2001) sowie Fornaciari et al. (2009).

[Ur-Filzlaus] Mein Besuch des (Smithsonian) National Museum of Natural History fand am 15. August 2013 statt; dort lernte ich die Gorillalaus kennen und die offizielle Beschreibung dieser Art in Kim & Emerson (1968). Mein Wissen über Kary Emerson stammt aus Price (1994). Reed et al. (2007) bezeichneten die Gorillalaus als Ur-Laus und stellten mithilfe von Filzlaus-DNA die enge Beziehung zwischen Mensch und Gorilla unter Beweis.

[Hundelaus] Am 4. Juli 2014 besuchte ich die Läusesammlung des Naturhistorischen Museums von London. Eine Kurzbeschreibung von Henry Dennys Leben und dessen Verdiensten findet sich in Stephen (1888). Dass es regen Briefwechsel zwischen Denny und Charles Darwin gab, schreibt Burkhardt (2002). Das Leben und Wirken von George Nuttal hat Matheson (1938) festgehalten. Nuttall (1918a) beschrieb 1910, dass Läuse in der Achselhöhle eines Hundes gefunden worden waren, konnte aber zu dem Zeitpunkt nicht wissen, dass das Präparat später sorgfältig in der Sammlung des Naturhistorischen Museums von London aufbewahrt werden würde.

[Dänische Filzläuse] Die dänische Filzlaussammlung durfte ich am 17. März 2014 in Kopenhagen in Augenschein nehmen. Die Angaben zu Heinrich Fahrenholz habe ich Eichler (1948) entnommen, während ich Informationen über seinen Filzlaus-Sammelassistenten Rasmus Schlick in Henriksen (1927) entdeckt habe.

[Hoffnung für die Filzlaus!] Der Insektensammlung des Zoologischen Museums von Hamburg stattete ich am 16. Februar 2018 einen Besuch ab. Am 26. Januar 2018 erhielt ich von Martin Husemann Scans vom Kartensystem, das die ZMH-Sammlung von Läusen der Familien Pediculidae und Pthiridae dokumentiert. Um ein paar Worte über Otto Neumann verlieren zu können, habe ich Schwarz (1999) gelesen.

Akdemir, C., Demirci, M. & Mıstanoğlu, D.: Olgu Sunumu: İkinci El Eşya Kullanımı

Sonrası Görülen *Phthirus pubis* Linneasus [sic] 1758 in Bacak Bölgesi Enfestasyonu, *Türkiye Parazitoloji Dergisi* 35, 2011, S. 227–229

Araújo, A.: Ten thousand years of head lice infection, *Parasitology Today* 16, 2000, S. 269

Armstrong, N. R. & Wilson, J. D.: Did the „Brazilian" kill the pubic louse?, *Sexually Transmitted Infections* 82, 2006, S. 265–266

Bading, D.: *Die Sonderdrucksammlung von Felix Pinkus (1868-1947) in der Bibliothek der Hautklinik der Charité,* Dissertation, Medizinische Fakultät der Charité, Universitätsmedizin Berlin 2007

Burgess, I., Maunder, J. W. & Myint, T. T.: Maintenance of the crab louse, *Pthirus pubis*, in the laboratory and behavioural studies using volunteers, *Community Medicine* 5, 1983, S. 238–241

Burkhardt, F.: *The Correspondence of Charles Darwin,* Volume 13 (1865), Cambridge University Press, 2002

Buxton, P. A.: *The Louse: An Account of the Lice Which Infest Man, Their Medical Importance and Control,* Edward Arnold, London, 1939

Dehghani, R., Limoee, M. & Ahaki, A. R.: First report of family infestation with pubic louse (*Pthirus pubis*; Insecta: Anoplura: Pthiridae) in Iran – a case report, *Tropical Biomedicine* 30(1), 2013, S. 152–154

Dholakia, S., Buckler, J., Jeans, J. P., Pillai, A., Eagles N. & Dholakia, S.: Pubic lice: an endangered species?, *Sexually Transmitted Diseased* 41(6), 2014, S. 388–391

Eichler, W.: In Memoriam Heinrich Fahrenholz – dem verdienten deutschen Läuse-

spezialisten zur Erinnerung, *Anzeiger für Schädlingskunde* 21(5), 1948, S. 78–79

Eto, A, Nakamura, M, Ito, S., Tanaka, M. & Furue, M.: An outbreak of pubic louse infestation on the scalp hair of elderly women, *Journal of the European Academy of Dermatology and Venereology* 31, 2016, e61–e135

Fornaciari, G., Giuffra, V., Marinozzi, S., Picchi, M. S. & Masetti, M.: „Royal" pediculosis in Renaissance Italy: lice in the mummy of the King of Naples Ferdinand II of Aragon (1467–1496), *Memorias Inst. Oswaldo Cruz* 104(4), 2009, S. 671–672

Greenough, F. B.: Clinical notes on Pediculosis, *Boston Medical and Surgical Journal* 117(20), 1887, S. 469–474

Graber, V.: Anatomisch-physiologische Studien über *Phthirius inguinalis* Leach, *Zeitschrift für wissenschaftliche Zoologie* 22, 1872, S. 137–167

Haustein, H.: Die Geschlechtskrankheiten einschließlich der Prostitution, in: Gottstein, A., Schloßmann, A. & Teleky, A. (Hrsg.): *Handbuch der Sozialen Hygiene und Gesundheitsfürsorge,* Bd. 3, Springer, Berlin 1926, S. 551–773

Hemming, F.: *Official List of Generic Names in Zoology. First Installment: Names 1–1274,* International Commission on Zoological Nomenclature, London 1958

Henriksen, K. L.: Schlick, R. W. T., *Entomologiske Meddelelser* 15(6), 1927, S. 275–277

Hewetson, J.: Note on the significance of taches bleuâtres, *Johns Hopkins Hospital Bulletin* 5, 1894, S. 19

Ikeda, N., Nomoto, H., Hayasaka, S. & Nagaki, Y.: *Phthirus pubis* infestation of the eyelashes and scalp hairs in a girl, *Pediatric Dermatology* 20, 2003, S. 356–357

Imandeh, N. G.: Prevalence of *Pthirus pubis* (Anoplura: Pediculidae) among sex workers in urban Jos. Nigeria, *Applied Parasitology* 34(4), 1993, S. 275–277

Jaworowski, A.: Prof. Dr. Veit Graber †. Ein Nachruf, *Wiener Entomologische Zeitung* 11(9), 1892, S. 253–263

Kenward, H.: Pubic lice in Roman and medieval Britain, *Trends in Parasitology* 17(4), 2001, S. 167–168

Kim, K. C. & Emerson, K. C.: Description of two species of Pediculidae (Anoplura) from great apes (Primates, Pongidae), *The Journal of Parasitology* 54(4), 1968, S. 690–695

Klaus, S., Shvil, Y. & Mumcuoglu, K. Y.: Generalized infestation of a 3 1/2-year-old girl with the pubic louse, *Pediatric Dermatology* 11(1), 1994, S. 26–28

Landois, L.: Untersuchungen über die auf dem Menschen schmarotzenden Pediculinen. I. Anatomie des *Phthirius inguinalis* Leach, *Zeitschrift für wissenschaftliche Zoologie* 14, 1864a, S. 1–26

Landois, L.: Untersuchungen über die auf dem Menschen schmarotzenden Pediculinen. II. Historisch-kritische Untersuchungen über die Läusesucht, *Zeitschrift für wissenschaftliche Zoologie* 14, 1864b, S. 27–41

Linardi, P. M., De Maria, M., Botelho, J. R., Cunha, H. C. & Ferreira, J. F.: Prevalence of nits and lice in samples of cut hair from floors of barbershop and beauty parlors in Belo Horizonte, Minas Gerais state, Brazil, *Memórias do Instituto Oswaldo Cruz* 83(4), 1988, S. 471–474

Matheson, R.: In memoriam: George H. F. Nuttall (1862–1937), *The Journal of Parasitology* 24(2), 1938, S. 180–183

Mente Bousema: Schaamluis zoekt Strohalm (schaamhaar), 2007 [https://www.youtube.com/watch?v=NFxbHJgME8U]

Mey, E.: On the development of animal louse systematics (Insecta, Phthiraptera) up to the present day, *Rudolstädter natuurhistorische Schriften* 11, 2003, S. 115–134

Mimouni, D., Grotto, I., Haviv, J., Gdalevich, M., Huerta, M. & Shpilberg, O.: Secular trends in the epidemiology of pediculosis capitis and pubis among Israeli soldiers: a 27-year follow-up, *International Journal of Dermatology* 40(10), 2001, S. 637–639

Moeliker, K.: Zes schaamluizen en een media-hype, *Straatgras* 19(4), 2007a, S. 62

Moeliker, K.: Schaamluis sterft uit, *NRC Handelsblad*, 17. November 2007, 2007b

Nuttall, G. H. F.: The biology of *Phthirus pubis*, *Parasitology* 10(3), 1918a, S. 383–405

Nuttall, G. H. F.: The pathological effects of *Phthirus pubis*, *Parasitology* 10(3), 1918b, S. 375–382

Nuttall, G. H. F.: The systematic position, synonymy and iconography of *Pediculus humanus* and *Phthirus pubis*, *Parasitology* 11, 1919, S. 329–346

Pakeer, O, Jeffery, J, Mohamed, A. M., Ahmad, F. & Baharudin, O.: Four cases of pediculosis caused by *Pthirus pubis* Linnaeus, 1758 (Diptera: Anoplura) from peninsular Malaysia, *Tropical Biomedicine* 24(2), 2007, S. 101–103

Payot, F.: Contribution à l'étude du *Phthirus pubis* (Linné. Leach,) Morpion, Schamlaus, Filzlaus, Piattola, Crab-louse.), *Bul-*

letin de la Société Vaudoise des Sciences Naturelles 53(198), 1920, S. 127–161

Pinkus, F.: Die Läuseplage, Medizinische Klinik 11(9), 1915, S. 239–241

Price, R. D. Obituary: Kary Cadmus Emerson (1918–1993), Proceedings of the Entomological Society of Washington 96(1), 1994, S. 180–187

Reed, D. L., Light, J. E. Allen, J. M. & Kirchman, J. J.: Pair of lice lost or parasites regained: the evolutionary history of anthropoid primate lice, BMC Biology 5, 2007, S. 7 [doi:10.1186/1741-7007-5-7]

Rothschuh, K. E.: Landois, Leonard, in: Neue Deutsche Biographie 13 (1982), S. 506f. [https://www.deutsche-biographie.de/pnd116678046.html#ndbcontent]

Santschi, F. F.: Contribution à l'hygiène de l'habitation: recherches sur les parasites des sièges des cabinets d'aisance, Bulletin de la Société Vaudoise des Sciences Naturelles 37(139), 1901, S. 41–90

Schick, V. R. Rima, B. N. & Calabrese, S. K.: Evulvalution: the portrayal of women's external genitalia and physique across time and the current barbie doll ideals, Journal of Sex Research 48(1), 2011, S. 74–81

Schwarz, H.-D.: Neumann, Rudolf, in: Neue Deutsche Biographie 19 (1999), S. 136–157 [https://www.deutsche-biographie.de/pnd117583286.html#ndbcontent]

Schümer, D.: Ein Hilferuf aus Rotterdam: Filzläuse abliefern, Frankfurter Allgemeine, 27. November 2007

Stephen, L.: Denny, Henry, in: Dictionary of National Biography 14, Smith, Elder & Co, London 1888, S. 374–375

Sterling, T.: Dutch museum hunts elusive crab lice, Associated Press Report, 19. Oktober 2007

Tates, T.: Rotterdams museum speurt naar zeldzame schaamluis, Algemeen Dagblad, 16. Oktober 2017, S. 7

Trager, J. D. K.: Pubic hair removal – pearls and pitfalls, Journal of Pediatric and Adolescent Gynecology 19, 2006, S. 117–123

Truesdale, M. D., Osterberg, E. C., Gaither, T. W., Awad, M. A., Elmer-DeWitt, M. A., Sutcliffe, S., Allen, I. & Breyer, B. N.: Prevalence of pubic hair grooming-related injuries and identification of high-risk individuals in the United States, JAMA Dermatology 153(11), 2017, S. 1114–1121

Van der Snoek, E. M.: Schaamhaardracht, Gay Krant magazine 28(585), 2007, S. 88

Varela, J. A., Otero, L., Espinosa, E., Sánchez, C., Junquera, M. L. & Vázquez, F.: Phthirus pubis in a sexually transmitted diseases unit: a study of 14 years, Sexually Transmitted Diseases 30(4), 2003, S. 292–296

Waldeyer, L.: Ein Fall von Phthirius pubis im Bereiche des behaarten Kopfes, Charité-Annalen 25, 1900, S. 494–499

Wan Omar, A., Osman, S. & Sulaiman, S.: Pediculosis pubis: Observations on the occurrence of a non sexual transmission in West Malaysia, Annals of Medical Entomology 1(2), 1992, S. 13–14

13 BERÜHMTE SPERLINGE

Die internationale Aufregung, welche die Erschießung des Haussperlings in Leeuwarden auslöste, wurde von zahlreichen Medienberichten, auch Anonymus (2005), befeuert.

Über die rechtliche Seite des Falles berichtete van der Geest (2006). Die Passage über den „Dominospatz" in diesem Buch basiert größtenteils auf Moeliker (2005a, 2005b). Die Bücher über den Haussperling Clarence, der pfeifen lernte, verfasste Kipps (1953, 1956); der Absatz über diesen berühmten Sperling basiert auf Moeliker (2006). Summers-Smith (1963) brachte mich auf die Spur des „Kricketballsperlings." Die wahren Umstände, unter denen dieser zu Tode kam, fand ich in The Times (Anonymus 1936); die Beschreibung meines Londoner Abenteuers mit diesem berühmten Sperling basiert auf Moeliker (2007). Die Geschichte der ersten Haussperlinge, die nach New York transportiert wurden, habe ich Barrows (1889/2005) entnommen.

[Homosexuelle Neulinge] Eine ausführlichere Beschreibung vom aggressiven, homosexuellen Verhalten der Kapverdensperlinge findet sich bei Moeliker (2014).

[Aldi-Spatz] Den Fall des ersten Haussperlings, der beim Öffnen einer automatischen Schiebetür erwischt wurde, haben Breitwisch & Breitwisch (1991) beschrieben. Brockie & O'Brien (2004) stellten die Geschichte des Haussperlings Nigel der Öffentlichkeit vor.

Anonymus: Drawn match at Lord's. The Times (London), 5. Juli 1936

Anonymus: Sparrow knocks over 23,000 dominoes before being shot, USA Today, 14. November 2005

Barrows, W. B.: (1889) The English Sparrow (Passer domesticus) in North America, especially in its relations to agriculture, U.S. Department of Agriculture, Division of Economic Ornithology and Mammalogy, Bulletin 1, Government Printing Office, Washington 2005

Breitwisch, R. & Breitwisch, M.: House Sparrows open an automatic door, The Wilson Bulletin 103(4), 1991, S. 725–726

Brockie, R. E. & O'Brien, B.: House Sparrows (Passer domesticus) opening autodoors, Notornis 51, 2004, S. 52

Kipps, C.: Sold for a farthing, Frederick Muller, London 1953

Kipps, C.: Clarence der Wunderspatz (ins Deutsche übertragen von Elisabeth Schnack), Die Arche, Zürich 1956

Moeliker, K.: Dagboek Dominomus, Straatgras 17(4), 2005a, S. 55–57

Moeliker, K.: Dominomus had honger, NRC Handelsblad, 20. Dezember 2005, 2005b

Moeliker, K.: Mus Clarence leerde fluiten, NRC Handelsblad, 8. November 2006

Moeliker, K.: Wachten op een wonder, NRC Handelsblad, 8. Mai 2007

Moeliker, C. W.: Homosexual mounting of Iago Sparrows after ship-assisted arrival in the Netherlands, Dutch Birding 36(3), 2014, S. 172–173

Summers-Smith, J. D.: The House Sparrow. Collins, London 1963

Van der Geest, Th.: Mussenschutter zet FP op de kaart, Opportuun 12(9), 2006, S. 5–6

14 DIE DURCHGEKNALLTE AMSEL

Dass Elstern die Fähigkeit der Selbstwahrnehmung besitzen, wurde von Prior et al. (2008) bewiesen und veröffentlicht. Die weltweite Übersicht über das Vorkommen schattenboxender Vögel publizierte Roerig

(2013); auf der Website dieses Autors, https://shadowboxingbirds.wordpress.com/, findet sich eine Vielzahl an Informationen über dieses Verhalten von Vögeln. Die Beschreibung des ersten veröffentlichten Falles, bei einer Wanderdrossel, entdeckte ich in Allen (1879). Ritter & Benson (1934) erörtern den Fall der „dementen" Braunrücken-Grundammer. Den Fall vom Haussperling, dem man „geistige Unangepasstheit" unterstellte, hat Britton (1944) dargelegt. Die erste Meldung einer schattenboxenden Amsel gebührt Moffat (1903). Den Fall des deutschen „Spiegelfechters" beschrieb Niebuhr (1957). Daniel (1971) schilderte einen Fall einer verrückten Amsel in Neuseeland aus dem Jahr 1969. Das dramatische Lebensende der irren Amsel „Jan Frederik" habe ich Warren (1992) entnommen. Informationen über das ziemlich aggressive Revierverhalten von Amseln fand ich in Jackson (1954), Snow (1958) und Gnielka (2001); dass dabei manchmal auch Todesopfer zu beklagen sind, weiß ich, seitdem ich Patterson (1963) gelesen habe.

[Der Autoschwan] Den Fall des glücklosen Mannes, dessen Kajak von einem Höckerschwan zum Kentern gebracht wurde und der anschließend ertrank, haben Delgado & Ruzich (2012) beschrieben. Mehr Vogelleid in der Stadt ist in Moeliker (2014) nachzulesen.

[Blässhuhn im Auge] Das Buch von Henk Wolf über das Blässhuhn, das sein Auge durchbohrte, ist unter Wolf (2016) aufgeführt. Die 16 Fälle von Augenschäden bei Menschen nach Penetration durch einen Vogel, die es in Deutschland gab, hat Kühl (1970) versammelt.

Allen, J. A.: Odd behavior of a Robin and a Yellow Warbler, *Bulletin of the Nuttall Ornithological Club* 4, 1879, S. 178–182

Britton, K. G.: A deluded sparrow, *Nature* 153, 1944, S. 559

Daniel, M. J.: Female blackbird attacking mirror reflection, *Notornis* 18, 1971, S. 50–51

Delgado, J. & Ruzich, J.: Man caring for swans drowns after one attacks him near Chicago, 2012, *Chicago Tribune*, 17. April 2012

Gnielka, R.: Über die Aggressivität der Amsel im Herbst, *Ornithologische Mitteilungen* 53, 2001, S. 192–195

Jackson, R. D.: Territory and pair-formation in the blackbird, *British Birds* 47, 1954, S. 123–131

Kühl, W.: Augenverletzungen durch Vögel, *Klinische Monatsblätter für Augenheilkunde* 155, 1970, S. 810–815

Moeliker, C. W.: *Vogels botsen met de stad: de maffe merel en de autozwaan,* in: Gesink, A. & Baerdemaeker, A. de: *Vogels huilen niet, klein vogelleed in de grote stad,* Lecturis, Eindhoven 2014, S. 9–11

Moeliker, K.: Oogkoet, *NRC Handelsblad,* 22. November 2016

Moffat, C. B.: The spring rivalry of birds: some views on the limit to multiplication, *The Irish Naturalist* 12, 1903, S. 152–166

Niebuhr, O.: Amsel *(Turdus merula)* bekämpft ihr Spiegelbild, *Ornithologische Mitteilungen* 9, 1957, S. 213

Patterson, A.: Death of male blackbird during display, *British Birds* 56(10), 1963, S. 377

Prior, H., Schwarz, A. & Güntürkün, O.: Mirror-induced behavior in the magpie *(Pica pica)*: Evidence of self-recognition, *PLoS Biology* 6(8), 2008, e202

Ritter, W. E. & Benson, S. B.: Is the poor bird demented? Another case of „shadow boxing", *The Auk* 51, 1934, S. 169–179

Roerig, J.: Shadow boxing by birds – a literature study and new data from Southern Africa, *Ornithological Observations* 4, 2013, S. 39–68

Snow, D. W.: *A Study of Blackbirds*, George Allan and Unwin, London 1958

Warren, H.: *Geheim Dagboek, tiende deel 1973–1975*, Uitgeverij Bert Bakker, Amsterdam 1992

Wolf, H.: *Een meerkoet in mijn oog*, Uitgeverij kleine Uil, Groningen 2016

15 SPORTOPFER

Über den Vogel, der Rob Lowe während eines Golfspiels zum Opfer fiel, wurde in den Medien vielfach berichtet. Als Quelle für dieses Buch diente Anonymus (2007). Dass der Tod des Goldzeisigs ihn dazu veranlasste, den Golfsport an den Nagel zu hängen, erfuhr ich von Caulfield (2015) und Washchyshyn (2015). Auch über die Möwe von Eddy Treytel wurde viel geschrieben; für dieses Buch habe ich mich auf Meijers & Rozendaal (2012) gestützt. Interessantes Detail am Rande: Sowohl Feijenoord als auch Sparta, die beiden Mannschaften, die damals gegeneinander spielten, nehmen für sich in Anspruch, die ausgestopfte Möwe in ihrem jeweiligen Trophäenschrank stehen zu haben. Anonymus (2008) ist meine Quelle für die Geschichte, in der sich der rechte Fuß von Gastón Aguirre als tödlich für Tauben erwies. Den tödlichen Fußtritt, mit dem Luis Moreno die Schleiereule vom Platz kickte, hat de La Cruz (2011) beschrieben. Auf die

Riesenheuschrecke auf dem Arm von James Rodrígues wurde ich aufmerksam dank Cadena-Castañeda & Cardona (2015). Die Nachtfalter, die 2016 das EM-Endspiel zwischen Portugal und Frankreich beeinträchtigten, sah ich mit eigenen Augen im Fernsehen. Dank der Fotos von diesem Ereignis, die ich von Tom Egbers, dem niederländischen Reporter des Senders NOS, erhielt, konnten die Falter als Gammaeulen *(Autographa gamma)* bestimmt werden. Meine Bemühungen, einige Exemplare für die Sammlung des Naturhistorischen Museums von Rotterdam zu ergattern, scheiterten am 11. Juni 2016 im Zuge eines E-Mail-Wechsels mit dem Betreiber des Stadions Stade de France.

[Frühstücksfledermaus] Die Erkenntnisse des Chemischen und Veterinäruntersuchungsamts Stuttgart in Sachen tote Fledermaus, die in einem Karton Frühstücksflocken entdeckt wurde, sind in Stürmer (2012) nachzulesen. Zeitungsartikel über den Fund und die Aufnahme der Fledermausmumie in die Sammlung des Naturhistorischen Museums von Rotterdam stammen von Anonymus (2012, 2013).

Anonymus: People in the news: Rob Lowe hits Iowa „Birdy", *The Gainesville Sun*, 8. Juni 2007

Anonymus: Gaston Aguirre's right foot is deadly to pigeons, *www.theoffside.com*, 19. Dezember 2008 [http://www.theoffside.com/south-america/gaston-aguirres-right-foot-is-deadly-to-pigeons.html]

Anonymus: Mumifizierte Fledermaus in Flakes-Karton entdeckt, *Die Welt*, 9. November 2012 [http://www.welt.de/

vermischtes/kurioses/article110879639/ Mumifizierte- Fledermaus-in-Flakes-Karton-entdeckt.html]

Anonymus: Die Fledermaus kommt ins Museum, *Stuttgarter Zeitung*, 22. August 2013 [http://www.stuttgarter-zeitung. de/inhalt.das-sommerloch-tier-2013-die-fledermaus-kommt-ins-museum .14f9d1de-f6de-44e2-a120-fe6d45f315e8. html]

Cadena-Castañeda, O. J. & Cardona, J. M.: *Introducción a los Saltamontes de Colombia (Orthoptera: Caelifera: Acrididea: Acridomorpha, Tetrigoidea & Tridactyloidea)*, Lulu, Bogota 2015

Caulfield, P.: Rob Lowe admits to killing Iowa state bird with golf shot, *New York Daily News*, 20. Januar 2015

De la Cruz, L.: Murió la lechuza agredida por Luis Moreno, *Elheraldo.co*, 28. Februar 2011

Meijers, H. & Rozendaal, S.: *De encyclopedie van nutteloze feiten*, Atlas Contact, Amsterdam 2012

Stürmer, J.: Überraschung im Frühstück: Verbraucher fanden mumifizierte Fledermaus in Weizenvollkornflakes, *CVUA Stuttgart*, Rapport, 24. Oktober 2012

Washchyshyn, M.: A Dead Bird: Why Rob Lowe Doesn't Golf Anymore. *golf.com*, 22. Januar 2015 [http://www.golf.com/2015/01/22/ dead-bird-why-rob-lowe-doesnt-golf-anymore]

ZITATNACHWEIS

Heinroth, O.: Beiträge zur Biologie, namentlich Ethologie und Psychologie der Anatiden, *Verhandlungen des 5. Internationalen Ornithologen-Kongresses Berlin*, 1910, S. 589–702

Lorenz, K.: *Er redete mit dem Vieh, den Vögeln und den Fischen*, Verlag Dr. G. Borotha-Schoeler, Wien 1949